Von Quotenfrauen und
alten weißen Männern

»Mit alten Klischees müssen wir abschließen. Wir brauchen ein modernes Werteverständnis, das nicht auf das Geschlecht, das Alter oder die Herkunft einer Person schaut – sondern darauf, wofür diese Person steht, welche Haltung sie zeigt und was sie vermittelt.«

Hildegard Wortmann, Vorständin Marketing und Vertrieb Audi AG, Mitglied der Erweiterten Konzernleitung des Volkswagen Konzerns für den Bereich Vertrieb

»Vorurteile belasten das zwischenmenschliche Verhältnis – und verhindern ein produktives und innovatives Arbeitsumfeld! Ich selbst halte es bei Klischees mit dem Spruch ›Niemand gehört in eine Schublade – außer Socken!‹.«

Martin Seiler, Vorstand Personal und Recht Deutsche Bahn AG

»Niemand gibt gern zu, dass Stereotype die eigene Weltsicht determinieren. Dabei sind – psychologisch gesehen – Stereotype sogar oft sinnvoll. Im beruflichen Kontext jedoch verhindern genau diese Stereotype leider unterbewusst, dass die Entscheidung wirklich für die Besten fällt.«

Dr. Sigrid Nikutta, Vorstand Güterverkehr DB AG,
Vorstandsvorsitzende DB Cargo AG

»Diskriminierung, die aus Vorurteilen resultiert, erhöht vermeintlich die eigene Bedeutung durch die Abwertung anderer. Annahita Esmailzadeh räumt mit den gängigsten in der Arbeitswelt auf und spricht mit Menschen, die profitieren und die betroffen sind. Ein Buch, das eine Brücke schlägt.«

Andreas Weck, Redakteur für Neue Arbeit beim t3n-Magazin

»In Ihrem Buch räumt Annahita Esmailzadeh schonungslos mit Mythen rund um das Thema Unconscious Bias auf und bietet Hilfestellung an – unkonventionell, authentisch und mit Weitsicht. Gemeinsam können wir eine Gesellschaft schaffen, in der alle die gleichen Chancen auf Erfolg haben.«

Dr. Irène Y. Kilubi, Gründerin & Geschäftsführerin Joint Generations

Annahita Esmailzadeh

Von Quotenfrauen und alten weißen Männern

Schluss mit Vorurteilen in der Arbeitswelt

Mit Illustrationen von Schlorian

Campus Verlag
Frankfurt/New York

MIX
Papier aus verantwortungsvollen Quellen
FSC www.fsc.org FSC® C089473

Klimaneutral
Papier
ClimatePartner.com/13732-1910-1001

ISBN 978-3-593-51755-1 Print
ISBN 978-3-593-45472-6 E-Book (PDF)
ISBN 978-3-593-45473-3 E-Book (EPUB)

Umschlaggestaltung: Guido Klütsch, Köln
Umschlagfoto: © Sapna Richter
Illustrationen: © Schlorian
Satz: Publikations Atelier, Dreieich
Gesetzt aus der Minion und der Helvetica
Druck und Bindung: Beltz Grafische Betriebe GmbH, Bad Langensalza
Beltz Grafische Betriebe ist ein klimaneutrales Unternehmen (ID 15985-2104-1001).
Printed in Germany

www.campus.de

Inhalt

1 Warum es dieses Buch geben muss

Ich erinnere mich noch so lebhaft daran, als sei es erst gestern gewesen. Es ist ein warmer Sommertag im Jahre 2012. Ich, Anfang 20 und Studentin der Wirtschaftsinformatik mit Bestnoten in Softwareentwicklung, habe meinen ersten Arbeitstag als Praktikantin in der Entwicklungsabteilung eines mittelständischen deutschen IT-Unternehmens. Ich stehe etwas verloren und sichtlich nervös im Gang meiner neuen Abteilung und halte Ausschau nach meinem neuen Team. Während ich warte, zupfe ich meine senfgelbe Bluse zurecht, die ich mir eine Woche vorher zugelegt habe, und überlege, ob ihr vielleicht doch ein Bügeleisen gutgetan hätte. Als nach einer gefühlten Ewigkeit endlich ein freundlich aussehender, etwas rundlicher Mann mit einem übergroßen schwarzen AC/DC-Shirt barfuß an mir vorbeiläuft und mir kurz lächelnd zunickt, wittere ich meine Chance und stürme unvermittelt auf ihn zu. Der Mann blickt mich, zwar immer noch recht freundlich, aber nun auch etwas irritiert an: »Kann ich dir weiterhelfen?«, fragt er mich und zieht dabei seine buschigen Augenbrauen sichtlich skeptisch hoch. »Ja, sehr gerne! Ich heiße Annahita – freut mich sehr, dich kennen zu lernen! Ich habe heute meinen ersten Arbeitstag. Ich mache ein mehrmonatiges Praktikum hier und freue mich schon sehr!«, antworte ich wie aus der Pistole geschossen, ohne Luft zu holen. Der skeptische Blick des freundlichen Herrn wandelt sich nun in ein amüsiertes Schmunzeln: »Hi, Anita, herzlich willkommen! Du hast dich leider nur etwas verlaufen. Du stehst gerade in der Entwicklungsabteilung. Die Marketingabteilung ist im zweiten Stock.«

Tja, was soll ich sagen? Dieses abstruse Erlebnis, das ich damals nur stirnrunzelnd zur Kenntnis nahm, sollte das erste seiner Art sein, dem im Laufe meiner Zeit in der Tech-Branche noch unzählige weitere folgen würden.

Mein Einstieg in die IT-Welt verlief eher zufällig. Ich wuchs als Tochter iranischer Einwanderer auf, die Mitte der 80er Jahre nach der Islamischen Revolution ihre Heimat verlassen hatten, um sich in Deutschland ein neues Leben aufzubauen. Mein Vater war Taxifahrer, meine Mutter arbeitete während meiner Kindheit in einem Elektronikfachhandel viele Jahre als Verkäuferin, bevor sie mit Anfang 40 eine Ausbildung zur Medizinisch-technischen Radiologieassistentin machte. Für meine Eltern, die beide nicht studiert hatten, stand nie außer Frage, dass ich, ihr einziges Kind, studieren werde. Und nicht einfach nur »irgendwas«. Nein, das Studium sollte mir finanzielle Unabhängigkeit ermöglichen und damit hoffentlich auch ein privilegiertes Leben, das ihnen selbst nicht vergönnt gewesen war.

Nach meinem Abitur mit 17 Jahren stand ich erstmal ziemlich planlos da. Das Wissen, dass spannende Fächer wie Geschichte oder Philosophie aufgrund der K.-o.-Kriterien meiner Eltern schon mal aus dem Raster fielen, machte die Studienwahl nicht leichter. Zudem lachten mich die einzigen beiden Vorschläge meiner Eltern – Medizin oder Jura – auch nicht wirklich an. Nach anfänglicher Planlosigkeit begann ich also, sämtliche Suchmaschinen zu durchforsten, und achtete hierbei nur auf zwei Dinge: gute Berufsaussichten und ein attraktives Gehalt. Die Suchmaschinen spuckten wiederum praktischerweise ausnahmslos den gleichen Studiengang als Top-Treffer aus, der beide Kriterien erfüllen sollte: Wirtschaftsinformatik. So entschied ich mich, ohne jegliche Vorkenntnisse, für diesen Studiengang und saß einige Wochen später in meiner ersten Softwareentwicklungs-Vorlesung. Und das, ohne vorher jemals auch nur eine Zeile Code in meinem Leben geschrieben zu haben. Zu meinem eigenen Erstaunen fand ich schon nach kurzer Zeit großen Gefallen an dem Studium, und der Grundstein für meinen Weg in die Tech-Welt war geebnet.

Während im Bachelorstudium noch gut 20 Prozent der Studierenden weiblich waren, war ich im Masterstudium als Frau, neben zwei sehr smarten Kommilitoninnen, eine absolute Rarität. Ich erinnere mich noch sehr gut an die irritierten Blicke und häufig auch spöttischen Kommentare meiner männlichen Kommilitonen, als ich mit meinen langen, rot lackierten Fingernägeln und dem nicht minder grellen Lippenstift neben ihnen in der Datenbanken-Vorlesung saß. Ihre Irritation wich am Ende des Semesters schierer Fassungslosigkeit, als ich das Modul – verschrien als klassisches Exmatrikulationsfach – als eine der Besten abschloss. Doch ich sollte schnell merken, dass die Erfahrungen, die ich während meines technischen Studiums sammelte, im Vergleich zu den Erlebnissen, die ich in der Arbeitswelt noch machen würde, absolut harmlos gewesen waren.

Nach meinem Masterabschluss entschied ich mich für einen Einstieg als IT-Prozessberaterin mit Fokus auf die Automobilindustrie bei dem größten europäischen Softwarekonzern. Wie im Consulting üblich, lief ich in meiner Anfangszeit erstmal bei einer sehr erfahrenen Kollegin mit. Diese Kollegin war allerdings nicht nur fachlich überaus kompetent, sie war auch sehr resolut. Davon abgesehen war sie aber vor allem auch eines: verdammt direkt. »Dir ist schon klar, dass du mit dieser ganzen Schminke im Gesicht und deiner Wallemähne niemals von irgendeinem Kunden ernst genommen werden wirst, oder?«, stellte sie gleich zur Begrüßung bei unserem ersten Zusammentreffen kopfschüttelnd fest. »Sorry, aber du wirkst wie eine inkompetente Tusse«, ergänzte sie am darauffolgenden Tag mit einem fassungslosen Blick auf meine offenbar nicht adäquat lackierten Fingernägel. Nun, mit »tussig« wäre ich vielleicht noch zurechtgekommen, aber inkompetent wollte ich beim besten Willen nicht wirken. Dafür hatte ich mir die Jahre zuvor in meinem Studium und unzähligen Praktika, Werkstudentenstellen und Aushilfsjobs zu sehr den Hintern aufgerissen. Ich band also fortan meine langen Haare streng zurück, benutzte kaum noch Make-up und trug gedeckte Farben.

Wie sich in den nächsten Monaten herausstellen sollte, änderte aber auch meine optische Transformation kaum etwas an dem wenig schmeichelhaften Bild, das die Kollegin von mir hatte. Die Tussen-Schublade, in die sie mich bereits nach wenigen Millisekunden unseres ersten Aufeinandertreffens gesteckt hatte, schien wohl ziemlich zu klemmen. Für meine Kunden passte ich – auch ohne roten Lippenstift oder meinen neongelben Lieblingsblazer – wiederum nicht in ihre Schublade eines klassischen SAP-Consultants. Die meisten konnten ihre Verwirrung über mein junges Alter in Kombination mit meinem Geschlecht und dem obendrein »untypischen« Erscheinungsbild nur schwer überspielen. Es war schwer zu übersehen, dass sie sich unter einer IT-Prozessberaterin, die sie bei ihren ERP-Implementierungs-Projekten unterstützen sollte, vieles vorstellten, aber definitiv nicht mich. Ich hingegen verübelte ihnen dies nicht einmal. Schon damals war mir bewusst, dass ich mich mit meiner Wahl für die IT, Beratung und Automobilindustrie für eine Kombination aus drei Welten entschieden hatte, in der ich als Exotin herausstechen würde. Es war also auch wenig verwunderlich, dass ich zunächst mit großer Skepsis von allen Seiten beäugt wurde. Den Zweifeln meiner Kunden wich jedoch glücklicherweise schon meist nach kurzer Zeit Faszination und oft sogar Bewunderung, wenn sie sahen, dass ich offensichtlich doch nicht so sehr auf den Kopf gefallen war, wie mein Erscheinungsbild sie automatisch annehmen ließ. Einer der wenigen Vorzüge, pauschal unterschätzt zu werden, liegt zumindest in genau jenem garantierten Überraschungseffekt.

Nach meiner Zeit in der klassischen Beratung begann ich, industrieübergreifend große IT-Projekte zu leiten. Damit war ich plötzlich Menschen fachlich überstellt, die in der Regel fast doppelt so alt waren wie ich und rund 20 Jahre mehr Berufserfahrung auf dem Buckel hatten. Nicht selten wurde ich in dieser Zeit von Kunden oder auch Kollegen beim ersten Aufeinandertreffen – mal mehr und mal weniger charmant – aufgefordert, den Kaffee zu bringen oder in Terminen Protokoll zu führen. Der ertappte Blick der jeweiligen

Personen, als ich – mal mehr und mal weniger freundlich – darauf hinwies, dass ich die jeweiligen Projekte leite und weder die Projektassistenz noch die Praktikantin bin, wie man scheinbar automatisch angenommen hatte, sprach jedes Mal Bände. Der Übergang von fachlicher zu disziplinarischer Führungsverantwortung verstärkte dieses Phänomen zunehmend.

Nun leite ich als Führungskraft große Teams in der Tech-Branche und bin damit oft weitaus jünger als meine eigenen Mitarbeiterinnen und Mitarbeiter. An die geschockten Blicke, wenn ich, Anfang 30, sichtbarer Migrationshintergrund, unaussprechlicher Vor- und Nachname und, dem grellen Lippenstift, Nagellack und Blazer sowie der Wallemähne nach zu urteilen, immer noch eine »Tusse«, mich und meinen Verantwortungsbereich vorstelle, habe ich mich inzwischen gewöhnt.

Die Voreingenommenheit, die Menschen häufig haben, wird im virtuellen Raum noch deutlicher sichtbar als in der realen Welt. Während in der Realität Vorurteile oder Seitenhiebe oft weitaus subtiler sind, ist in den sozialen Netzwerken die Hemmschwelle vieler Menschen merklich niedriger. Demzufolge halten Menschen auf virtuellen Plattformen mit ihrer ungefilterten Meinung nicht hinterm Berg. So kommentierte einst ein Herr unter einem meiner Beiträge auf dem Berufsnetzwerk LinkedIn, in dem ich als Business-Influencerin sehr aktiv bin, dass er es angesichts meines Erscheinungsbildes höchst fraglich fände, ob ich denn tatsächlich in meiner angegebenen Funktion tätig sei. Aussagen dieser Art sind zwar zweifelsfrei nicht die feine englische Art, doch aus meiner Sicht müssen wir diesem Herrn für diese Aussage fast dankbar sein. Denn anders als die meisten anderen gab er seine Vorurteile auf diese Weise sehr offenherzig preis. Die uncharmante Art und Weise klammern wir hierbei mal großzügig aus.

2 Die Schubladen in unseren Köpfen

Stereotypen und Vorurteile begegnen uns täglich. Wir alle wurden schon in Schubladen gesteckt oder lösten Irritation bei unserem Gegenüber aus, weil wir der »Zielvorstellung« der uns zuvor zugewiesenen Schublade plötzlich nicht mehr entsprachen. Und auch wenn es keiner von uns gerne zugibt: Wir alle haben auch selbst Vorurteile und stecken Menschen in Schubladen.

Im Alltag kategorisieren wir im Grunde täglich, indem wir einzelne Objekte Objektklassen zuordnen. Dies tun wir nicht nur bei Gegenständen (»Opel« und »BMW« sind Autos, »Fanta« und »Sprite« sind Softdrinks), sondern auch bei sozialen Objekten (»Fußballer« und »Tennisspieler« sind Sportler). Unsere begrenzten kognitiven Kapazitäten lassen uns hierbei auch keine andere Wahl, denn unser Gehirn kann nicht jeden einzelnen Umweltreiz individuell wahrnehmen. Im gleichen Zuge lernen wir auch schon von klein auf, Menschen intuitiv zu »stereotypisieren« und damit aufgrund von ihren sichtbaren Merkmalen unbewusst Kategorien zuzuordnen, die mit gewissen Eigenschaften verknüpft sind. Über die Jahre verinnerlichen wir auf diese Weise Attribute, die wir automatisch sozialen Gruppen wie Männern und Frauen, Alten und Jungen oder auch Menschen verschiedener Nationalitäten und Religionen zuschreiben.

Jene Überzeugungen von bestimmten Merkmalen oder Eigenschaften, die wir mit sozialen Gruppen in Verbindung bringen, werden als Stereotypen bezeichnet. Ein Stereotyp ist etwa, wenn wir bei der Vorstellung von Menschen aus dem bayerischen Raum sofort

Männer in Lederhosen und Frauen im Dirndl vor Augen haben, die mit tiefbayerischem Dialekt sprechen. Stereotypen müssen nicht zwingend negativ behaftet sein, auch wenn sie in ihrer Natur bereits einschränkend und reduzierend sind. Kritisch wird es, wenn sich aus den Stereotypen Vorurteile entwickeln, die negativ konnotiert und mit negativen Emotionen behaftet sind. So wird aus dem obigen Beispiel der Bayern in Tracht mit bayerischem Dialekt ein Vorurteil, sobald basierend auf diesen Merkmalen eine Bewertung vollzogen wird. Verbinden wir Menschen aus Bayern automatisch mit klassischer Tracht und einem bayerischen Dialekt und assoziieren diese Merkmale wiederum mit einer geringeren Schulbildung oder mangelnder Intelligenz, sind wir einem klassischen Vorurteil zum Opfer gefallen.

Und das passiert nicht selten. Wer kennt nicht die Klischees, dass Frauen zu blöd zum Einparken und Blondinen nicht mit hoher Intelligenz gesegnet sind, Männer im Grunde nur Macht und Sex wollen, Hartz-IV-Empfänger faul und SUV-Fahrer egoistisch sind. Auch Vorurteile, die sich auf verschiedene Nationalitäten beziehen, gibt es zahlreich: So sind Italiener vermeintlich Muttersöhnchen, Russen trinken gerne und Deutsche gelten als zuverlässig, aber humorlos. Diese Liste der Stereotypen und Vorurteile lässt sich beliebig lang fortsetzen. Und jetzt mal Hand aufs Herz: Wer von uns kann von sich behaupten, keinem dieser Vorurteile jemals zum Opfer gefallen zu sein? Wohl die wenigsten.

Die große Gefahr von Vorurteilen liegt darin, dass sie Abwertung, Diskriminierung und Benachteiligung von Menschen zur Folge haben können. Untersuchungen von Lehrpersonal zeigten etwa, dass Vornamen von Schülerinnen und Schülern, die weniger privilegierten Elternhäusern zugeschrieben werden (wie etwa Chantal oder Kevin), unabhängig von ihrer tatsächlich erbrachten Leistung eher mit Verhaltensauffälligkeiten assoziiert und damit potenziell auch ungerechtfertigt schlechter benotet werden.[1] Der Grat zwischen harmlosen Stereotypen und Diskriminierung ist damit sehr schmal. Forscher der Universität zu Köln stellten im Herbst 2019 basierend auf knapp 1000 Anfragen mit fiktiven Nutzerprofilen fest, dass Männer mit türkischem Namen in Deutschland schwerer eine Mitfahrgelegenheit fanden. Während der Durchschnitt der Zusagen im Falle von klassischen deutschen Namen bei 59 Prozent lag, wollten nur 44 Prozent einen Menschen mit einem türkischen Männernamen mitnehmen. Laut der Studie bevorzugten die meisten also lieber einen »Maximilian Schmidt« als einen »Hamid Yilmaz« als Beifahrer. Wohlgemerkt, ohne sonst jegliche weitere Informationen über die beiden Herren vorliegen zu haben.[2]

Eine Gruppe von Wirtschaftswissenschaftlern der Universität Konstanz stellte außerdem fest, dass ausländische Namen auch im Bewerbungsprozess die Chancen auf eine Einladung zum Jobinterview wesentlich verschlechtern.[3] Auch wer mit einem ausländischen Namen eine Wohnung sucht, hat es erheblich schwerer als Bewerberinnen und Bewerber mit einem klassischen deutschen Namen.[4] Datenjournalisten des Bayerischen Rundfunks (BR) und des Nachrichtenmagazins *Der Spiegel* verschickten in einem Experiment über mehrere Wochen hinweg 20 000 Wohnungsanfragen mit fiktiven deutschen und nicht deutschen Profilen. Sie erhielten rund 8 000 Antworten, die eindeutig belegten, dass Menschen mit ausländischem Namen auf dem Mietmarkt deutlich diskriminiert werden. Besonders hart trifft es Wohnungssuchende mit türkischer oder arabischer Herkunft. In jedem vierten Fall, in dem ein Mensch mit einem deutschen Namen eine Einladung zu einer Besichtigung erhielt, wurden sie übergangen.[5]

Stereotypen, Vorurteile sowie Geschlechterklischees und die hieraus resultierende Diskriminierung und Benachteiligung von Menschen machen auch vor der Arbeitswelt nicht Halt. Die unfähige Quotenfrau, die nur ihres Geschlechts wegen eingestellt wurde, der ewig gestrige alte weiße Mann, der um jeden Preis das Patriarchat aufrechterhalten möchte, oder auch der ältere Mitarbeiter, der mit einem Fuß in der Rente steht und pauschal nicht mehr motiviert, lernfähig und belastbar sein kann: Menschen werden im Arbeitsumfeld laufend in Schubladen gesteckt – mit häufig fatalen Folgen für ihre Karriere. Arbeitgeber hingegen verlieren im Gegenzug die Chance auf qualifizierte Talente, wenn Menschen aufgrund von Voreingenommenheit bereits im Bewerbungsprozess aus dem Raster fallen oder das Unternehmen aufgrund von Diskriminierung im Arbeitsumfeld verlassen. In Zeiten eines sich stetig zuspitzenden Fachkräftemangels und demografischen Wandels ist dies ein Phänomen, das sich Arbeitgeber schlichtweg nicht mehr leisten können.

Dieses Buch soll Bewusstsein dafür schaffen, dass Schubladendenken auch im Job keine Ausnahme ist. Es soll zum Nachdenken und Reflektieren anregen, um gängige Stereotypen, Vorurteile und gesellschaftlich fest verankerte Geschlechterklischees zu hinterfragen und damit auch eigene Denkschubladen infrage zu stellen. Zudem soll es deutlich machen, wie gravierend die Konsequenzen von Schubladendenken in der Arbeitswelt sowohl für Unternehmen als auch für Arbeitnehmerinnen und Arbeitnehmer sein können, und Wege sowie Strategien aus der Stereotypenfalle aufzeigen. Viele Passagen sind trotz der Ernsthaftigkeit der Thematik mit einem Augenzwinkern geschrieben. Ich wünsche Freude beim Lesen und Erfolg beim Entdecken sowie Ausmisten eigener Schubladen.

3 Über Gorillas und Säbelzahntiger

Lief unseren Vorfahren einst ein Säbelzahntiger über den Weg, vergewisserten sie sich im Regelfall nicht zuerst, ob sie es mit einem menschenfreundlichen Exemplar der Gattung zu tun hatten. Nein, sie ergriffen beim Anblick der 20 Zentimeter langen gebogenen Eckzähne idealerweise schnurstracks die Flucht und rannten so schnell sie konnten um ihr Leben. Diejenigen, die auf die Gutmütigkeit der Raubkatze vertrauten, wurden schneller, als sie V-O-R-U-R-T-E-I-L buchstabieren konnten, zu einem leckeren Festmahl. In der Steinzeit waren damit Vorurteile, die als mentale Abkürzungen unsere Entscheidungsfindung unterstützen, von existenzieller Wichtigkeit. Heutzutage ist unser Überleben glücklicherweise nicht mehr an die erfolgreiche Flucht vor Säbelzahntigern geknüpft. Dennoch arbeitet unser Gehirn immer noch ressourcenschonend, um Situationen, die potenziell gefährlich werden könnten, stereotypisch einzuordnen und blitzschnelle Entscheidungen aus dem Bauch heraus zu treffen.

Das bekannte Gorilla-Experiment[1] der US-amerikanischen Psychologen Christopher Chabris und Daniel Simons macht auf eindrückliche Weise deutlich, welche gewaltige Menge an Informationen von unserem Hirn rausgefiltert wird, um eine ressourcenschonende Verarbeitung zu ermöglichen: In dem Experiment stellen die Psychologen die Aufgabe, sechs Basketballspieler zu beobachten. Drei Spieler tragen weiße, drei schwarze T-Shirts und sie werfen sich jeweils gegenseitig einen Ball zu. Die Aufgabe lautet, die Pässe der weiß gekleideten Spieler zu zählen. Das Erstaunliche:

Die meisten Menschen sind derart auf diese Aufgabe konzentriert, dass sie weder sehen, dass für mehrere Sekunden ein großer Gorilla durch das Spielfeld läuft, noch dass der Vorhang im Hintergrund seine Farbe wechselt.

Das Experiment zeigt, wie schnell unser Hirn überfordert ist und auf welche beeindruckende, aber auch erschreckende Weise es imstande ist, Informationen gänzlich rauszufiltern, sodass wir sie gar nicht erst wahrnehmen. Wir bekommen also nur selektiv jene Informationen mit, auf die wir – bewusst oder unbewusst – unseren Fokus richten, und blenden andere – womöglich relevante – Details aus. Wir Menschen benötigen diese kognitiven Vereinfachungen zwar, um mit der Komplexität unserer Welt umgehen zu können und handlungsfähig zu bleiben, doch unsere unbewussten Denkmuster und die mit ihnen einhergehenden – häufig verzerrten – voreiligen Rückschlüsse haben in unserem Alltag öfter größere Konsequenzen, als wir denken. Das Schubladendenken, das wir im Verlauf unseres Lebens entwickeln, umfasst sowohl günstige als auch ungünstige Einschätzungen von Personen.[2] So fällen wir Tag für Tag blitzschnelle Urteile über Menschen, die auf unseren internalisierten unbewussten Wahrnehmungsmustern sowie unserer bisherigen sozialen Prägung beruhen. Ohne dass wir es merken, kann unsere unbewusste Voreingenommenheit – der sogenannte Unconscious Bias – also einen entscheidenden Einfluss auf unser Handeln und den Umgang mit unseren Mitmenschen haben. Auch im Arbeitsumfeld.

Wir nehmen Dinge und Menschen nicht einfach nur wahr (»Ich sehe einen älteren Mann, der eine neue Führungskraft im Unternehmen ist.«), sondern interpretieren (»Er hat einen teuer aussehenden Anzug an und wirkt sehr ernst und streng.«), um anschließend – negativ oder positiv – zu bewerten (»So wie der aussieht, ist er bestimmt ein klassischer, konservativer Chef der alten Schule.«). Unser Unconscious Bias entscheidet damit maßgeblich darüber, wie wir unser berufliches Umfeld wahrnehmen, auf welche Weise wir mit unseren Kolleginnen und Kollegen interagieren, wen wir sympathisch finden oder auch wer uns von Anfang an suspekt ist. Unser Bias entscheidet außerdem auch darüber, wen wir zu einem Bewerbungsgespräch gar nicht erst einladen, wem wir mehr Redezeit im Meeting zugestehen, wen wir fördern oder auch wen wir befördern. Unsere unbewusste Voreingenommenheit ebnet damit den Weg für ungerechtfertigte Vorverurteilungen und damit auch Diskriminierung von Menschen in der Arbeitswelt. Unconscious Bias kann sich auf verschiedene Weisen äußern und mannigfaltige Auslöser haben. Im Folgenden werden wir einen Blick auf die für den beruflichen Kontext entscheidendsten Formen der insgesamt über 180 erforschten kognitiven Verzerrungen werfen, denen wir zum Opfer fallen können.

Affinitätsverzerrung (Affinity Bias)

Eine der prägnantesten kognitiven Verzerrungen ist die sogenannte Affinitätsverzerrung – auch bekannt als Affinity Bias. Sie bezeichnet das Phänomen, dass wir häufig eben jene Personen besonders sympathisch finden, die uns ähneln. Getreu dem Motto »Gleich und gleich gesellt sich gern« neigen Menschen dazu, sich bevorzugt mit Personen zu umgeben, die beispielsweise eine vergleichbare akademische Ausbildung, eine ähnliche ethnische oder soziale Herkunft oder auch die gleiche sexuelle Orientierung haben. Dieser Effekt kann auch auf subtile Weise entstehen, zum Beispiel, wenn Personen uns in ihrer Körpersprache oder Ausdrucksweise gleichen. Oftmals bemerken wir nicht, dass unsere empfundene Sympathie auf einer Ähnlichkeit mit unserer eigenen Person beruht. Übertragen auf Bewerbungsprozesse und Rekrutierungsentscheidungen ist die Konsequenz hierbei, dass Führungskräfte häufig den Drang verspüren, »Mini-Me's« – also Abbilder von sich selbst – zu präferieren und damit eher nach subjektiver Affinität und weniger nach objektiver Kompetenz einzustellen.

Wenn ich Vorträge für Führungskräfte halte, bitte ich sie oft darum, sich zu melden, falls sie selbst schon mal Mini-Me's eingestellt haben. In den seltensten Fällen bleibt hier eine Hand unten. Bevorzugt werden dann beispielsweise Menschen, die dieselbe Universität besucht haben oder ähnliche Interessen und Perspektiven teilen wie die einstellende Person. Was wir im Bewerbungsverfahren als intuitives Bauchgefühl deuten, kann also de facto genauso unser versteckter Affinity Bias sein. Auch mir selbst fällt mein eigener Affinity Bias im Rahmen von Vorstellungsgesprächen häufig auf. Etwa dann, wenn ich mich wieder einmal dabei ertappe, dass ich eine Kandidatin oder einen Kandidaten besonders gut fand, weil er oder sie einen Lösungsweg gewählt hatte, für den ich mich persönlich auch entschieden hätte. Affinity Bias kann sich allerdings auch im Umgang mit bestehenden Mitarbeitern und Mitarbeiterinnen zeigen, wenn zum Beispiel jene Teammitglieder verstärkt gefördert oder befördert werden, in denen sich die Führungskraft selbst wiedererkennt.

Ich erinnere mich noch gut an einen meiner ehemaligen Vorgesetzten, der einen Kollegen aus dem Team auf unübersehbare Weise zu seinem persönlichen Schützling auserkoren hatte. Die beiden teilten nicht nur dieselben sportlichen Interessen, sondern auch dieselbe Lieblingsfußballmannschaft, hatten an derselben Universität studiert und lachten in den Mittagspausen lautstark über dieselben Witze. Obwohl die Arbeitsergebnisse des Kollegen im Vergleich zu den restlichen Teammitgliedern eher unterdurchschnittlich waren, bekam er eine offensichtliche und für den Rest des – zunehmend frustrierten – Teams nicht nachvollziehbare Sonderbehandlung. Dass dies sowohl für den Teamgeist als auch die Gesamtmotivation nicht sonderlich förderlich war, liegt auf der Hand. Wir waren demzufolge auch alle nicht verwundert, als unser Chef seinen Günstling als Einzigen in sein neues Team mitnahm, nachdem er intern versetzt wurde.

Ein derartiges Verhaltensmuster ist kein Einzelfall, sondern verstärkt holistisch betrachtet sogar den sogenannten Glasdeckeneffekt erheblich. Dieser Effekt beschreibt das Phänomen, dass Angehörige bestimmter Gruppen nur schwer in höhere Managementpositionen aufsteigen können. Bildlich betrachtet stoßen sie ab einer gewissen Ebene gegen eine unsichtbare »gläserne« Decke, die sie am Aufstieg hindert. Der Glasdeckeneffekt kann grundsätzlich alle folgenden sieben Diversitätsdimensionen[3] betreffen:

1 Geschlecht und geschlechtliche Identität,
2 sexuelle Identität und sexuelle Orientierung,
3 Lebensalter,
4 ethnische Herkunft und Nationalität,
5 körperliche und geistige Fähigkeiten,
6 Religion und Weltanschauung,
7 soziale Herkunft.

Die öffentliche Debatte über die Gläserne Decke wird allerdings vor allem im Kontext mit der Geschlechtsdimension in Bezug auf die Benachteiligung von Frauen bei der Auswahl von Top-Entscheidungspositionen geführt. Frauen stellen keine gesellschaftliche Minderheit dar, sondern machen die Hälfte der Bevölkerung aus. Umso auffallender ist es, wie selten sie im Vergleich zu Männern im Top-Management deutscher Unternehmen vertreten sind. Eine Ursache, die als Begründung hierfür vornehmlich genannt wird, ist, dass Frauen mehrheitlich noch immer den Großteil der Care-Arbeit übernehmen und beruflich zugunsten der Familie damit auch öfter kürzertreten. In der Diskussion wird eine andere relevante Dimension zugleich aber oft vernachlässigt: Vorstandsetagen und Aufsichtsräte sind bis heute überwiegend mit heterosexuellen Männern über 50 Jahren besetzt, die oft vergleichbare akademische Werdegänge aufweisen und deren Biografien ähnlichen Mustern folgen.[4] Es sind damit auch vor allem jene Männer, die über die Vergabe von Positionen auf dieser Ebene entscheiden.

Das Konzept der Homosozialität – das Phänomen, dass sich Menschen überwiegend mit Menschen desselben Geschlechts umgeben – hat in dem Rahmen eine direkte Benachteiligung von

Frauen bei Personalentscheidungen auf Top-Führungsebene zur Folge. Gemäß des Affinity Bias wird dieser Entscheidungsprozess stark von Sympathie oder Antipathie beeinflusst, wodurch die reine fachliche Qualifikation in den Hintergrund rückt. Die Affinitätsverzerrung bewirkt somit oft, dass letztendlich die Wahl auf die Person fällt, mit der sich die Top-Entscheider besonders gut identifizieren können: Nicht selten sind das andere Männer, die möglichst viele Gemeinsamkeiten mit ihnen selbst aufweisen.

Doch es sind bei weitem nicht nur Frauen davon betroffen. Bei diesem Phänomen werden all jene qualifizierten Kandidaten und Kandidatinnen potenziell übergangen, die auch schlichtweg in ihrem Verhalten beziehungsweise ihren Sichtweisen anders sind. Genauso können es also auch Menschen aus sozial nicht privilegierten Familien sein, die den Habitus der Führungszirkel aus ihrem Elternhaus nicht mitbringen und damit als ungeeignet für diese Top-Ebene wahrgenommen werden. Bis heute entscheidet der Stallgeruch immer noch häufig über vermeintliche Eignung und damit über Karrieren von Menschen. Während Kleiderregeln oder Tischmanieren noch erlernbar sind, sind sozialen Aufsteigerinnen und Aufsteigern versteckte Verhaltenscodes und Mechanismen, die an der Spitze gelten, oft fremd – trotz erstklassiger Studienabschlüsse oder jahrzehntelanger relevanter Arbeitserfahrung. Menschen aus Arbeitermilieus verhalten sich in Schlüsselsituationen damit oft unsicherer und steifer als Menschen aus wohlhabenden Elternhäusern, sie wirken »anders« und kommen daher auch weniger gut an. Ihnen fehlt die natürliche Souveränität von Menschen aus privilegierten Hintergründen, die von klein auf gelernt haben, sich auf diesem Parkett ganz selbstverständlich zu bewegen und damit leichter wertvolle Beziehungen knüpfen können, die für den Aufstieg unerlässlich sind. Affinity Bias geht somit mit vielschichtigen Formen der Benachteiligung von Menschen einher und ist bei weitem nicht nur auf die Geschlechtsdimension begrenzt.

Aus Unternehmenssicht kann das Phänomen der Affinitätsverzerrung und die daraus resultierende ungerechtfertigte Benachteiligung oder Bevorzugung von Mitarbeitern und Mitarbeiterinnen negative Auswirkungen auf das Zusammengehörigkeitsgefühl und die Produktivität von Teams haben. So lassen die Motivation und das Teamgefühl stark nach, wenn bestimmte Personen von der Führungskraft laufend ungerechtfertigt bevorzugt oder benachteiligt werden. Die Konsequenzen können Silodenken, Ellenbogenmentalität, intransparente Kommunikation und damit auch schlechtere Arbeitsergebnisse sein. Wenn Menschen das Gefühl haben, für ihre Leistungen nicht anerkannt zu werden, kann dies außerdem zu einer geringeren Zufriedenheit und damit zu einer höheren Fluktuation führen. Affinity Bias gehört außerdem zu den größten Fallstricken im Bereich von Diversität und Inklusion in Unternehmen, da immer homogenere Teams herangezüchtet werden.

Eine weitere Krux: Wenn ähnliche Menschen zusammenarbeiten, ähneln sich auch die Sicht- und Arbeitsweisen. Damit ist die Wahrscheinlichkeit höher, relevante Trends, Entwicklungen und Chancen oder auch bestehende Defizite und Schwächen zu übersehen. In der Folge sinkt die Innovationskraft des Unternehmens stetig. Wird Affinity Bias in Unternehmen nicht hinterfragt und dient fortlaufend als Basis für Personalentscheidungen, resultiert dies nicht nur in fehlender Vielfalt innerhalb der Belegschaft sowie einer nicht inklusiven Unternehmenskultur, sondern auch in nachlassender Zukunftsfähigkeit, einer weniger attraktiven Arbeitgebermarke und damit auch im Verlust wertvoller Talente. Die Leidtragenden von Affinity Bias sind somit auch die Arbeitgeber selbst.

Attributionsverzerrung (Attribution Bias)

Als Attributionsverzerrung oder Attribution Bias wird die Tendenz bezeichnet, das Verhalten einer Person primär mit ihrem Charakter und weniger mit situationalen Faktoren zu erklären. Diese kognitive Neigung führt dazu, die vermeintlichen Persönlichkeitsmerkmale eines Menschen höher zu gewichten als ihre individuellen sozialen und umweltbedingten Umstände.

Drängelt jemand beispielsweise beim Einsteigen in die U-Bahn, sind wir häufig geneigt, die Ursache dieses Verhaltens in den Persönlichkeitsmerkmalen der Person zu suchen (»diese Person ist rücksichtslos und ungeduldig«), als die möglichen situativen Umstände zu reflektieren (»diese Person hat es vielleicht aufgrund eines persönlichen Notfalls eilig und ist daher gestresst«). Dieser Attribution Bias begegnet uns auch im beruflichen Kontext immer wieder – beispielsweise in Vorstellungsgesprächen. Sitzt etwa in einem Jobinterview eine Kandidatin vor uns, die aufgrund ihrer Nervosität Fragen unstrukturiert und hastig beantwortet, ziehen wir häufig unbewusst den Rückschluss, dass wir es hierbei mit einem Persönlichkeitsmerkmal der Bewerberin zu tun haben. Wir schließen womöglich daraus, dass die Frau generell inkompetent oder unstrukturiert sei, und sagen ihr ab. Dabei hat sie möglicherweise lediglich aufgrund von negativen Erfahrungen der Vergangenheit Angst vor Bewerbungssituationen entwickelt und allein die situativen Umstände sind ursächlich für ihr Verhalten.

Ich ging meinem Attribution Bias auch selbst schon oft auf den Leim. In meiner Beratungszeit arbeitete ich mit einem Senior-IT-Architekten aus einem anderen Beratungshaus im Rahmen eines Kundenprojektes zusammen. Dieser gab in unseren wöchentlichen Regelterminen mit dem Kunden nie auch nur einen Mucks von sich und schien lediglich seine Zeit abzusitzen. Nachdem ich dieses Verhalten einige Wochen beobachtet hatte, stand für mich fest, dass er im besten Falle faul, aber wohl eher schlichtweg inkompetent sein müsse. Von seiner fachlichen Vorgesetzten, die auch an diesen Terminen teilnahm, war ich hingegen tief beeindruckt: Woche für Woche stellte sie ihre beachtlichen Arbeitsergebnisse vor und schien den fehlenden Arbeitseinsatz ihres Kollegen nicht nur wohlwollend hinzunehmen, sondern auch eigenhändig zu kompensieren.

Nach einigen Monaten auf dem Projekt erfuhr ich schließlich, dass der Architekt aufgrund des cholerischen Verhaltens seiner

Vorgesetzten schlichtweg Angst hatte, sich zu Wort zu melden, im Hintergrund die ganze Arbeit machte, die sie wiederum als ihre eigene verkaufte. Unterläuft nun einer Führungskraft ein vergleichbarer Fehler wie mir damals, kann Attribution Bias damit auch eine haltlose negative Leistungsbewertung der Person zur Folge haben. Etwa wenn die Führungskraft die Zurückhaltung eines Mitarbeiters in Meetings als fehlendes Engagement deutet, obwohl diese womöglich viel mehr von einer unausgewogenen Teamdynamik herrührt. Erklären sich Vorgesetzte das Verhalten ihrer Mitarbeiter und Mitarbeiterinnen ausschließlich mit deren vermeintlichen Persönlichkeitsmerkmalen und gehen den zugrunde liegenden Umweltfaktoren nicht auf den Grund, ist eine ungerechtfertigte Beurteilung damit oft die Konsequenz.

Eine weitere klassische Attributionsverzerrung findet auch dann statt, wenn Personen aufgrund von ungewöhnlichen Angaben im Lebenslauf pauschal als ungeeignet für eine Position angesehen werden. So kann es etwa passieren, dass ein Mensch eine lange Lücke im Lebenslauf aufweist, die von dem Personalverantwortlichen automatisch mit fehlender Disziplin oder Zielstrebigkeit gleichgesetzt wird. Nun ist diese Lücke möglicherweise aufgrund einer längeren Erkrankung des Bewerbers entstanden, der sich nach dieser Zeit mühevoll ins Arbeitsleben zurückgekämpft und hierbei seine Willensstärke unter Beweis gestellt hat. Sortiert der Personalverantwortliche den Lebenslauf aufgrund seiner falschen Grundannahme nun einfach aus, ohne der wahren Ursache auf den Grund zu gehen, ist ihm ein klassischer Attributionsfehler mit fatalen Konsequenzen und damit eine ungerechtfertigte Vorverurteilung unterlaufen, die für diesen Bias typisch ist.

Besonders interessant im Kontext von Attribution Bias ist außerdem das Phänomen der selbstwertdienlichen Verzerrung. Während Menschen die Misserfolge anderer eher mit deren Persönlichkeitsmerkmalen und nicht mit äußeren Faktoren begründen, tendieren sie wiederum im Falle eigener Misserfolge dazu, diese bevorzugt Umweltfaktoren zuzuschreiben und nach Ausreden für ihr eigenes Scheitern zu suchen. Im Gegenzug erklären sie sich ihre Erfolge hingegen mit inneren Ursachen wie beispielsweise ihren eigenen herausragenden Fähigkeiten.[5] Untersuchungen stellten in dem Rahmen fest, dass Führungskräfte im Falle von wirtschaftlichen Misserfolgen im Unternehmen der Belegschaft oder externen Unternehmen die Schuld gaben, wohingegen sie Erfolge auf ihr eigenes Wirken zurückführten.[6]

Gruppendenken (Conformity Bias)

Gruppendenken beziehungsweise Conformity Bias geschieht dann, wenn unsere Sicht- oder Verhaltensweisen an das Gruppenkollektiv angepasst werden, auch wenn diese Ansichten gar nicht zwingend unsere eigene originäre Meinung widerspiegeln. Menschen neigen als soziale Wesen schon von klein auf zu Konformitätsverhalten. Konformitätsdruck wird vor allem durch die Angst vor sozialer Ausgrenzung und dem Drang dazuzugehören befeuert. Dieses Phänomen erleichtert unser gesellschaftliches Miteinander zunächst, da Konflikte reduziert werden, führt aber auch dazu, dass Ungerechtigkeiten von der Mehrheit unterstützt oder zumindest stillschweigend hingenommen werden. Das zeigt sich sowohl im Kleinen – beispielsweise in Form von Mobbing an Schulen – als auch in folgenschweren historischen Ereignissen wie Kriegsverbrechen.

Gruppendenken hat in der Arbeitswelt wiederum zur Konsequenz, dass Einzelne es eher vermeiden, Skepsis zu äußern oder alternative Lösungsvorschläge zu adressieren. Ein klassisches Beispiel aus Bewerbungsprozessen ist etwa, dass alle vorherigen Interviewer eine Kandidatin gut fanden und die nächste Interviewerin sie damit automatisch auch als geeignet empfindet. Oder der gegenteilige Fall: Alle vorherigen Interviewer fanden eine Kandidatin schlecht – folglich empfindet die nächste Interviewerin sie auch als pauschal ungeeignet. Gruppendenken ist somit nicht nur ein Hindernis für den

Aufbau diverser Teams, sondern hat ferner auch erhebliche negative Konsequenzen für die Innovationsfähigkeit von Unternehmen. Beispielsweise wenn Teammitglieder aufgrund eines vorherrschenden Konformitätsdrucks keine alternativen Lösungen mehr vorschlagen, auch wenn ihre Ideen bessere Alternativen darstellen würden.

Konformitätsdruck kann entweder von Personen ausgehen, die mit Macht ausgestattet sind (Autoritätsdruck) oder von der bloßen Mehrheit vorgegeben werden (Majoritätsdruck). Das Spannende hierbei: Eine Anpassung der Sicht- und Verhaltensweisen in dem Rahmen lässt sich auch beobachten, wenn der Mensch selbst bewusst gar keinen Druck durch eine Autoritätsperson oder die Mehrheit der Gruppe wahrnimmt.[7] Majoritätsdruck kann in Unternehmen zur Konsequenz haben, dass sich Menschen mit ihrem Verhalten widerstandslos an eine toxische Unternehmenskultur anpassen und diese sich damit laufend weiter verschlechtert. Sehen wir uns als Beispiel dafür mal Unternehmen an, in denen eine sogenannte Hustle Culture propagiert wird: In derartigen Kulturen wird vorausgesetzt, das eigene Privatleben auf ein Minimum zu reduzieren und in einigen Fällen wortwörtlich bis zum Umfallen zu arbeiten. Lange Arbeitszeiten, stetiges Leisten von Überstunden, die Vernachlässigung von sozialen Kontakten und Freizeitaktivitäten oder sogar Grundbedürfnissen wie Schlaf oder Mahlzeiten gehören dazu.

Negative psychische und physische Folgen wie Burnout, Unzufriedenheit oder ein geschwächtes Immunsystem bis hin zu kardiovaskulären Erkrankungen und in Extremfällen sogar Herzinfarkten oder Suiziden sind hierbei keine Seltenheit. Der Tod einer 24-jährigen Japanerin machte 2015 weltweit Schlagzeilen.[8] Die junge Frau hatte nach ihrem Studium bei einer renommierten japanischen Werbeagentur angefangen und nahm sich kurz darauf das Leben, da sie den psychischen Druck aufgrund des hohen Arbeitspensums nicht mehr aushielt. Einer der Gründe, wieso derartige toxische Unternehmenskulturen, trotz dieser abschreckenden Beispiele, beibehalten werden, liegt auch in eben jenem Phänomen des Konformitätsdrucks. Werden von der Mehrheit der Belegschaft eines Unternehmens Überstunden und eine Vernachlässigung der Work-Life-Balance nach außen hin gutgeheißen und mit positiven Attributen wie einem hohen Arbeitseinsatz, Engagement und Zielstrebigkeit in Verbindung gebracht, wird es für Einzelne schwieriger, gegen den Strom zu schwimmen, öffentliche Kritik an dieser Arbeitskultur zu üben oder diese gar gänzlich infrage zu stellen. Wird eine Hustle Culture nun zugleich auch von den Führungskräften eines Unternehmens eingefordert und gelebt, wird der Gruppenzwang aufgrund des Autoritätsdrucks zusätzlich verschärft. Die Konsequenz ist, dass bestehende Strukturen und eingebürgerte Verhaltensweisen nicht hinterfragt und somit auch nicht verbessert werden.

Haben sich in einem Unternehmen diskriminierende Verhaltensweisen etabliert, werden auch diese meist anstandslos beibehalten. Gehören in einem Team etwa rassistische oder sexistische Bemerkungen zur Normalität und werden als »Witze« getarnt, werden diese eher hingenommen oder aus Gruppenzwang sogar mitgemacht. Personen, die sich von diesem Umgang diskriminiert fühlen, trauen sich dann häufig nicht, die Unterlassung dieser Verhaltensweisen einzufordern. Eine Bekannte, die vor einigen Jahren eine Ausbildung als Kfz-Mechatronikerin angefangen hatte, erzählte mir einst, dass sie sexistische Witze während ihres ersten Lehrjahres von ihren männlichen Kollegen wortlos in Kauf nahm, um dazuzugehören. Zu groß war die Angst, zur Außenseiterin zu werden, wenn sie offen ansprach, dass sie sich mit diesen Bemerkungen unwohl fühlte. Sie brach die Ausbildung deshalb schließlich nach nur wenigen Monaten ab, obwohl ihr der Job eigentlich Spaß gemacht hatte.

Ich selbst saß kürzlich mit einer größeren Gruppe beim Essen, als sich ein Herr lautstark darüber echauffierte, dass man heutzutage aufgrund der »Political Correctness« nicht mal mehr »Ausländerwitze« machen darf. Er erzählte danach stolz, dass in seinem eigenen Betrieb »die Ausländer« sogar selbst über seine Witze lachen würden – also könne es ja offensichtlich nicht so schlimm sein. Als ich den Herrn fragte, wie es ihm denn damit gehen würde, wenn wir alle nun Witze auf seine Kosten machen würden, war spannenderweise seine vorher scheinbar sehr großzügige Humortoleranz plötzlich ausgeschöpft. Ihm kam leider nicht in den Sinn, dass die Menschen, die er mit seinen rassistischen Witzen womöglich tief verletzte, ausschließlich aufgrund der etablierten diskriminierenden Kultur in seinem Betrieb und zugleich seiner Autoritätsfunktion als Geschäftsführer keine Kritik an seinen Bemerkungen übten und diese stillschweigend in Kauf nahmen. Hierbei beobachte ich oft, dass vor allem jenen Menschen, die selbst nie von Diskriminierung betroffen waren, die Folgen derartiger Verhaltensweisen nicht bewusst sind.

Dabei können die Folgen von etablierten diskriminierenden Verhaltensweisen in Unternehmen gravierend und sogar lebenseinschränkend für Betroffene sein: Ein ehemaliger Kollege erzählte mir, dass er seinen heutigen Ehemann für Jahrzehnte geheim hielt, da Witze über homosexuelle Männer bei seinem früheren Arbeitgeber an der Tagesordnung waren. Diese waren zwar – wie so häufig – nicht »böse«, sondern »lustig« gemeint, aber hatten zur Konsequenz, dass er sich bis zum Schluss nicht traute, von seinem Partner zu erzählen oder ihn gar zu Firmenfeiern mitzunehmen. Stattdessen begleitete ihn eine gute Freundin auf jene Veranstaltungen, und er gab jahrzehntelang vor, dass sie seine feste Partnerin sei. Conformity Bias kann somit einschneidende Konsequenzen haben und dafür sorgen, dass Menschen nicht nur in ihren Karrieren, sondern gar in ihrem kompletten Leben benachteiligt und eingeschränkt werden. Es liegt auf der Hand, dass dies wiederum dazu führen kann, dass Menschen sich in ihrem Arbeitsumfeld nicht länger wohlfühlen und ihren Arbeitgeber verlassen. Unternehmen büßen somit ausgerechnet jene Talente ein, die ihre Produkte, Dienstleistungen und vor allem auch ihre Kultur auf eine positive Weise transformieren könnten.

Bestätigungsfehler (Confirmation Bias)

Der Confirmation Bias, oder auch Bestätigungsfehler, beschreibt die grundlegende Neigung von Menschen, nach genau jenen Informationen zu suchen, welche die eigenen Sichtweisen, Erwartungen und Annahmen bestätigen. Gänzlich ausgeblendet werden dabei jene Informationen, die den eigenen Erwartungen widersprechen. Man erliegt somit einer klassischen Selbsttäuschung. Confirmation Bias hat bei Entscheidungsprozessen zur Folge, dass selektiv ausschließlich nach jenen Gründen gesucht wird, die die eigene Entscheidung untermauern.[9] Diese Art von Bias ist besonders gefährlich, da er unsere Fähigkeit trübt, kritisch und objektiv zu denken. Dies hat wiederum eine verzerrte Interpretation von Informationen und die Abwertung oder gar Ausblendung anderer Sichtweisen zur Folge.

Dieses Phänomen zeigt sich häufig in Echokammern beziehungsweise Filter-Bubbles im Internet, in denen Gleichgesinnte sich in ihrer Sichtweise – ungeachtet der Rationalität der Ansicht – wechselseitig bestätigen. Eine typische Konsequenz ist die Dogmatisierung von Ideen oder die starre Festlegung auf eine bestehende Meinung, wie es sich häufig in sozialen Netzwerken beobachten lässt. Die Algorithmen in Social Media sind darauf ausgelegt, dass die Inhalte, die wir ausgespielt bekommen, an unser vorheriges Nutzungsverhalten angepasst sind. Auf diese Weise werden uns immer wieder Inhalte vorgeschlagen, die unseren Interessen entsprechen sowie unsere eigene Meinung weiter bestärken. Zudem folgen Menschen tendenziell auch eher anderen Menschen in sozialen Netzwerken, die mit den eigenen Ansichten konform gehen. Auf diese Weise schaffen wir uns ein virtuelles Umfeld, das uns daran hindert, über unseren eigenen Tellerrand zu blicken und andere Perspektiven in Betracht zu ziehen.

Damit trägt der Confirmation Bias auch dazu bei, dass sich vorgefertigte Vorurteile verankern und sich auch mit validen Informationen nicht auflösen lassen. Herrscht, übertragen auf den Arbeitskontext, etwa ein negativer Eindruck von einem Menschen vor, wird dieser laufend verfestigt, da der Fokus nur noch darauf liegt, weitere Fehler dieser Person zu finden und damit die eigene Wahrnehmung zu bestätigen. Gleichzeitig wird bei Personen, die mit positiven Eigenschaften in Verbindung gebracht werden, der Fokus ausschließlich auf weitere positive Leistungen der Person gelegt, und damit der vorteilhafte Gesamteindruck – womöglich auch unberechtigt – laufend untermauert.

Wenn eine Führungskraft einen Mitarbeiter aufgrund vergangener nicht zufriedenstellender Leistungen beispielsweise in die Schublade »faul und undiszipliniert« gesteckt hat, sucht sie gemäß des Confirmation Bias bei der zukünftigen Leistungsbeurteilung dieses Mitarbeiters nach Indizien, die diese Schublade bestätigen. Damit legt die Führungskraft verstärkt ihr Augenmerk auf Problemfelder und sucht Erklärungen für entgegengesetzte Fakten – etwa wenn der Mitarbeiter ein Projekt überragend gut abgeschlossen hat. So wird die Führungskraft diese gute Leistung beispielsweise damit begründen, dass der Mitarbeiter Unterstützung seitens seiner Teammitglieder erhalten haben muss.

Geschlechtsbezogener Verzerrungseffekt (Gender Bias)

Gender Bias bezeichnet geschlechtsbezogene Verzerrungseffekte, die auch heutzutage noch unser Denken bestimmen. Sie treten etwa dann auf, wenn wir Männern und Frauen basierend auf ihrem Geschlecht pauschal Charaktereigenschaften, Kompetenzen oder Fähigkeiten zuschreiben beziehungsweise sie ihnen absprechen. Die Ursachen für diesen Bias sind vielfältig. Er kann durch unsere Erziehung, kulturellen Denkmuster, die Prägung in unserem sozialen oder beruflichen Umfeld, aber auch durch Lehrmaterialien während der Schulzeit entstehen. Gender Bias verfestigt sich zudem auch über die häufig unreflektierte Darstellung von Geschlechterklischees und Stereotypen in den Medien, Spielfilmen sowie in der Werbung. Es werden in der Forschung drei verschiedene Arten von Gender Bias unterschieden:[10]

1. *Androzentrismus,*
2. *Geschlechterinsensibilität* und
3. *doppelte Bewertungsmaßstäbe* für Männer und Frauen.

Ein *androzentrisches* Weltbild bezeichnet die Fixierung auf Männer als gesellschaftliche Norm und sieht damit die Lebenswirklichkeit von anderen Geschlechtern als Abweichung von dieser Norm.

Die *Geschlechterinsensibilität* – auch bekannt als Geschlechterblindheit – hingegen blendet das biologische oder soziale Geschlecht völlig aus. Die Journalistin und Autorin Caroline Criado-Perez beschreibt in ihrem Buch *Unsichtbare Frauen* verschiedene Alltagsbeispiele, welche die Konsequenzen aus dem häufigen Zusammenspiel beider Phänomene verdeutlichen. So orientieren sich viele vermeintlich geschlechtsneutrale Produkte – wie Smartphones oder Standardklaviaturen – am Prototyp Mann und sind damit auf eine größere Handspannweite ausgelegt. Dies ist für Frauen nicht nur unpraktisch, sondern kann beispielsweise bei Pianistinnen zu einem um 50 Prozent höheren Risiko von Verletzungen und Schmerzen als bei Pianisten führen.

Criado-Perez nennt als weiteres Beispiel Spracherkennungssoftware, die Sprachbefehle von weiblichen Stimmen schlechter versteht als die von männlichen. Die Ursache hierfür ist, dass die zugrunde liegenden Datensets mehrheitlich auf männlichen Stimmen basieren. Dieses Phänomen zeigt sich laut Criado-Perez auch bei Übersetzungssoftware, die häufiger männliche als weibliche Pronomen verwendet. Ein anderes Beispiel für die Benachteiligung von Frauen aufgrund von voreingenommener Software ist der bekannte Fall eines Tech-Konzerns, der Künstliche Intelligenz im Rahmen von Bewerbungsverfahren eingesetzt hatte. Auch hier bestand der Datenpool des zugrunde liegenden Systems aus Bewerbungen, die überwiegend von Männern stammten. Die Konsequenz war, dass Bewerberinnen, die Absolventinnen von Frauen-Colleges waren, nicht empfohlen wurden und damit aus dem Raster fielen. Frauen wurden von der KI damit systematisch im Bewerbungsverfahren benachteiligt.

Criado-Perez macht ferner deutlich, dass Androzentrismus und die Ausblendung der körperlichen Unterschiede zwischen Männern und Frauen durchaus auch lebensgefährliche Konsequenzen haben können. So bergen aufgrund der männerzentrierten Konzeption von Autos Autounfälle für Frauen ein höheres Verletzungsrisiko als bei Männern. Crashtest-Dummys – also lebensgroße Puppen, die für Unfallsimulationen eingesetzt werden – entsprechen häufig männlichen Körpern. Frauen werden in der Folge bei Unfällen stärker nach vorne geschleudert und unterliegen damit einem höheren Verletzungs- und Sterberisiko. Zudem sind in den USA und der EU bis heute auch keine Tests an Crashtest-Dummys vorgesehen, die den Körpern von schwangeren Frauen entsprechen.

Weitere Gefahren zeigen sich im Rahmen von klinischen Studien, in denen Medikamente häufiger an männlichen Probanden getestet werden. Das Ergebnis ist, dass basierend auf diesen Tests geschlechterübergreifend die gleiche Dosis für Männer und Frauen festgesetzt wird. Dies hat teilweise sogar lebensgefährliche Nebenwirkungen für Frauen, da Medikamente, je nach Geschlecht, eine unterschiedliche Wirkung haben können: So führt etwa das Antidepressivum Fluvoxamin in der gleichen Dosis bei Frauen zu einem bis 100 Prozent höheren Blutspiegel als bei Männern und damit auch zu einer wesentlich höheren Gefahr einer Überdosierung. Auch bei einem ähnlichen Beruhigungsmittel musste die US-Arzneibehörde die Dosis für Frauen nachträglich auf die Hälfte senken, da festgestellt wurde, dass das Mittel das Leben der Frauen nachweislich verkürzte.[11] Auch Herzinfarkte werden bei Frauen oft zu spät erkannt, weil die gemeinhin bekannte Symptombeschreibung überwiegend auf Männer anwendbar ist und die spezifischen Herzinfarktsymptome bei Frauen damit oft übersehen werden.[12]

Die dritte Form von Gender Bias – *doppelte Bewertungsmaßstäbe* – liegt dann vor, wenn Situationen abhängig vom Geschlecht einer Person unterschiedlich bewertet werden. Jene Doppelstandards sind auch in der Arbeitswelt weitverbreitet. Das Verhalten von Frauen wird bis heute anders bewertet als das von Männern – und das sowohl von Männern als auch von Frauen. Das heißt konkret, dass, wenn eine Frau und ein Mann sich exakt identisch verhalten, dies bei weitem nicht dieselbe Wirkung hat. So gelten durchsetzungsstarke Frauen häufig als »bossy«, zickig oder gar als aggressiv, wohingegen durchsetzungsstarke Männer eben einfach als durchsetzungsstark und selbstbewusst wahrgenommen werden.[13]

Ich erinnere mich selbst noch gut an eine Situation mit einem ehemaligen Kollegen, mit dem ich vor einigen Jahren eng zusammenarbeitete. Der Kollege hatte die anstrengende Angewohnheit, Menschen nach spätestens jedem zweiten Satz zu unterbrechen, um anschließend selbst in einen langen Monolog zu verfallen. Nachdem ich dieses Verhalten einige Zeit beobachtet hatte, riss mir irgendwann der Geduldsfaden. Ich entschloss mich, dem Kollegen nun auch ständig ins Wort zu fallen. Ich unterbrach ihn also nun auch bei jeder kleinen Atempause, die sich mir bot, und führte wiederum meinen eigenen Punkt ausschweifend aus. Nicht nur der Kollege war maßlos entsetzt über mein Verhalten. Nun rissen plötzlich auch alle im Meetingraum ihre Augen erschrocken auf und warfen sich und mir fassungslose Blicke zu, während sie das gleiche Verhalten bei dem Kollegen zuvor nur schulterzuckend zur Kenntnis genommen hatten.

Von Frauen wird selbst heutzutage immer noch erwartet, für Harmonie sorgen zu müssen. Sie sollen soziale, kooperative und freundliche Wesen sein. Dies beginnt oft schon in der Kindheit, wo Mädchen etwa ermahnt werden, sich nicht in den Mittelpunkt zu drängen, brav und zurückhaltend und unter keinen Umständen vorlaut zu sein. Jungen hingegen werden oft darin bestärkt, sich durchzusetzen, und ihnen wird »vorlautes« Verhalten öfter augenzwinkernd nachgesehen. Dominantes Verhalten steht somit noch sehr häufig in einem Konflikt mit der gesellschaftlich erwarteten Geschlechterrolle von Frauen.

Die Krux: Versuchen Frauen, diesem weiblichen Rollenverhalten zu entsprechen, und gehen im Arbeitsumfeld daher beispielsweise Konflikten stets aus dem Weg oder lassen sich laufend widerstandslos unterbrechen, erhöhen sie damit das Risiko, als durchsetzungsschwach und damit etwa auch als ungeeignet für Führungspositionen angesehen zu werden. Denn vor allem in Führungsrollen sind vielerorts klassischerweise männlich assoziierte Eigenschaften wie eben Durchsetzungsstärke, Entscheidungsfreude und Zielstrebigkeit gefordert. Rollenerwartungen und doppelte Bewertungsmaßstäbe bringen damit vor allem Frauen in der Arbeitswelt in eine Sackgassensituation, in der sie schlichtweg nicht »richtig« agieren können – egal wie sie sich verhalten. Doch auch für Männer bringt Gender Bias gesellschaftlichen Druck und viele Herausforderungen mit sich. Auf Geschlechterklischees über Frauen und Männer werde ich im weiteren Verlauf des Buches im Kapitel »Die beliebtesten Geschlechterklischees« noch einmal eingehen.

Halo-Effekt

Der Halo-Effekt bezeichnet eine weitere Form der Wahrnehmungsverzerrung, die namentlich von dem amerikanischen Verhaltensforscher Edward Lee Thorndike in den 1920er Jahren geprägt wurde. Thorndike hatte in einer Studie Militärkommandanten beauftragt, ihre Untergebenen anhand mehrerer Merkmale zu bewerten. Er wollte herausfinden, ob die positive Bewertung eines Merkmals automatisch auch zu einer positiven Bewertung weiterer Gesichtspunkte führen würde. Er entdeckte, dass die meisten Soldaten von ihren Vorgesetzten in sämtlichen Merkmalen entweder als überdurchschnittlich gut oder als unterdurchschnittlich schlecht bewertet wurden. Es fiel auf, dass gutaussehenden Soldaten von ihren Vorgesetzten hierbei mehr Führungskompetenz und sogar eine höhere musikalische Begabung attestiert wurde als ihren weniger attraktiven Kameraden. Thorndike stellte damit fest, dass eine einzelne positive Eigenschaft einer Person – in dem Fall ihre attraktive Erscheinung – eine solch dominante Wirkung haben kann, dass sie einen überstrahlenden positiven Gesamteindruck – eben einen »Heiligenschein« und damit Halo-Effekt – erzeugt.[14] Dieses Phänomen bewirkt, dass wir aufgrund eines einzigen Attributs einen ganzheitlichen positiven Rückschluss auf eine Person ziehen.

Der Halo-Effekt zeigt sich auch heute – gut 100 Jahre nach dieser Studie – in den unterschiedlichsten Bereichen unseres täglichen Lebens: Bei hochwertigen Verpackungen gehen wir eher von einem qualitativ hochwertigen Inhalt aus als bei weniger ansprechenden Verpackungen. Auch bei teuren Produkten oder uns bekannten Marken fällt uns die Kaufentscheidung leichter, da wir automatisch mehr Vertrauen in das Produkt haben. Der Halo-Effekt ermöglicht damit, dass eine in China für wenige Cent hergestellte Handtasche in Deutschland für mehrere 100 Euro verkauft wird, sobald sie eine attraktive Marke hat oder von einer angesagten Influencerin auf Instagram getragen wird.

Ich hatte einleitend eine Studie erwähnt, die das Phänomen des Kevinismus beschreibt, das besagt, dass bestimmte Vornamen vom Lehrpersonal öfter mit Bildungsferne assoziiert werden und die Kinder dementsprechende Benachteiligung erfahren. Auch in diesem Kontext sorgt der Halo-Effekt allein aufgrund der Vornamen der Kinder dafür, dass ein Maximilian Alexander oder eine Lisa Marie schon im Kindergarten an ihrem ersten Tag einen besseren Eindruck als ein Kevin Jerome oder eine Chantal hinterlassen – gänzlich unabhängig davon, ob aufgrund des Verhaltens der Kinder dieser positive oder negative Eindruck überhaupt gerechtfertigt ist oder nicht.

Der Halo-Effekt schlägt ebenso zu, wenn attraktive Bedienungen von uns mehr Trinkgeld bekommen oder wir Brillenträger automatisch für intelligenter halten. Ich beobachte diesen Effekt außerdem selbst häufig in meinem eigenen Alltag. Wenn ich mit einem Business-Kostüm im Flieger oder im Restaurant sitze, werde ich aufmerksamer und respektvoller behandelt, als wenn ich reguläre Freizeitkleidung trage. Wenn ich auf einer Veranstaltung mit einem VIP-Bändchen am Handgelenk herumlaufe, sind Menschen beim ersten Kennenlernen im gleichen Zuge auch interessierter an mir als ohne dieses Bändchen.

Ein besonders prägendes Erlebnis hatte ich vor einigen Jahren, als ich auf einer Firmenveranstaltung einem Kunden vorgestellt wurde. Der Herr war absolut desinteressiert an meiner Person und ignorierte mich konsequent, bis jemand zwischen den Zeilen meine damalige Positionsbezeichnung fallen ließ. Diese kleine Randinformation genügte nun, um das zuvor nicht existente Interesse des Herrn plötzlich aus dem Nichts zu entfachen und in ihm den großen Drang auszulösen, sich auf einmal doch unbedingt mit mir unterhalten zu wollen. Später am Abend erzählte er mir offen heraus, dass er mich aufgrund meines Erscheinungsbilds für eine Assistentin oder »irgendeine Marketingfrau« gehalten und damit kein Interesse an dem Gespräch gehabt hatte. Dass mein Interesse an einem Gespräch mit ihm wiederum nach dieser Aussage nun endgültig den Tiefpunkt des Tages erreicht hatte, können die meisten wohl gut nachvollziehen.

Der Halo-Effekt begegnet uns im Arbeitsleben oft und zählt zu den häufigsten Verzerrungen in der Leistungsbeurteilung von Mitarbeitern und Mitarbeiterinnen. Führungskräfte geben einem Teammitglied in diesen Fällen anhand einer einzigen positiven Eigenschaft eine sehr gute Gesamtbewertung, ohne die Gesamtheit der Leistungen objektiv zu bewerten. Ist eine Mitarbeiterin beispielsweise besonders enthusiastisch oder kommunikativ, werden ihre mangelhaften Leistungen in anderen Bereichen eher ausgeblendet. Ein klassisches Beispiel für den Halo-Effekt im Bewerbungsprozess könnte wiederum sein, dass eine Bewerberin zuvor in einem Unternehmen gearbeitet hat, das bei dem einstellenden Manager eine positive Assoziation weckt, oder einen Abschluss an einer renommierten Universität gemacht hat und ihr allein deshalb schon eine höhere berufliche Kompetenz attestiert wird. Wohlgemerkt ungeachtet dessen, ob sich diese Einschätzung tatsächlich auch mit der Realität deckt.

Horn-Effekt

Der Horn-Effekt – oder Teufelshörner-Effekt – beschreibt das Gegenteil des Halo-Effekts. In diesem Fall sorgt ein einziges negatives Merkmal dafür, dass ein negativer Gesamteindruck einer Person entsteht. Nehmen wir mal das plastische Beispiel von Dating-Apps, um dieses Phänomen zu verdeutlichen. Bei derartigen Apps können wir mit einem einfachen »Swipe« nach links oder rechts entscheiden, ob wir die Person hinter dem virtuellen Profil kennen lernen wollen oder nicht. Dieser Wisch geschieht manchmal schon nach weniger als einer Sekunde – also nach Sichtung eines einzigen Fotos als alleinigem Bewertungsmaßstab. Die Entscheidungen, die wir auf Dating-Apps treffen, basieren damit faktisch auf unserer blitzschnellen Einschätzung anhand des Halo- beziehungsweise Horn-Effekts und sind damit in der Regel recht oberflächlicher Natur.

Ich saß vor wenigen Wochen mit einigen Freundinnen zusammen, als eine von ihnen erzählte, dass sie auf einer Dating-App auf das Profil eines Mannes gestoßen war, der ihr eigentlich sehr zugesagt hatte. Sie fand ihn attraktiv, und sie teilten laut seinen Profilangaben auch ähnliche Interessen. Sie fügte allerdings gleich schulterzuckend hinzu, dass er leider ein Schnösel gewesen sei, weshalb sie ihn dann doch nicht weiter hätte kennen lernen wollen. Als rauskam, dass sie sich mit ihm bisher noch gar nicht unterhalten hatte, wollten wir natürlich wissen, wie sie zu ihrem vorschnellen Schnösel-Urteil gekommen war. »Ach, der hatte ein Profilfoto, auf dem er mit einer Champagner-Flasche und einem Säbel posiert. So einen will ich doch dann gar nicht erst kennen lernen. Ist doch klar, was das für einer ist«, stellte sie nüchtern fest. Meine Freundin würde durch diese Entscheidung niemals erfahren, ob der junge Herr vielleicht einfach auf dem Foto seine Frisur besonders mochte und es deshalb ohne große Hintergedanken ausgewählt hatte. Der Horn-Effekt hatte für sie ihr endgültiges Urteil nach diesem einen Foto und damit den Swipe nach links schon besiegelt.

Doch der Horn-Effekt entscheidet nicht nur über unser Dating-Verhalten und über unsere Partnerwahl. Auch die Auswirkungen im Arbeitsumfeld können gravierend sein. Ein klassisches Beispiel hierfür sind die Vorurteile, die tätowierten Menschen bis vor einigen Jahren noch massiv begegneten – und teilweise bis heute noch vorherrschen. In den 1990er Jahren waren Tattoos gesellschaftlich noch stigmatisiert und wurden eher Ex-Häftlingen oder Seefahrern zugeschrieben. So wurde Menschen früher geraten, im Rahmen von Bewerbungsprozessen ihre Tattoos zu verstecken, um in keine »falsche« Schublade gesteckt und damit benachteiligt zu werden. Menschen mit sichtbaren Tätowierungen fielen zugleich ungerechtfertigterweise oft aus dem Bewerbungsraster, da allein der Anblick ihrer Tattoos für ein negatives Gesamturteil und damit eine Absage ausreichte.

Der Horn-Effekt schlägt auch dann zu, wenn introvertierte Menschen ungerechtfertigterweise schlechtere Leistungsbewertungen erhalten, da sie ihre Erfolge weniger sichtbar machen als ihre extrovertierteren Kollegen und Kolleginnen. Ihre Zurückhaltung wird in der Folge fälschlicherweise mit mangelndem Engagement oder Einsatz gleichgesetzt, was wiederum einen negativeren Gesamteindruck erzeugt. Der Horn-Effekt kann ferner dafür sorgen, dass Menschen im Bewerbungsprozess allein aufgrund fehlender akademischer Abschlüsse automatisch weniger fachliche Eignung attestiert wird, auch wenn dies womöglich gar nicht den Tatsachen entspricht.

Ich werde im weiteren Verlauf des Buches noch detailliert auf verschiedene Personengruppen eingehen, die dem Horn-Effekt besonders häufig zum Opfer fallen: Darunter gehören etwa dicke

Menschen, die pauschal als faul und willensschwach abgestempelt werden, Menschen, die keinen klassischen roten Faden im Lebenslauf aufweisen und damit als weniger zielstrebig wahrgenommen werden, oder auch ältere Personen, denen ein fehlender Lernwille unterstellt wird. Hinterfragen und reflektieren wir unseren ersten Eindruck im Arbeitskontext nicht, sind damit oft unfaire Benachteiligungen beziehungsweise Bevorzugungen von Menschen in Form von ungerechtfertigten Beförderungen, falschen Personalentscheidungen oder auch einseitigen Leistungsbeurteilungen die Folge.

4 Die häufigsten Vorurteile der Arbeitswelt

Seitdem ich denken kann, werde ich in Schubladen gesteckt. Und seitdem ich denken kann, scheine ich zugleich in keine von ihnen so wirklich reinzupassen. Aufgrund meines für die IT »untypischen« Erscheinungsbildes begegnet mir etwa immer wieder große Verwunderung, wenn ich erzähle, dass ich in der Tech-Branche arbeite, bis hin zur schieren Fassungslosigkeit, wenn ich hinzufüge, dass ich sogar ganz solide programmieren kann. »Von Techies habe ich irgendwie ein anderes Bild!« ist einer der Standardsätze, den ich dann zu hören bekomme. Oder: »Ich hätte schwören können, dass du irgendwas mit Medien oder Marketing machst!«

Menschen sind in Anbetracht meines jungen Alters ebenso oft schockiert, wenn ich ihnen erzähle, dass ich Führungskraft in einem IT-Konzern bin: »Wow, du siehst gar nicht aus wie ein Chef«, höre ich immer wieder. Oder ebenso schmeichelhaft: »Das hätte ich dir auf den ersten Blick ehrlich gesagt gar nicht zugetraut!« Im gleichen Zuge werde ich regelmäßig für mein »perfektes Deutsch« gelobt und mein süddeutscher Einschlag wird fasziniert zur Kenntnis genommen. »Richtig klasse, dass du so tolles Deutsch sprichst!«, stellen Menschen nicht selten beim ersten Kennenlernen anerkennend fest. Woraufhin ich regelmäßig trocken entgegensetze, dass mein »perfektes Deutsch« eigentlich kaum eine erwähnenswerte Glanzleistung sein sollte, wenn man bedenkt, dass ich in München geboren und aufgewachsen bin.

Auch Geschlechterklischees scheine ich nur unzureichend zu bedienen. »Du bist aber schon ziemlich taff für eine Frau.« Oder

»Wahnsinn, dass du so durchgreifen kannst! Schon ziemlich ungewöhnlich!« wird regelmäßig mit einer Mischung aus Faszination und Irritation festgestellt.

Eine Sache finde ich hierbei besonders spannend: Obwohl ich selbst viele Schubladen bediene, die Konsequenzen von Vorurteilen am eigenen Leib dadurch immer wieder zu spüren bekomme und mich aktiv mit der Thematik auseinandersetze, ertappe ich mich dennoch immer wieder selbst dabei, wie ich meinem eigenen Schubladendenken auf den Leim gehe. Besonders deutlich wird es mir immer dann, wenn Menschen sich auf einmal ganz anders verhalten, als ich es von ihnen erwartet hätte. Nämlich genau dann, wenn sie plötzlich der Zielzuschreibung der Schublade nicht mehr entsprechen, in die ich sie zuvor unbewusst offensichtlich hineingesteckt hatte.

Obwohl ich selbst ein technisches Studium absolviert habe, bin ich beispielsweise immer wieder besonders beeindruckt davon, wenn mir Frauen im Vorstellungsgespräch erzählen, dass sie in ihrer Freizeit Apps entwickeln, oder auch wenn ich Männer kennen lerne, die aufgrund der Erziehung ihrer Kinder zu Hause bleiben, während ihre Frauen in Vollzeit ihrem Beruf nachgehen. Fakt ist: Vor unbewussten Vorurteilen sind wir alle nicht gefeit. Um gegen sie erfolgreich vorgehen zu können, müssen wir allerdings erstmal anerkennen, dass wir sie haben. Dies macht es uns überhaupt erst möglich, sie zu hinterfragen und auch erfolgreich abzulegen.

Auch in der Arbeitswelt werden Menschen mit einer Vielzahl von Stereotypen und Vorurteilen konfrontiert, die ihnen nicht nur in ihrer Karriere Steine in den Weg legen, sondern auch Diskriminierung und Ausgrenzung für sie zur Folge haben können. Das Klischeebild des ewigen gestrigen alten Mannes ist hierbei etwa genauso reduzierend und diskriminierend wie das Bild der vermeintlich unterqualifizierten Quotenfrau. Vorurteile machen vor »zu jungen« genauso wenig halt wie vor »zu alten« Mitarbeitern und Mitarbeiterinnen. Menschen werden ebenso regelmäßig in

Schubladen gesteckt, weil sie gesellschaftlichen Schönheitsidealen entsprechen oder auch, wenn sie das nicht tun.

Auch rund um Familienplanung und Erziehung ranken sich viele Geschlechterklischees und Rollenerwartungen – mit mannigfaltigen Konsequenzen: So wird Frauen im gebärfähigen Alter vielerorts durchgehend ein Kinderwunsch unterstellt, auch wenn sie gar keine Kinder bekommen wollen oder können. Entsprechen Frauen dieser Erwartung und bekommen Kinder, können sie es der Gesellschaft wiederum auch nicht recht machen: Halten sie trotz Kind weiterhin an ihrer Karriere fest, werden sie als Rabenmütter abgestempelt, wohingegen ihnen fehlende berufliche Ambitionen unterstellt werden, wenn sie für die Familie im Job kürzertreten oder ihre Arbeitszeit reduzieren. Im Gegenzug entsprechen Männer nicht der gesellschaftlichen Rollenerwartung und werden mit Skepsis und Widerständen konfrontiert, falls sie eine längere Elternzeit nehmen oder gar längerfristig aufgrund der Erziehung ihrer Kinder beruflich zurücktreten möchten.

Auch ganze Branchen haben mit den Folgen von Stereotypen zu kämpfen. So wird das Bild von der Tech-Branche bis heute dominiert von der Vorstellung menschenscheuer Nerds, die im Keller still vor sich hin programmieren und das Tageslicht meiden. Mit der Konsequenz, dass sich vor allem junge Frauen häufig nicht trauen, sich beruflich für diese Richtung zu entscheiden. Ebenso begegnen Menschen auf dem Arbeitsmarkt im Falle von fehlenden akademischen Abschlüssen Hürden. Auch rund um die soziale und ethnische Herkunft von Menschen ist gesellschaftliches Schubladendenken weitverbreitet, das sich auch in der Arbeitswelt in Rassismus und Klassismus niederschlagen kann.

Ich werde in diesem Kapitel der Frage nachgehen, wie viel Wahrheit, aber auch Widersinnigkeit in diesen Stereotypen und Vorurteilen steckt und welche verheerenden Konsequenzen mit ihnen verbunden sein können. Ich bemühe mich um eine umfassende Betrachtung verschiedener Bereiche und werde die Positionen verschiedener Persönlichkeiten einfließen lassen, um das Thema mehrdimensional aus unterschiedlichen Perspektiven zu beleuchten. Das Feld ist jedoch so weit, dass ich dennoch bei weitem nicht alle Vorurteile der Arbeitswelt abdecken werde.

Hoffentlich gelingt es trotzdem, den Blick für die Thematik zu schärfen und damit den ersten notwendigen Schritt zu gehen, der für die Bekämpfung aller Arten von Vorurteilen notwendig ist: nämlich sich ihrer bewusst zu werden.

Die alten weißen Männer

Kaum ein Vorurteil ist in den vergangenen Jahren so salonfähig geworden wie die Klischeefigur des aus der Zeit gefallenen »alten weißen Mannes«. Der Begriff steht synonym für Privilegien, Macht und Überlegenheit. Er verbildlicht die Inkarnation des konservativen ewig Gestrigen, der patriarchale, alteingesessene Strukturen mit allen unlauteren Mitteln für seinen eigenen Machterhalt verteidigt. Der alte weiße Mann belächelt Frauen, verschmutzt die Umwelt und verweigert jeglichen Fortschritt. Hierbei ist Mansplaining seine bevorzugte Form der Kommunikation, indem er vermeintlich ahnungslosen Frauen ungefragt und auf selbstgefällige Weise seine unfehlbare Sicht auf die Welt kundtut. Ich denke, wir können also an diesem Punkt schon mal festhalten, dass es gut nachvollziehbar ist, dass Männer in der Regel mit dieser wenig schmeichelhaften Zuschreibung nicht in Verbindung gebracht werden möchten.

Möchte man dem Ursprung des Stereotyps von alternden, hellhäutigen Männern auf den Grund gehen, ist eine Auseinandersetzung mit gesellschaftlichen Privilegien unvermeidbar. Ein Privileg bezeichnet hierbei ein Vorrecht, das nur bestimmten Personengruppen zuteilwird. Damit werden im Umkehrschluss manche Bevölkerungsgruppen mit Hürden und Herausforderungen konfrontiert, die anderen niemals begegnen werden. Privilegien können von der Nationalität einer Person genauso abhängen wie von ihrer Hautfarbe, ihrem biologischen Geschlecht oder auch ihrer Gesellschaftsschicht. Sie betreffen die körperliche und mentale Verfassung von Menschen, ihre sexuelle Orientierung oder auch ihr Aussehen. Viele Privilegien sind mehrdeutig und schwer greifbar, wohingegen andere sich auf sehr deutliche Weise zeigen können. Sie können in Wechselbeziehungen zueinander stehen, sich gegenseitig verstärken oder auch von anderen Faktoren abgeschwächt werden. Grundsätzlich spüren Menschen die Existenz von Privilegien erst, wenn sie ihnen fehlen. Die Beantwortung nachstehender Fragen kann bei der Reflexion über eigene Privilegien hilfreich sein:

- Wurdest du schon mal allein aufgrund deines »fremd« klingenden Vor- und Nachnamens in Bewerbungsprozessen oder bei der Wohnungssuche benachteiligt?
- Musstest du nachts auf dem Nachhauseweg schon mal fürchten, vergewaltigt zu werden und vielleicht sogar dein Leben zu verlieren?
- Wurdest du schon mal aufgrund deiner sexuellen Orientierung auf der Straße angegriffen oder beleidigt?
- Hast du schon mal einen Job nicht bekommen, da die Angst bestand, dass du schwanger werden könntest?
- Konntest du schon mal an einer Veranstaltung nicht teilnehmen, da diese nicht barrierefrei zugänglich war?
- Wurde dir aufgrund deiner Hautfarbe schon mal der Eintritt in eine Diskothek verwehrt?
- Wurde dir aufgrund deines Körpergewichts schon mal unterstellt, dass du faul und undiszipliniert sein musst?

- Wurdest du schon mal dafür kritisiert, dass du den Nachnamen deines Ehepartners oder deiner Ehepartnerin nach der Heirat nicht angenommen hast?
- Bekamst du schon mal den Vorwurf zu hören, ein schlechter Elternteil zu sein, da du in Vollzeit arbeitest?

Je mehr Fragen wir mit Nein beantworten können, desto mehr Privilegien genießen wir in den jeweiligen Bereichen. Ich könnte die Liste lange fortsetzen, aber ich denke, der Punkt ist deutlich geworden. Eine große Herausforderung privilegierter Menschen liegt jedoch genau in der Akzeptanz ihrer Privilegien. Vielleicht erinnert ihr euch noch an mein Gespräch mit dem Herrn, der sich über Political Correctness aufgeregt hatte. Er war der festen Überzeugung, »Ausländerwitze« seien doch etwas völlig Lustiges und Legitimes, und verstand daher die Problematik nicht. Hier haben wir es mit einem klassischen Fall von dem fehlenden Bewusstsein über die eigenen Privilegien zu tun: Menschen, die zur gesellschaftlichen Norm gehören, haben noch nie am eigenen Leib erfahren müssen, wie es ist, aufgrund einer Abweichung von der Norm diskriminiert zu werden. Sie hinterfragen damit auch ihre eigenen Privilegien und die jeweiligen Vorzüge, die damit für ihr Leben und auch für ihre Karriere einhergehen, seltener. Irgendwie logisch. Denn sie bekommen die Nachteile im Falle der Abwesenheit dieser Privilegien in der Regel nie zu spüren.

Sie stellen sich damit auch seltener die Frage, ob sie ihre aktuelle Position auch erlangt hätten, falls sie eine andere ethnische oder soziale Herkunft, sexuelle Orientierung, Religion oder auch andere körperliche Fähigkeiten hätten – oder gar mehrere dieser Eigenschaften vereinen würden. Stichwort: Intersektionalität. Die US-amerikanische Juristin Kimberlé Crenshaw, auf die der Begriff zurückgeht, verdeutlicht dieses Phänomen mit dem Bild einer Kreuzung von zwei Straßen, wobei die eine Straße beispielsweise für Geschlecht und die andere für ethnische Herkunft stehen kann. Zwar können Unfälle auf beiden Straßen passieren, doch wer sich in der

Mitte der Kreuzung befindet, lebt mit einem höheren Risiko, in einen Unfall verwickelt zu werden, da die Autos von mehreren Seiten gleichzeitig angefahren kommen können.[1] So erfährt eine schwarze Frau mit einer Behinderung mehr Diskriminierung als eine Person, die ausschließlich aufgrund ihrer Hautfarbe, ihres Geschlechts oder einer Behinderung Benachteiligung erfährt. Hierbei ist leicht nachvollziehbar, dass die Reflexion und vor allem auch das Eingeständnis der eigenen Privilegien Überwindung kosten kann, denn sie stellt die eigene Lebensleistung womöglich infrage. Die Auseinandersetzung damit, ob man es aufgrund von Geburt an erworbener Eigenschaften oder Umstände leichter als andere Menschen hatte und dies womöglich einen großen Anteil an der eigenen Leistung und dem bisher im Leben Erreichten ausmacht, fällt vielen Menschen schwer.

Mit Privilegien ist es hierbei allerdings ähnlich wie mit Vorurteilen: Möchten Menschen gewissenhaft und verantwortungsvoll mit ihnen umgehen, um weniger privilegierte Personen und Gruppen zu unterstützen, ist es notwendig, sich die eigenen Privilegien überhaupt erst bewusst zu machen. Sowohl eine weiße Hautfarbe als auch das männliche Geschlecht gehen seit jeher mit Privilegien einher. Männer mit weißer Hautfarbe gehören damit zu einer Gesellschaftsgruppe, die Vorzüge besitzt, die andere Menschen nicht haben.

Möchte man die Privilegien »alter weißer Männer« besser verstehen«, ist zunächst eine Auseinandersetzung mit den Vorzügen sinnvoll, die mit einer weißen Hautfarbe einhergehen. Die sogenannten »Weißen Privilegien« beziehungsweise »White Privileges« sind ein Begriff, der in den USA schon lange existiert, in Deutschland hingegen bisher noch relativ unbekannt ist. Weiße Privilegien bedeuten, dass weiße Menschen aufgrund ihrer Hautfarbe Vorteile genießen, die Menschen mit anderer Hautfarbe nicht haben. Vereinfacht gesagt, beschreiben sie den Zustand, aufgrund der eigenen Hautfarbe nicht diskriminiert zu werden. Es ist wichtig zu verstehen, dass weiße Privilegien hierbei losgelöst vom sozioökonomischen Status einer Person sind. Arme Menschen mit heller Hautfarbe genießen also in Bezug auf ihre Hautfarbe die gleichen Vorzüge wie reiche weiße Menschen.

Ausgrenzungserfahrungen und diskriminierende Erlebnisse von nicht weißen Menschen beginnen hierbei häufig schon im Kindergartenalter bei vermeintlichen Kleinigkeiten, wie etwa hellbeigen Buntstiften oder Pflastern, die als »hautfarben« gekennzeichnet sind. Sie setzen sich in diversen weiteren Alltagssituationen fort, etwa wenn Menschen ausschließlich aufgrund ihrer nicht weißen Hautfarbe gehäuft polizeilich kontrolliert werden – auch bekannt als Racial Profiling – oder keinen Einlass in einen Nachtklub erhalten. Eine weitere Form der Ausgrenzung kann auch durch ein fehlendes Zugehörigkeitsgefühl gegeben sein, das entsteht, da nicht weiße Menschen in der Werbung, in den Medien, in Spielfilmen oder genauso im Bundestag oder auch in deutschen Chefetagen unterrepräsentiert sind. Nicht Weiße werden auch Opfer von weiteren diskriminierenden Alltagssituationen: So wechseln Menschen bei ihrem Anblick aus vorurteilsbehafteter Furcht schon mal die Straßenseite oder umklammern ihre Handtasche fester aus Sorge, von ihnen bestohlen zu werden. Für Menschen, die aufgrund ihrer Hautfarbe von Rassismus betroffen sind, ist die Abweichung von der hiesigen gesellschaftlichen Norm damit ein alltägliches Thema, während weiße Menschen ihre Konformität mit der Norm in Bezug auf ihre Hautfarbe in ihrem Alltag nicht bewusst wahrnehmen. Die Folgen fehlender weißer Privilegien sind damit kein abstrakter Diskussionsgegenstand, sondern belegbare Diskriminierungserfahrungen nicht weißer Menschen, die sich in verschiedenen Bereichen ihres Alltags zeigen können.

Als Nächstes sollten wir einen Blick auf die Privilegien werfen, die bis heute mit dem männlichen Geschlecht einhergehen. Deutschland hat in vielen Bereichen der Gleichberechtigung zwischen Männern und Frauen in den vergangenen Jahren Fortschritte gemacht, liegt jedoch nach wie vor in sämtlichen Dimensionen weit hinter vielen europäischen Ländern zurück. Frauen sind in Führungspositionen sowohl in der Politik als auch in der Wirtschaft nach wie vor unterrepräsentiert. Frauen in Deutschland verdienten außerdem im Jahr 2022 durchschnittlich noch 18 Prozent weniger als Männer.

Rund 63 Prozent dieses Gender-Pay-Gap sind durch gesellschaftliche Strukturen erklärbar, etwa dadurch, dass Frauen häufiger in schlechter bezahlten klassischen »Frauenberufen« wie in der Pflege oder Erziehung tätig sind, überdurchschnittlich häufig in Teilzeit arbeiten und unterdurchschnittlich häufig Managementpositionen besetzen. Blenden wir die strukturellen Herausforderungen und Ursachen aus, die für die schlechte Bezahlung in frauendominierten Bereichen wie etwa im sozialen Sektor ursächlich sind, und betrachten die verbleibenden 37 Prozent des Verdienstunterschiedes, ist allerdings keine erklärbare Ursache für die schlechtere Bezahlung der Frauen mehr gegeben. Dieser unerklärte Teil entspricht dem bereinigten Gender-Pay-Gap von 7 Prozent. Dieser macht deutlich, dass Frauen auch im Falle von vergleichbaren Positionen und Werdegängen durchschnittlich weniger verdienen als Männer.[2] Ferner beträgt die Rentenlücke zwischen Männern und Frauen rund 60 Prozent. Frauen sind damit wesentlich häufiger von Altersarmut betroffen als Männer.[3]

Das Problem wird wohl noch lange andauern, denn bis heute übernehmen Frauen in Deutschland einen disproportionalen Anteil der unbezahlten Care-Arbeit und treten dafür im Beruf zurück – mit spürbaren negativen Konsequenzen für ihre Karrieren sowie ihre spätere Rente. Mindestens jede dritte Frau in Deutschland wird im Durchschnitt zudem einmal in ihrem Leben Opfer von sexualisierter und/oder physischer Gewalt. Insgesamt sind 80,5 Prozent der von Partnerschaftsgewalt betroffenen Menschen weiblich.[4] Wie zuvor bereits beschrieben, werden außerdem zahlreiche Produkte nach wie vor hauptsächlich an Männern getestet. Auf die gesellschaftlich vorherrschenden Geschlechterklischees, die Frauen zusätzlich stark benachteiligen, werden wir später noch im Detail zu sprechen kommen.

Sind Menschen nun weiß *und* männlich, genießen sie die vollumfängliche Vielfalt der zuvor dargestellten Privilegien. Allerdings soll nicht unerwähnt bleiben, dass dies im Umkehrschluss nicht bedeutet, dass Menschen mit den Attributen »weiß« und »männlich« nicht auch in anderen Bereichen – wie beispielsweise aufgrund ihrer sozialen Herkunft oder auch ihrer körperlichen und geistigen Fähigkeiten – auch strukturell benachteiligt und diskriminiert werden können. Sie erfahren allerdings zumindest aufgrund ihres Geschlechts oder ihrer Hautfarbe Privilegien, die andere Menschen nur teilweise beziehungsweise gar nicht erfahren, die nur eines oder keines der Merkmale »weiß« und »männlich« erfüllen.[5]

Nun wird in den öffentlichen Debatten nicht nur von weißen Männern, sondern explizit von *alten* weißen Männern gesprochen und damit ein gewisses Lebensalter unterstellt. Im Rahmen der Auseinandersetzung mit der Klischeefigur des »alten weißen Mannes« ist daher also auch eine Betrachtung der Babyboomer-Generation – geboren in den Jahren 1946 bis 1964 – sinnvoll, mit der das Stereotyp häufig in Verbindung gebracht wird. Ihren Namen verdankt die Boomer-Generation den geburtenstarken Jahrgängen der Nachkriegszeit, die maßgeblich auf den wirtschaftlichen Aufstieg und den daraus resultierenden Wohlstand zurückzuführen sind, der nach dem Ende des Zweiten Weltkriegs in den westlichen Ländern deutlich zunahm. Der Babyboom nahm erst mit der Einführung der Anti-Babypille im Jahre 1965 – dem sogenannten Pillenknick – ein jähes Ende.

Die Babyboomer wurden in einer Zeit geboren, in der noch sehr traditionelle Frauenbilder und Geschlechterrollen vorherrschten, was sich auch in der damaligen Werbung widerspiegelte. So lautete ein Werbeslogan in den 1950er Jahren: »Sie wissen ja – eine Frau hat zwei Lebensfragen: Was soll ich anziehen und was soll ich kochen?« In der Babyboomer-Generation nahm die Zahl der berufstätigen Frauen mit guten Bildungsabschlüssen jedoch zu. Nichtsdestotrotz waren auch in den 1960er Jahren noch patriarchale Strukturen vorzufinden, die 1968 in die zweite Frauenbewegung mündeten. Das damalige traditionelle Frauenbild der Nachkriegsjahre in Westdeutschland wirkt bis heute in der ökonomischen Benachteiligung älterer Frauen nach und resultiert oft in Altersarmut.[6] Die Rente zeigt sich damit als Spiegelbild der Teilhabe der Frauen der Boomer-Generation am Erwerbsleben. Zusammenfassend lässt sich festhalten, dass die Babyboomer stark von klassischen Rollenbildern geprägt wurden, aber auch einen erheblichen Beitrag auf dem Weg zur Gleichberechtigung der Geschlechter geleistet haben.

Der Boomer-Generation werden Merkmale wie Disziplin, Leistungsbereitschaft sowie Karriereorientierung nachgesagt. In der Netzkultur werden ihr zudem häufig antiquierte und konservative Ansichten unterstellt und wenig Offenheit oder gar Ignoranz gegenüber Themen wie neuen Technologien oder dem Klimawandel vorgeworfen, was oftmals mit dem negativen Image des alten weißen Mannes korreliert. Das Meme »OK Boomer« wird von jüngeren Generationen seit einigen Jahren verwendet, um Kritik an dieser vermeintlich rückständigen Einstellung der Babyboomer zu üben. Wie immer in der Generationenforschung sollte hierbei jedoch nicht vergessen werden, dass jede Generation aus Individuen besteht, die unterschiedlich sozialisiert wurden sowie von Grund auf verschiedene Lebensgeschichten und Persönlichkeiten mitbringen. Die Zuordnung von Menschen zu bestimmten Generationen kann zwar dabei helfen, Tendenzen und Entwicklungen zusammenzufassen und eine grobe Orientierung zu verschaffen, ist aber nicht dafür geeignet, um spezifisches Verhalten oder gar eine individuelle Einstellung von Einzelpersonen vorherzusagen. Die Charakteristika, die einer Generation zugeschrieben werden, müssen also nicht auf all ihre Vertreter und Vertreterinnen zutreffen.

Bis heute machen die Babyboomer ein Drittel der deutschen Bevölkerung aus. Einflussreiche Positionen in Wirtschaft und Politik sind häufig von ihnen besetzt. Es handelt sich damit um eine Generation, die aufgrund ihrer wirtschaftlichen und politischen Stellung eine machtvolle Entscheidungsgewalt in der Gesellschaft besitzt. So sind etwa mehr als die Hälfte der Mitglieder im Bundestag Babyboomer, und sie machen auch die klare Mehrheit in Dax-Vorständen aus.[7] Jetzt könnte man sich die Frage stellen, was der Anreiz für weiße Männer der Boomer-Generation sein sollte, ihre statistisch betrachtet gegenüber anderen Bevölkerungsgruppen maßgeblich privilegiertere Situation und damit ihren vermeintlich sehr komfortablen Status quo zu verändern. Und dies bringt uns zu einer entscheidenden Frage: Sind Männer ausschließlich Profiteure des vorherrschenden Systems, oder leiden sie womöglich auch selbst unter dem Rollenbild und den Geschlechternormen, die man ihnen aufzwingt? Studien kamen zu dem Ergebnis, dass die Verinnerlichung von klassischen Männlichkeitsnormen für Männer statistisch gehäuft mit psychischen Problemen einhergeht.[8] Laut der Weltgesundheitsorganisation ist die Selbstmordrate von Männern in den Industriestaaten dreimal so hoch wie die von Frauen,[9] was wiederum mit dem gesellschaftlichen Männlichkeitsbild korreliert, dass es »unmännlich« sei, Gefühle oder Verwundbarkeit zeigen.

Diese Männlichkeitsmythen zementieren ein gesellschaftlich anerkanntes Männerbild, das Männer stark unter Druck setzen kann. Diese Erwartungshaltung beinhaltet etwa, dass Männer keine Schwäche zeigen dürfen und Gefühle wie Trauer oder Angst weitestgehend unterdrücken sollen. Eine Studie der University of Texas in Austin und der Yale University kam zu dem Ergebnis, dass Männer, die an dem männlichen Rollenbild, besonders »stark« sein zu müssen, festhielten, weniger bereit waren, sich bei psychischen Problemen helfen zu lassen.[10] Männer haben damit in einer traditionell patriarchalen Gesellschaftsordnung zwar öfter einflussreiche Machtpositionen inne, doch sie leben damit zugleich in einem System, das ihnen womöglich selbst schadet. Männer profitieren folglich nicht ausschließlich von patriarchalen Strukturen, sondern leiden mitunter ebenso an den Anforderungen und Erwartungen, die durch diese an sie gestellt werden.

Ein prominentes Beispiel ist der Fall des US-amerikanischen Schauspielers und ehemaligen American-Football-Spielers Terry Crews, der sich im Zuge der #MeToo-Bewegung öffentlich dazu bekannte, von einem Hollywood-Produzenten sexuell belästigt worden zu sein. Crews hatte zunächst davon abgesehen, Anzeige zu erstatten und mit seinem Fall an die Öffentlichkeit zu gehen, da er negative Konsequenzen und Hohn fürchtete. Nach seinem öffentlichen Bekenntnis 2017 auf Twitter wurde deutlich, dass seine Sorgen durchaus berechtigt gewesen waren. So wurden Crews Aussagen von verschiedenen männlichen Prominenten auf Social-Media-Plattformen ins Lächerliche gezogen. Der Grundtenor dieser spöttischen Kommentare war, wieso ein »so starker Mann« wie er sich nicht selbst hätte zur Wehr setzen können.

Auch ist die frühere Selbstverständlichkeit, als Mann der Ernährer und zugleich das Familienoberhaupt zu sein und damit in der Erziehung der Kinder bloß eine Nebenrolle zu spielen, für viele Männer nicht mehr zeitgemäß. Väter müssen dennoch aufgrund gesellschaftlich bis heute vorherrschender Rollenbilder mit Vorbehalten kämpfen, wenn sie aufgrund der Erziehung ihrer Kinder in Teilzeit arbeiten oder eine längere Elternzeit nehmen wollen. Stellen sie sich gegen die öffentliche Rollenerwartung, müssen sie häufig nicht nur Häme, sondern auch berufliche Einschnitte in Kauf nehmen.

Ich sprach mit Dr. Michael Trautmann über das Thema. Michael startete nach dem Studium der Betriebswirtschaftslehre, Lehr- und Forschungstätigkeit und einer Promotion im Bereich ökologieorientiertes Marketing als Unternehmensberater bei Bossard Consultants. Als Geschäftsführender Partner bei Springer & Jacoby war er danach unter anderem verantwortlich für den renommierten Mercedes-Benz-Etat und den Auf- und Ausbau internationaler Büros unter anderem in London, Paris, Barcelona und Mailand. Als Global CMO bei Audi war er einer der jüngsten Top-Manager im Volkswagen Konzern und wurde unter die Top 40 under 40 im europäischen Marketing gewählt. Michael ist außerdem nicht nur weiß und männlich, sondern wurde auch im Jahr 1964 geboren und gehört damit noch zur Generation der Baby-Boomer. Damit könnte man ihn auf den ersten Blick zunächst blendend in die Schublade des alten weißen Mannes stecken.

Interessanterweise kenne ich nur wenige Personen, die derart konträr zu diesem Stereotyp sind wie Michael. Umso mehr interessierte mich seine Sicht auf das Klischeebild des alten weißen Mannes und was dieses bei ihm auslöst. Michael erzählte mir: »Ich kann mich nicht mehr genau erinnern, wann ich das erste Mal vom alten, weißen Mann gehört oder gelesen habe. Ich kann mich nicht mal mehr daran erinnern, was ich gedacht oder gefühlt habe. Wenn er mir heute begegnet, dann ist es häufig ein Gefühlscocktail. Ich fühle mich dann – je nach Kontext – schuldig, angegriffen, ertappt, verantwortlich, traurig, wütend, wehr- oder machtlos. Ich bin als Sohn einer Lehrerin und eines Marineoffiziers aufgewachsen. Mein Vater war oft wochenlang auf dem Meer und meine Mutter hat mich und meinen jüngeren Bruder fast allein erzogen. Hinzu kam, dass sie extrovertiert und mein Vater eher introvertiert war. Prägend in meiner Rolle als Mann war für mich mein Großvater mütterlicherseits. Er war zwölf Jahre in russischer Kriegsgefangenschaft. Als er zurückkam und meine Mutter das erste Mal sah, war sie bereits in der Pubertät. Meine Mutter und mein Großvater haben sich oft und gerne im Beisein der ganzen Familie über politische und gesellschaftliche Themen gestritten, in meiner Erinnerung immer auf Augenhöhe.«

»Das war ja in der damaligen Zeit auch alles andere als selbstverständlich, oder? Empfindest du dich auch sonst als privilegiert?«, wollte ich wissen.

Michael: Ich habe schon früh verstanden, dass ich privilegiert groß geworden bin. Mit zwei verbeamteten Eltern gab es nie Mangel und nie Angst davor, dass irgendetwas fehlen könnte. Meine Eltern haben mir und meinem Bruder immer das Gefühl gegeben, uns frei entwickeln zu können. Meine Mutter, die ihr Studium mit meiner Geburt unterbrach und nach der Einschulung meines Bruders wieder aufnahm, war für mich ein Role Model. Dass viele Frauen diesen Weg nicht gehen konnten, wurde mir erst sehr viel später bewusst. Durch die Familie meiner Frau bin ich in ein konservativeres Umfeld gekommen. Meine Schwiegermutter hat meinem Schwiegervater den Rücken freigehalten, damit er seine Karriere als Führungskraft in einer großen Bank vorantreiben konnte. Der Umgang miteinander und insbesondere auch der zwischen Männern und Frauen war geprägt von den Umgangsformen, die Adolph Knigge in seinen Werken beschrieb. Mich hat das damals angesprochen, und heute führt es mich häufiger an meine Grenzen, weil ich mich oft frage, ob eine moderne Frau überhaupt noch möchte, dass ich ihr die Tür aufhalte.

Annahita: Wie gehst du damit um?

Michael: Ich habe verstanden, dass ein väterliches Über-die-Schulter-Streichen und Gut-gemacht-Sagen nicht mehr zeitgemäß ist. Aber es gibt viele Situationen, in denen es mir noch schwerfällt, mich adäquat zu verhalten. Ich bin darauf angewiesen, dass man es mir sagt. Ich stelle fest, dass ich immer häufiger Frauen auch direkt frage, wenn ich mir unsicher bin. Anzuerkennen, das nicht zu wissen, tut manchmal weh. Aber zuzugeben, es nicht zu wissen, wie sich eine Frau fühlt, kann verbindender sein, als ein Verständnis der Situation vorzugaukeln.

Annahita: Wieso findest du den Einsatz für Diversität in dem Kontext sinnvoll?

Michael: Diverse Teams bringen bessere Ergebnisse, die Menschen entwickeln sich darin besser und sie gelten als attraktiver für neue Personen im Team. Die neueste Forschung zeigt, dass diverse Teams nur dann ihre Kraft entfalten, wenn sich alle innerhalb ihres Teams psychologisch sicher fühlen. Ich sehe hier eine große Verantwortung und eine große Chance für »alte weiße Männer«. Denn noch sehr häufig beeinflussen sie durch ihre Kommunikation und durch ihr Handeln, ob so etwas wie psychologische Sicherheit entstehen kann.

Annahita: Wie ist dein Blick auf Männer deiner Generation?

Michael: Viele Männer in meinem Alter hadern mit ihrer Rolle. Ein sehr guter Freund beschreibt es so: Im Alter von 50 entscheidet es sich, ob Männer sich in eine weltoffene und großzügige Richtung entwickeln oder ihren Blickwinkel eher verengen und eine weitere Entwicklung ablehnen. Mit meiner Arbeit möchte ich auch dafür sorgen, dass sich möglichst viele Männer für den ersten Weg entscheiden.

Ihr könnt euch sicher vorstellen, dass ich selbst auf meinem bisherigen Weg schon auf unzählige alte weiße Männer gestoßen bin. Und nicht nur auf die positive Kategorie der Sorte Michael Trautmanns, die sich dafür entscheiden, sich in eine »großzügige und weltoffene« Richtung zu entwickeln. Der Großteil meiner ehemaligen Vorgesetzten waren – mehr oder weniger alte – weiße Männer. Einer dieser sagte mir nach meiner Hochzeit offen ins Gesicht, dass für mich meine Karriere jetzt wohl ohnehin hintenanstehen würde, da ich jetzt ja wohl hoffentlich »andere Prioritäten« hätte. Ein anderer ehemaliger Vorgesetzter gab mir hingegen – entgegen vieler interner Vorbehalte und Widerstände – mit Ende 20 eine äußerst visible Führungsposition. Eine Stelle, auf die sich intern mehrheitlich Männer beworben hatten, die doppelt so alt waren wie ich. Den entrüsteten Aufschrei und die internen Proteste hielt er schulterzuckend aus, da er fest an mein Potenzial glaubte. Es waren alte weiße Männer, die mir in Meetings ins Wort fielen, und es waren andere alte weiße Männer, die mir eine Bühne zum Glänzen gaben und mir Türen öffneten, die mir sonst wohl lange verschlossen geblieben wären. Einige erfüllten das Klischee, während andere zu meinen größten Förderern und Mentoren wurden.

Ich hatte großartige Chefs und schreckliche Chefinnen sowie schreckliche Chefs und großartige Chefinnen. Ich traf auf viele junge Chauvinisten und zahlreiche alte Feministen. Wir machen es uns schlichtweg zu einfach, wenn wir alle alten weißen Männer in eine Schublade packen. Wir machen es uns zu einfach, wenn wir in der Diskussion um Gleichberechtigung den alten weißen Mann als Sündenbock und Buhmann (im wahrsten Sinne des Wortes) deklarieren und ihm die Schuld an allen aktuellen gesellschaftlichen Herausforderungen in die Schuhe schieben. Vor allem machen wir es uns zu einfach, wenn wir das System ausklammern, das die bestehenden Strukturen fördert. Es sind nicht nur unsere internalisierten Rollenbilder und Geschlechterklischees, die uns im Wege stehen, sondern auch strukturelle Herausforderungen wie rare Kinderbetreuungsplätze, antiquierte Steuermodelle wie das Ehegattensplitting sowie familienunfreundliche Arbeitgeber, die wir angehen müssen.

Wir stehen uns in der Gleichberechtigungs- sowie in der kompletten Diversitätsdebatte selbst im Weg, wenn wir einerseits Toleranz und Offenheit erwarten und andererseits Menschen aufgrund von Attributen, die sie nicht beeinflussen können wie ihr Alter, ihre Hautfarbe und ihr Geschlecht, über einen Kamm scheren und unter einen pauschalen Generalverdacht stellen. Menschen bilden keine homogene Masse, nur weil sie zufällig männlich, weiß und nicht mehr unter 45 sind. Ja, die Debatte um Chancengerechtigkeit, Gleichberechtigung und längst überfällige Veränderungen ist dringend notwendig. Genauso wie die Reflexion über alte Machtstrukturen, Deutungshoheit und etablierte Privilegien sowie die Diskussion darüber, wie wir den Status quo nachhaltig verändern können. In dem Rahmen ist es essenziell, dass privilegierte Menschen ihre Verantwortung begreifen und ihre Privilegien mit marginalisierten und diskriminierten Gruppen – geschlechterübergreifend – teilen.

Diese Debatte wird zweifellos nicht ohne Reibung vonstattengehen. Sie darf allerdings nicht in ein Schwarz-Weiß-Denken münden, in dem wir uns das Leben vermeintlich leicht machen und alle »alten weißen Männer« pauschal an den Pranger stellen. Das Bashing alter weißer Männer ist inzwischen derart salonfähig geworden, dass es mitunter skurrile, diskriminierende Züge annimmt und immer wieder neue Gräben aufreißt. Wir müssen endlich damit aufhören, Männer einseitig als Profiteure und Täter und Frauen wiederum als Benachteiligte und Opfer zu sehen. Nur Hand in Hand und im differenzierten Dialog werden wir den Weg Richtung gelebter Gleichberechtigung erfolgreich beschreiten, strukturelle Herausforderungen aus dem Weg räumen und Gläserne Decken aufbrechen. Miteinander. Nicht gegeneinander.

Die Quotenfrauen

Es gibt wenige Themen, die für derart erhitzte Gemüter und kontroverse Diskussionen sorgen, wie die Frauenquote. Ich war selbst lange keine Befürworterin. Mein Argument dagegen lautete immer, dass ich aufgrund meiner Leistungen eingestellt und befördert werden möchte und nicht aufgrund irgendeiner Quote. Was ich zu dem damaligen Zeitpunkt schlichtweg nicht verstand, war, dass der Sinn der Quote nicht ist, wahllos Frauen in Positionen zu heben, die sie nicht verdienen. Niemand pfeift aufgrund der Quote willkürlich unqualifizierten Frauen auf der Straße hinterher und fragt sie, ob sie denn zufällig Lust darauf hätten, einen Aufsichtsratsposten zu besetzen. Nein, die Quote bezweckt vielmehr, qualifizierten Frauen die Türen zu öffnen, die ihnen sonst aufgrund traditioneller Machtstrukturen und männlich dominierter Buddy-Netzwerke mit hoher Wahrscheinlichkeit verschlossen bleiben würden.

Es ist nicht lange her, da glichen Vorstandsetagen noch geschlossenen Herrenklubs, in denen Frauen maximal als Assistentinnen gestattet waren, um den Kaffee zu reichen und Protokoll zu führen. Noch 2017 gab es mehr Vorstandsmitglieder namens Thomas und Michael als Frauen in deutschen Vorständen.[11] Dies änderte sich erst im Jahre 2019 – drei Jahre nach Einführung der Frauenquote.[12] Doch die Situation sieht auch heute noch für Frauen in deutschen Führungsetagen nicht rosig aus. Besonders die obersten Managementebenen liegen fast ausschließlich in männlicher Hand. Je höher das Managementlevel, desto weniger Frauen sind vertreten.[13] Der Frauenanteil in den Vorständen der an der Frankfurter Börse notierten Unternehmen lag im September 2022 bei mickrigen 14,2 Prozent. In den 40 großen Dax-Konzernen machte der Frauenanteil immerhin noch 20,2 Prozent aus, im MDax und im SDax hingegen nur 11,3 Prozent beziehungsweise 10,4 Prozent. Damit hinkt Deutschland im internationalen Vergleich noch stark hinterher.[14]

Die schwedisch-deutsche AllBright Stiftung, die sich für mehr Diversität in der Wirtschaft einsetzt, erklärt diesen Zustand mit dem sogenannten Thomas-Kreislauf, der im Endeffekt nichts anderes als den Mini-Me-Effekt auf Basis des Affinity Bias beschreibt. So rekrutieren Aufsichtsratsvorsitzende und Vorstandsvorsitzende meist bevorzugt jüngere Ausgaben von sich selbst und schaffen auf diese Weise eine homogene, männlich dominierte Monokultur in deutschen Vorständen. Dieser Kreislauf lässt sich zwar auch auf darunter liegende Führungsebenen übertragen, spitzt sich aber vor allem nach oben hin immer mehr zu. Während die Verantwortung mit steigendem Hierarchielevel steigt, sind zugleich offizielle Jobausschreibungen, spezifische, klar definierte Qualifikationsanforderungen und systematische Bewerbungsverfahren bei der Vergabe von Top-Positionen immer seltener gegeben. Besetzt wird stattdessen häufig im persönlichen Netzwerk und nach intuitivem Bauchgefühl. Die unvermeidbare Konsequenz: Je weiter man nach oben blickt, desto undurchlässiger wird die Gläserne Decke.

Mich interessierte, wie Frauen in Top-Führungspositionen über das Thema denken. Ich sprach daher mit Simone Carstens über ihre Sicht auf die gesetzliche Quotenregelung. Simone ist Geschäftsführerin (CFO/COO) bei der Deutsche Telekom Privatkunden-Vertrieb GmbH, Aufsichtsrätin bei der Deutsche Telekom Service GmbH und Mutter von zwei Kindergartenkindern. Simone Carstens setzt sich unter anderem für die Themen Diversität, Gleichberechtigung und mehr weibliche Gründerinnen ein. Sie ist Mitglied in den Vereinen FidAR Frauen in die Aufsichtsräte e.V., encourageventures e.V. und der Wertekommission – Initiative Werte Bewusste Führung e.V.

Simones Eingangsstatement brachte es für mich schon auf den Punkt: »Wir brauchen eine Quote, bis wir keine Quote mehr brauchen!«, sagte sie und führte weiter aus:

»In der Bankausbildung und im Studium habe ich mir nie Gedanken über die Frauenquote oder potenzielle Benachteiligungen durch mein Geschlecht gemacht. In der Bank waren wir deutlich mehr Frauen als Männer und im Studium war es ungefähr ausgeglichen. Als ich dann nach dem Studium als Analystin im Investmentbanking eingestiegen bin, habe ich schon gesehen, dass es ab einer gewissen Ebene fast nur noch männliche Führungskräfte gibt. Damals habe ich das noch nicht so sehr hinterfragt. Ab meiner ersten Rolle als Führungskraft bei einem sehr technischen Konzern wurde ich dann regelmäßig damit konfrontiert. Ich war als junge Frau ohne technischen Hintergrund im Produktionsbereich so etwas wie ein Einhorn und wurde bei Verhandlungen mit Militärvertretern im Ausland auch schon für die Praktikantin oder Dolmetscherin gehalten. Für mich war immer klar, dass ich durch Leistung überzeugen will und im Zweifel mindestens ein bisschen besser sein muss als meine männlichen Kollegen, um das gleiche Standing zu bekommen.

Trotzdem war ich zu dieser Zeit noch konsequent gegen eine Frauenquote, auch wenn ich Benachteiligungen selbst erfahren habe.

Nach meinem Wechsel zur Telekom wurde das Thema deutlich präsenter. Allerdings in positiver Hinsicht, da die Telekom hier mit drei Frauen im Vorstand und gelebter Diversität aus meiner Sicht ein absolutes Vorzeige-Unternehmen ist. So wurde ich zum Beispiel aus meiner zweiten Elternzeit heraus zur Geschäftsführerin befördert und konnte die Stelle sogar in Teilzeit antreten. Dass ich meine Meinung zur Frauenquote mittlerweile geändert habe und diese unterstütze, liegt an zwei Faktoren. Zum einen sehe ich, dass es bei vielen Unternehmen deutlich schlechter für junge Frauen auf dem Weg in Führungspositionen bestellt ist und dass sich dort ohne sanften Druck von außen wahrscheinlich so schnell nichts ändern würde. Zum anderen möchte ich ein Stück meiner eigenen Erfahrungen weitergeben und dabei unterstützen, dass es mehr Frauen auf die mittleren Ebenen in Führungspositionen schaffen. Denn dort fehlt uns aus meiner Sicht der Nachwuchs, damit wir in Zukunft auch die Ebenen ganz oben mit ausreichend Frauen besetzen können. Ein zentrales Thema ist hier die Vereinbarkeit von Familie und Beruf, weshalb für viele Frauen mit dem ersten Kind die Karriere zumindest einen Knick erleidet und oft leider auch endet. Daher engagiere ich mich nun in verschiedenen Initiativen wie encourageventures e.V. und FidAR – Frauen in die Aufsichtsräte. Daneben unterstütze ich die zwei jungen Gründerinnen der Recruiting-Plattform Mom Hunting und stehe innerhalb der Telekom als Mentorin zur Verfügung.«

Simone spricht mir und vielen Frauen aus dem Herzen, die alle liebend gerne auf die gesetzliche Quotenregelung verzichten würden – wenn es auch ohne sie ginge. Nüchtern betrachtet ist dies allerdings nicht besonders wahrscheinlich, denn vor den gesetzlichen Regelungen hatte die Politik bereits lange versucht, die Problematik mit freiwilligen Selbstverpflichtungen der Unternehmen anzugehen. In der Vergangenheit beruhte Frauenförderung damit in erster Linie auf dem guten Willen der vornehmlich männlichen Entscheider. Sämtliche Bestrebungen, die auf reiner Freiwilligkeit basierten, führten allerdings zu keiner nennenswerten Veränderung des Status quo. In der Konsequenz trat im Mai 2015 schließlich das Gesetz für gleichberechtigte Teilhabe von Frauen und Männern in Führungspositionen (FüPoG) in Kraft. In Deutschland gilt damit seit Anfang des Jahres 2016 für Aufsichtsräte von börsennotierten und paritätisch mitbestimmten Unternehmen eine verbindliche Geschlechterquote von 30 Prozent.

Betroffen sind hierbei rund 100 Unternehmen, welche diese Quote im Zuge der Neubesetzung von Aufsichtsratsposten umsetzen müssen. Unterschreiten die von der Quote betroffenen Unternehmen diese Vorgabe, müssen sie freiwerdende Posten in ihrem Kontrollgremium so lange an Frauen vergeben, bis die Marke von 30 Prozent erreicht ist. Bei einer quotenwidrigen Wahl ist die Sanktion des »leeren Stuhls« vorgesehen, die besagt, dass für das unterrepräsentierte Geschlecht vorgesehene Plätze rechtlich unbesetzt bleiben und der Gewählte kein Aufsichtsratsmitglied wird.[15] Eine Frau rückt folglich aber auch erst in dem Fall nach, wenn einer der bestehenden Aufsichtsratsmitglieder ausscheidet. Bei den von der Geschlechterquote betroffenen Unternehmen ist der Frauenanteil in den Aufsichtsräten seit dem Jahre 2016 von 27 Prozent bis zum Herbst 2020 auf knapp 36 Prozent gestiegen, was ein Hinweis für die Wirksamkeit der Quote ist.[16]

Im Sommer 2021 trat schließlich das Zweite Führungspositionen-Gesetz – FüPoG II in Kraft. Das Gesetz entwickelte das 2015 in Kraft getretene Führungspositionen-Gesetz (FüPoG) weiter, schloss Lücken und verbesserte seine Wirksamkeit. Das Gesetz sollte den Frauenanteil sowohl im privaten als auch im öffentlichen Sektor weiter erhöhen und ebenso der deutlichen Unterrepräsentierung von Frauen auf deutschen Vorstandsebenen gegenwirken. Eine der wesentlichen Neuerungen des FüPoG II war daher das Mindestbeteiligungsgebot für Vorstände mit mehr als drei Mitgliedern in großen deutschen Unternehmen. Besteht ein Vorstand eines börsennotierten und paritätisch mitbestimmten Unternehmens aus mehr als drei Mitgliedern, so muss er künftig mit mindestens einer Frau und mindestens einem Mann besetzt sein. Dies trifft nicht auf alle Dax-, MDax- und

SDax-Unternehmen zu, weshalb die Quote nicht für alle verpflichtend ist. Ferner müssen Unternehmen in der Privatwirtschaft nun eine Begründung liefern, falls sie sich das Ziel setzen, keine Frauen in den Vorstand zu berufen. Melden Unternehmen keine Zielgröße oder geben keine Begründung für die Zielgröße Null an, sollen sie mit dem FüPoG II effektiver sanktioniert werden können.[17]

Eine im *Harvard Business Manager* erschienene Studie, die im August 2022 durchgeführt wurde, identifizierte ein Jahr nach dem Inkrafttreten des Zweiten Führungspositionen-Gesetzes typische Barrieren, mit denen Frauen auf ihrem Weg ins Top-Management zu kämpfen haben. Hierbei wurden die Vorstände aller Unternehmen in der Dax-Familie betrachtet. Bei der Analyse kristallisierten sich folgende fünf Barrieren heraus:[18]

1 Passivität

Nur wenige Unternehmen erkennen die paritätische Besetzung von Vorstandspositionen eigenständig für sich als Chance. Von den rund 20 Prozent weiblichen Vorständinnen in den Dax-40-Unternehmen haben etwa 40 Prozent erst im Jahre 2021 oder später einen Vorstandsposten besetzt. Die Daten geben den Hinweis, dass erst der Druck durch das neue Gesetz und nicht etwa der eigene Antrieb diese Bewegung in den Unternehmen in Gang gesetzt hat.

2 Verweigerung

In Bezug auf die Besetzung von Vorstandspositionen mit Frauen scheinen zwei Lager zu existieren: diejenigen, die diesen Weg schon erfolgreich beschreiten, und diejenigen, die diese Reise noch gänzlich verweigern. Auch unter den Dax-Unternehmen, die laut dem FüPoG II gesetzlich dazu verpflichtet sind, gibt es noch welche, die keine einzige Frau im Vorstand haben. Besonders stark sind hierbei die Vorstände in MDax- und SDax-Unternehmen betroffen, von denen rund 60 Prozent keine einzige Frau auf dem Posten haben.

3 Stereotype

Im Rahmen der Datenerhebung wurden sechs ausgewählte Vorstandspositionen auf ihren Frauenanteil überprüft: Chief Executive Officer (CEO), Chief Operations Officer (COO), Chief Financial Officer (CFO), Chief Sales Officer (CSO), Chief Technology Officer (CTO) und Chief Human Resources Officer (CHRO). Dax-40-Unternehmen bestellten als CEOs hierbei fast ausnahmslos Männer, wohingegen mit 63 Prozent mehr als die Hälfte der CHROs weiblich waren. Naheliegend ist in dem Rahmen, dass auch tradierte Geschlechterrollen und Stereotypen eine wesentliche Rolle hierbei spielen. Eine mögliche Ursache hierfür könnte sein, dass etwa mit der Position des CEOs klassischerweise Attribute wie Führungsstärke und ein energisches Auftreten in Verbindung gebracht werden, die gesellschaftlich männlich besetzt sind. Das klassische Rollenbild der Frau in Form von Fürsorge und Zugewandtheit scheint sich hingegen eher mit der Gesamtverantwortung für das Personal zu decken.

4 Fehlendes Zutrauen

Zieht man einen Vergleich zwischen der Besetzung der Vorstandspositionen in Dax-40-Unternehmen mit den MDax- und SDax-Unternehmen, werden klare Unterschiede deutlich. Besonders auffällig ist, dass die CTO-Position bei den SDax-Unternehmen lediglich zu 6 Prozent mit einer Frau besetzt ist – ganze 44 Prozentpunkte weniger als bei den Dax-40-Unternehmen. Ein ähnliches Bild zeigt sich bei der weiblichen Besetzung für CSO-Positionen, die ebenso weit unterhalb der Dax-40-Unternehmen liegt. Auch diese Zahlen machen deutlich, dass die geringe Repräsentanz von Frauen in männlich assoziierten Positionen wie die des CTOs wohl auch auf fehlendes Zutrauen der jeweiligen Unternehmen in die generelle Eignung von Frauen für diese Posten zurückzuführen ist.

5 Vorgeschobene Gründe

Als Gegenargument gegen eine paritätische Besetzung des Vorstands wird oft angeführt, dass die Größe der jeweiligen Vorstände nicht groß genug sei. Ebenso wird als Rechtfertigung oft genannt, dass sich Frauen in technischen oder anderen klassisch männlich assoziierten Bereichen nicht gut auskennen würden. Dabei zeigt ein Blick auf die neun Unternehmen der Dax-Familie, die in ihrem Vorstand auf einen Frauenanteil von mindestens 40 Prozent kommen, dass sich diese Argumente schnell widerlegen lassen. Auch die Vorstände dieser Unternehmen sind mit nur zwei bis fünf Personen besetzt, dennoch ist eine annähernd geschlechterparitätische Zusammensetzung für sie umsetzbar. Besonders spannend ist, dass diese Unternehmen sogar klassisch männlich assoziierte Branchen wie Medizintechnik, Pharma, Maschinenbau und Software umfassen, wohingegen Unternehmen aus weiblich assoziierten Branchen wie Konsumgüter oder Mode nicht vertreten sind.

Nun bin auch ich selbst schon nahezu mein ganzes Arbeitsleben in einer männlich dominierten Branche tätig. Ich konnte in meinem eigenen beruflichen Umfeld in den vergangenen Jahren miterleben, wie deutlich mehr Frauen auf sämtlichen Managementebenen eingestellt wurden als zuvor. Im Rahmen dieser Neubesetzungen bekam ich allerdings so gut wie immer auch die – mal mehr und mal weniger subtil – zur Sprache gebrachten Vorbehalte der meist männlichen Kollegen zu hören. Fiel die Wahl für eine (Top-)Managementposition auf eine Frau, fielen nicht selten Sprüche wie: »Seien wir doch mal ehrlich – es ist glasklar, wieso man die genommen hat. Wegen ihrer Qualifikation schon mal nicht.« Oder auch: »Da hat man als Mann ja sowieso keine Chance mehr, wenn nur noch Quotenfrauen bevorzugt werden.« Besonders groß war der Frust immer dann, wenn sich diese Kollegen selbst auf die Position beworben hatten und eine Absage erhielten. Auch ich selbst bekam schon zu hören, dass ich es ja leicht gehabt haben muss, an Führungspositionen zu gelangen, da heutzutage die Zeiten für Frauen so vorteilhaft seien.

Mich macht es jedes Mal nachdenklich, wenn ich von Männern gesagt bekomme, dass sie einen Job lediglich aus dem Grund nicht erhalten haben, weil eine Quotenfrau bevorzugt wurde. Vor allem dann, wenn zwischen den Zeilen sehr deutlich wird, dass ihrer Ansicht nach die Frau ihre Position basierend auf ihrer Qualifikation und bisherigen Arbeitserfahrung keineswegs verdient gehabt hätte und faktisch trotz fehlender Eignung bloß ihres Geschlechts wegen ungerechtfertigterweise ausgewählt wurde. Dieses hartnäckige Vorurteil begegnet Frauen in Führungspositionen besonders seit Einführung der gesetzlichen Quotenregelung immer wieder. Und das gänzlich unabhängig davon, ob die Quote in den Fällen überhaupt einen Einfluss auf die Einstellung hatte, und vor allem auch ungeachtet dessen, ob die Kandidatin durchaus alle relevanten Fähigkeiten, Erfahrungen und Qualifikationen für die Position mitbringt. Die Frage, ob im Falle der Entscheidung für einen männlichen Kandidaten nun aber Seilschaften und Buddy-Netzwerke ausschlaggebend waren und damit die fachliche Eignung und objektive Kriterien nur eine nachgelagerte Rolle gespielt haben, steht hingegen im Regelfall nicht im Raum. Dabei wird häufig vernachlässigt, dass in den männlich dominierten Führungsetagen auch heute nicht immer nur die Besten der Branche, sondern nicht selten die geschicktesten Netzwerker mit den besten Beziehungen sitzen.

Die Sorgen der männlichen Anwärter für Top-Positionen sind dennoch nicht unberechtigt. Die Luft wird für viele Männer aufgrund der Quote in den nächsten Jahren dünner werden. Möchten alle betroffenen Unternehmen ihre Quotenziele umsetzen, müssen Frauen bei gleicher Qualifikation bevorzugt werden. Die daraus resultierende Benachteiligung von Männern ist also schwer abzustreiten. Diese Übervorteilung von Frauen ist unvermeidbar, wenn man das aktuell bestehende gravierende Ungleichgewicht korrigieren will. Sie bringt dennoch oft einen bitteren Beigeschmack mit sich, der die Vorbehalte gegenüber der Quote weiter verstärkt. Initiativen, um diese negativ behafteten Assoziationen aufzubrechen und ein neues Narrativ für Quotenfrauen zu schaffen, gab es schon viele. So ließen sich im November 2020 40 prominente Frauen aus Politik, Wirtschaft, Medien und Kultur im *Stern* porträtieren und bekannten: »Ich bin eine Quotenfrau.« Unter den Frauen waren die Präsidentin der EU-Kommission Ursula von der Leyen, die ehemalige CDU-Vorsitzende und Bundesverteidigungsministerin Annegret Kramp-Karrenbauer, Polit-Ökonomin Maja Göpel und Menschenrechtsaktivistin Düzen Dekkal. Sie alle erzählten, wieso sie aus ihrer Sicht Quotenfrauen seien, und teilten ihre persönlichen Erfahrungen aus ihren verschiedenen Blickwinkeln. Sie verfolgten hierbei das Ziel, dem Begriff sein Stigma zu nehmen und die vorhandenen Vorurteile aufzulösen.

Zwar erzeugte diese Kampagne viel Aufmerksamkeit und regte Debatten an, doch an den Vorbehalten gegenüber Quotenfrauen hat sich bis heute wenig verändert. Das merkt man unter anderem daran, dass im öffentlichen Diskurs sowie in der medialen Berichterstattung die Quote Teil der Diskussion wird, sobald eine Frau in einem bedeutenden öffentlichen Amt versagt. So deuteten einige den Rücktritt von Christine Lambrecht als Verteidigungsministerin als Scheitern der Geschlechterparität. Quotengegner wie Wolfgang Kubicki forderten lautstark, dass Kompetenz wieder im Vordergrund stehen müsse. Dabei haben sich auch manche der vorherigen männlichen Amtsinhaber des Verteidigungsministeriums nicht mit Ruhm bekleckert. Man denke an Rudolf Scharping, der sich während seiner Amtszeit als Verteidigungsminister mit seiner Lebensgefährtin auf Mallorca beim Plantschen im Pool ablichten ließ, während sich die Bundeswehr darauf vorbereitete, in einer riskanten Mazedonien-Mission UCK-Rebellen die Waffen abzunehmen.

Auch Karl Theodor zu Guttenberg wird mit seiner Plagiatsaffäre, die binnen zwei Wochen zum Verlust seines Doktorgrades und zu seinem Rücktritt als Verteidigungsminister führte, in Erinnerung bleiben. Anders als im Falle von Lambrecht oder auch der Familienministerin Anne Spiegel stand bei diesen beiden Herren allerdings nie ihr Geschlecht als mögliche Ursache für ihre Fehlbesetzung zur Debatte. Hier zeigt sich ein interessantes Phänomen: Versagt ein Mann in seinem Amt, war er – als Person – schlichtweg nicht geeignet. Handelt es sich bei der Fehlbesetzung hingegen um eine Frau, spielt ihr Geschlecht plötzlich eine diskussionswürdige Rolle. Verstärkt wird dies durch den Confirmation Bias, den wir uns bereits angesehen haben. So suchen Menschen nach genau jenen Informationen, die ihre eigenen Annahmen bestätigen, und blenden jene Informationen aus, die ihre eigenen Erwartungen widerlegen könnten. Je größer die Fortschritte sind, die wir im Bereich der Gleichstellung der Geschlechter machen, und je mehr Frauen sich in Führungspositionen widerfinden, desto höher ist damit auch die statistische Wahrscheinlichkeit, dass auch Fehlbesetzungen darunter sind. Es wird folglich nicht vermeidbar sein, dass aufgrund der Quote potenziell auch Frauen an Positionen gelangen, für die sie ungeeignet sind – genauso wie dies auch bei männlichen Besetzungen der Fall sein kann. Hierzu fällt mir allerdings immer ein legendärer Satz ein, der der Schauspielerin Heidi Kabel zugeschrieben wird: »Die Emanzipation ist erst dann vollendet, wenn gelegentlich auch eine total unfähige Frau in eine verantwortliche Position aufrücken kann.«[19]

Die Quote ist nüchtern betrachtet nichts anderes als ein Instrument, um einer unterrepräsentierten Bevölkerungsgruppe einen gleichberechtigteren Partizipationsanteil zu ermöglichen. Sie ist hierbei auch kein Garant für Vielfalt über alle Diversitätsdimensionen, denn auch wenn ein Vorstand paritätisch mit Frauen und Männern besetzt ist, ist er nicht unbedingt divers. Die gesetzliche Quote garantiert damit beispielsweise keinen höheren Partizipationsanteil von Menschen mit Migrationshintergrund oder mit Behinderung. Zudem dürfen wir nicht vergessen, dass die gesetzliche Quote erst am Ende der Karriereleiter ansetzt. Dies entkräftet das gängige Vorurteil, dass aufgrund der Quotenregelung unqualifizierte Frauen auf höhere Positionen »gesetzt« werden. In der Regel können Kandidatinnen, die für diese Funktionen überhaupt infrage kommen, bereits auf eine erfolgreiche berufliche Laufbahn zurückblicken und haben sich auf dem Weg dahin schon gegen strukturelle Barrieren sowie Stereotypen und Vorurteile behauptet.

Jetzt könnte man sich die Frage stellen, inwiefern der großen Mehrheit der Frauen damit geholfen ist, wenn eine höchst überschaubare Anzahl von Frauen aufgrund der Frauenquote in Aufsichtsräte oder Vorstandsetagen aufrückt. Die Antwort ist simpel. Aktuell sind die Top-Positionen in der Politik und Wirtschaft noch sehr männlich und homogen besetzt, wodurch auch der Blick auf die Welt männlich geprägt ist und auch Nachbesetzungen bevorzugt an Männer vergeben werden. Die Quote kann hierbei Abhilfe schaffen. Ferner geht die Quote auch mit wirtschaftlichen Vorteilen einher, denn Unternehmen mit hoher Gender-Diversität haben eine um 25 Prozent höhere Wahrscheinlichkeit, signifikant profitabel zu sein.[20]

Ich fragte Dr. Sigrid Evelyn Nikutta, die mich schon lange beeindruckt, wie sie über Vorurteile gegenüber Frauen in der Arbeitswelt denkt. Ich wollte von ihr auch wissen, wie ihre Meinung zur gesetzlichen Quotenregelung ist. Dr. Sigrid Evelyn Nikutta ist im Vorstand der Deutschen Bahn AG in Berlin verantwortlich für den Schienengüterverkehr und zeitgleich Vorstandsvorsitzende der DB Cargo AG in Mainz. Zuvor war sie zehn Jahre die Vorstandsvorsitzende der Berliner Verkehrsbetriebe (BVG), die sie als erste Frau an der Spitze des Unternehmens erstmals in der Geschichte der BVG in die schwarzen Zahlen führte. Unter ihrer Führung entstand der legendäre Imagewandel der BVG. Zuvor war sie bereits über ein Jahrzehnt für die Deutsche Bahn in Führungspositionen im In- und Ausland tätig. Sie ist Aufsichtsrätin, Hochschulrätin und die Kuratoriumsvorsitzende des Deutschen Institut für Wirtschaftsforschung (DIW). Sigrid sagte:

»Vorurteile in der Arbeitswelt gegenüber Frauen? Das war doch einmal. Vielleicht in anderen Ländern, in denen Frauen sowieso weniger Rechte haben. Aber in unserer Gesellschaft sind ja bereits im Grundgesetz alle Menschen gleich. Und in jeder Befragung von Wirtschaftsgrößen wird klar: Wir wollen Frauen einstellen. Wenn ich nach links und rechts blicke, stelle ich erfreut fest: In den vergangenen Jahren ist die Zahl von Frauen auf allen Führungsebenen gewachsen. Noch nie waren so viele Frauen in Führungspositionen wie heute! Das jüngste *Managerinnen-Barometer* des Deutschen Instituts für Wirtschaftsforschung (DIW) hat die Daten der 200 umsatzstärksten Unternehmen in Deutschland ausgewertet. Dort sind die Vorstandsboards mittlerweile zu 16 Prozent mit Frauen besetzt, die Positionen in den Aufsichtsräten mit 31 Prozent. Das ist ein ermutigendes Zeichen für die gesamte Wirtschaft – denn die Parität von Frauen und Männern in Führungspositionen bringt uns insgesamt gesellschaftlich weiter.

Die Frage ist nur: Wie schnell kommen wir voran? Die DIW-Studienleiterin Katharina Wrohlich analysiert:[21] Es ist ein Dauerlauf, kein Sprint. Denn in den letzten Jahren stieg der Frauenanteil in den Geschäftsleitungen und deren Aufsichtsgremien kontinuierlich an. Und zwar pro Jahr um rund 0,9 Prozent beziehungsweise um 0,5 Prozent. Es geht also nach wie vor um viele, viele Schritte. Und jeder Schritt muss aktiv gemacht werden. Und Schritte können auch nach hinten gehen. Ein Ziel, das erreicht werden soll, ist entscheidend für die Geschwindigkeit, das Durchhalten und die Laufrichtung. Für mich ist die Quote genau ein solches Ziel. Dabei hat mich die Diskussion dazu überrascht. Jedes Unternehmen hat Ziele und ist gewohnt, an der Zielerreichung gemessen zu werden. Also muss der Grund für die Diskussionsheftigkeit woanders liegen! Nach 30 Jahren Berufserfahrung im Management ist meine Analyse klar, wenn auch wenig schmeichelhaft. Macht – es geht um Macht. Und wer gibt schon gern und freiwillig Macht ab? Veränderung finden wir auch alle gut, aber wenn diese von uns selbst verlangt wird? Und dann die Bilder, die wir im Kopf haben – Managerinnen sind so, Frauen führen so, das weibliche Geschlecht verhält sich so.

Niemand gibt gern zu, dass Stereotype seine/ihre Weltsicht determinieren, dennoch ist genau das der Fall. Diese Mechanismen sind oft unterbewusst, denn Stereotype sind – psychologisch gesehen – positiv. Sie helfen uns, die Welt zu strukturieren, ohne dass wir permanent darüber nachdenken müssen. Das spart Gehirnkapazität für andere Themen. Im beruflichen Kontext verhindern genau diese Stereotype leider unterbewusst, dass die Entscheidung wirklich für die Besten fällt. Hier spielen häufig eher Ähnlichkeitsmechanismen (Ähnlichkeit macht attraktiv) und Männer sind Männern nun mal ähnlicher und Geschlechterstereotype eine Rolle.

In nahezu entwaffnender Art und Weise zeigt unsere Ausdrucksweise diese Stereotype. So ist es mir passiert, dass ich als zierlich beschrieben werde (Erwartungshaltung: Manager groß und kräftig) oder als laut (Erwartungshaltung: Frau ist leise). Gern werden aber auch verniedlichende, infantile Ausdrücke verwendet: ›quirlig‹ und ›blitzgescheit‹ als Beispiel. Was sind denn das für Attribute für eine CEO einer Organisation mit mehr als 30 000 Mitarbeitenden? Voller Elan und klug wäre hier sicherlich neutraler. Auch werden Managerinnen deutlich häufiger als Männer über äußerliche Attribute bewertet. Und sei es, dass Journalisten in ihren Porträts weiblicher Managerinnen fast schon zwanghaft das Outfit der Frau zu einem entscheidenden Bewertungskriterium adeln. Bei männlichen Managern spielt das allgegenwärtige Blaugrau und der Schnitt der Anzugshose überhaupt keine Rolle.

Es waren Journalisten und Journalistinnen der *Tagesschau*, die in einem Experiment den Spieß 2021 umdrehten und fragten: Wie sexistisch bist du?[22] In einer Diskussionsrunde erzeugte das Format eine künstliche Situation, in der sich Männer gegenseitig Fragen vorlasen, die meistens nur Frauen zu hören bekommen. ›Wie fühlt es sich an, es als Mann bis in die Chefetage geschafft zu haben?‹, ›Sind Sie ein Powermann?‹, ›Wenn Sie beruflich unterwegs sind, wer kümmert sich um Ihre Kinder?‹. Die männlichen Probanden waren zum Teil fassungslos über die Themen. ›Wenn es das erste Mal passiert, würde ich verstört zurückbleiben‹ und ›Es fühlt sich unwirklich, wie Satire an‹ waren einige der Rückmeldungen der Herren. Dass die Vorstellung ›typisch Mann, typisch Frau‹ noch in vielen Köpfen hartnäckig verankert ist, zeigt: Der Dauerlauf ist noch lange nicht zu Ende. Es sind noch viele Schritte vor uns. Wie viele?

Der Weg zum neuen Normal, zur Selbstverständlichkeit von Frauen und Männern in Führungspositionen ist theoretisch klar. Die Frage nach dem richtigen Verhältnis von Frau und Mann in einem Führungsteam macht uns die Natur ziemlich clever vor. Die Quote für das Team Menschheit auf unserem Planeten liegt bei ziemlich genau 50 Prozent. Auch in der Arbeitswelt agieren diverse Organisationen sachorientierter und zielorientierter und sind am Ende überlebensfähiger und erfolgreicher! Und genau diese Überlebensfähigkeit müssen wir schnell entwickeln. Denn um im Dauerlauf den Klimawandel zu stoppen, müssen wir dringend das Tempo erhöhen.«

Dr. Sigrid Evelyn Nikuttas Statement trifft für mich ins Schwarze. Und macht nochmals deutlich: Die Quote allein wird die Herausforderungen nicht lösen, die zum Status quo und zu der existierenden Ungleichheit geführt haben. Sie bleibt wirkungslos, wenn sich an den zugrunde liegenden Denkmustern und Stereotypen sowie an den bestehenden strukturellen Herausforderungen nichts ändert. Für diese Veränderungen braucht es neben einer klaren und konsequenten Gleichstellungpolitik eine Sensibilisierung von Arbeitgebern für die Bedeutung von Chancengerechtigkeit der Geschlechter, Maßnahmen zur Verbesserung der Vereinbarkeit von Beruf und Familie, flexible Arbeits- und Arbeitszeitmodelle sowie Förderprogramme und Beratungsangebote für (angehende) weibliche Führungskräfte. Gesetzliche Regelungen allein sind somit nicht ausreichend. Um strukturelle Barrieren zu beseitigen und nachhaltige Veränderungen zu erzielen, benötigt die Quote begleitende Maßnahmen. Die Quote ist folglich kein Allheilmittel. Aber sie ist ein notwendiger Anfang.

Die Jungen

Im August 2022 veröffentlichte ich als Co-Herausgeberin das Buch *Gen Z für Entscheider:innen*. Das Buch stieß in der Wirtschaftswelt auf großes Interesse und polarisierte – genauso wie die Generation Z, um die es sich dreht. Die überwältigende Resonanz machte nochmals deutlich, wie viel Aufmerksamkeit auf dieser Generation, geboren zwischen 1995 und 2010, liegt, aber auch wie sehr diese jungen Menschen die Gemüter spalten. So wird ihnen etwa häufig unterstellt, eine Generation von faulen, undisziplinierten und sprunghaften Job-Hoppern zu sein, die ihren Arbeitgeber öfter wechseln als ihr Instagram-Profilbild. Ebenso sollen sie internetsüchtig sein und überhöhte Ansprüche an Unternehmen stellen, im Gegenzug selbst aber nur so wenig wie möglich arbeiten wollen. Andere feiern sie hingegen als Heilsbringer in den Bereichen Nachhaltigkeit, Digitalisierung oder auch Diversität und betrachten sie als größte Chance für den deutschen Arbeitsmarkt. Wie so häufig, liegt die Wahrheit wohl irgendwo in der Mitte.

Ich selbst hatte mein erstes einprägsames Erlebnis mit einer Vertreterin der Generation Z im Arbeitsumfeld vor einigen Jahren in einem Bewerbungsgespräch. Die junge Frau hatte sich auf einen Praktikumsplatz bei mir im Team beworben. In dem Gespräch waren noch keine fünf Minuten vergangen, da kam es mir schon so vor, als sei ich die Bewerberin und nicht andersrum. Die Studentin machte ihr Bedürfnis nach flexibler Rücksichtnahme auf ihr Privatleben und frühem Feierabend sehr deutlich und meinte, dass sie es als sogenannte »Red Flag« und damit als Kündigungsgrund ansehen würde, falls sie Überstunden leisten müsse. Sie fragte mich außerdem, was ich ihr konkret zu bieten hätte, damit sie sich für einen Einstieg in meinem Team entscheidet. Ich war erstmal baff. Wie in einem Flashback hatte ich auf einmal meine eigenen ersten Vorstellungsgespräche als Studentin vor Augen. Ich saß damals wie ein dressierter Dackel da, sagte zu allem Ja und Amen und wollte einfach nur gefallen. Nie im Leben wäre ich auf die Idee gekommen, in einem Bewerbungsgespräch solche Töne zu spucken. Diese Kandidatin gehörte allerdings unzweifelhaft zu den extremen Vertreterinnen ihrer Generation. Ich habe seitdem viele Vorstellungsgespräche mit den sogenannten Zoomern geführt, aber Erfahrungen in dieser Ausprägung nur noch äußerst selten gemacht.

Was mir allerdings nicht nur bei dieser Kandidatin, sondern generell in meinem Arbeitsumfeld immer wieder auffällt, ist das große Selbstbewusstsein, das die meisten Mitglieder dieser Generation an den Tag legen. Aus meiner Sicht ist dieses ausgeprägte Selbstvertrauen nicht nur auf die partnerschaftliche Erziehung auf Augenhöhe zurückzuführen, die viele dieser jungen Menschen genossen haben, sondern auch auf die aktuelle Arbeitsmarktsituation. Die gut ausgebildeten Talente aus der Generation Z wissen ganz genau, dass ihnen in Zeiten eines sich stetig zuspitzenden Fachkräftemangels und eines ausgeprägten Arbeitnehmermarkts alle Türen offenstehen. Dementsprechend geben sie ihren potenziellen Arbeitgebern K.-o-Kriterien vor und nicht umgekehrt. Den pauschalen Vorwurf, den man in diesem Kontext oft hört, nämlich dass diese Generation zwar vieles einfordert, aber im Gegenzug eine geringere Leistungsbereitschaft mitbringt, kann ich basierend auf meinen Erfahrungen persönlich nicht bestätigen. Ich beobachte eher, dass viele von ihnen nicht weniger, sondern nur anders arbeiten wollen und auf andere Dinge Wert legen. So sind für viele von ihnen flexible Arbeits- und Arbeitszeitmodelle ein entscheidender Hygienefaktor, und sie messen der Sinnhaftigkeit ihrer Arbeit eine bedeutende Rolle bei.

Ich selbst bin gemäß meinem Jahrgang zwar Millennial und damit der Generation Y zugehörig, identifiziere mich in vielen Belangen aber paradoxerweise eher mit den Attributen, die klassischerweise der Babyboomer-Generation zugeschrieben werden. Für mich gehörten Überstunden und Arbeit am Wochenende und im Urlaub jahrelang zur Tagesordnung, und bis heute arbeite ich zugegebenermaßen viel und gerne. Ich machte außerdem nie ein Sabbatical, von ausgefallenen Workations am Strand mal ganz zu schweigen. Ebenso fahre ich inzwischen zwar rein elektrisch, habe aber dennoch viel Freude an meinem Firmenwagen. Und genau das bringt mich zu meinem nächsten Punkt. Genauso wenig, wie wir die Millennials oder Babyboomer über einen Kamm scheren können, ist es sinnvoll, dies mit der Generation Z zu tun. Die Einteilung in Generationen kann lediglich dabei helfen, sich ein grobes Bild über eine Generation zu verschaffen und Vorlieben sowie Tendenzen abzuleiten. So ist es beispielsweise schwer abzustreiten, dass die Zoomer als die ersten geborenen Digital Natives gewissermaßen mit dem Smartphone als verlängertem Arm aufgewachsen sind und damit der virtuellen Welt eine große Bedeutung beimessen. Die Generationenforschung ist dennoch nicht geeignet dafür, spezifisches Verhalten oder Persönlichkeitseigenschaften von Einzelpersonen vorherzusagen. Einer ganzen Generation undifferenziert Attribute wie Faulheit oder Disziplinlosigkeit zu attestieren, ist daher auch im Fall der Generation Z widersinnig.

Ich sprach mit dem mehrfachen Beststellerautor, Gründer und Leiter des Instituts für Generationenforschung Rüdiger Maas über die Generation Z. Rüdiger und ich saßen erst kürzlich gemeinsam bei einer Diskussion über das Thema im Podium. Vorher hatte mich sein Impulsvortrag sehr begeistert. Umso mehr interessierte mich seine wissenschaftliche Sicht auf die junge Generation.

Annahita: Wie ist deine Sicht auf das nachstehende Zitat, das angeblich von Aristoteles stammen soll? »Unsere Jugend ist unerträglich, unverantwortlich und entsetzlich anzusehen. Wenn ich die junge Generation anschaue, verzweifle ich an der Zukunft der Zivilisation!«

Rüdiger: Das Spannende oder auch Unspannende an diesem Zitat ist, dass es heute noch genauso gilt. Wir haben also eine, wenn man so will, anthropologische Konstante: Seit Menschengedenken verstehen alte Menschen die jungen nicht und finden vieles, was die Jungen anders machen, erstmal befremdlich. Wenn wir aber heute genauer hinschauen, haben wir kaum Eltern, die wirklich noch so denken. Heute würde man dieses Zitat Arbeitgebern beziehungsweise Vorgesetzten der Generation Z zuordnen. Zudem sei anzumerken, dass dieses Zitat auch anderen Menschen zugeschrieben wird, wir wissen also gar nicht, ob es tatsächlich von Aristoteles stammt, aber so verhält es sich bei vielen Zuschreibungen, vor allem wenn es um die Jugend geht. Irgendwie passen sie immer, egal in welchem Jahrhundert wir leben.

Annahita: Wie ist deine generelle Sicht auf die Generationenforschung? Sind die Jungen heutzutage anders als die Jungen früher, oder sind lediglich die Umstände andere?

Rüdiger: Die Generationenforschung ist sehr spannend. Jedoch muss hierbei erwähnt werden, dass die Generationenforschung nicht unmittelbar etwas mit Einteilungen wie Generation X, Y, Z zu tun hat, das sind vielmehr populärwissenschaftliche Einteilungen. Noch schlimmer wird es, wenn einige Akteure jeden Monat neue Begriffe auf den Markt werfen wie »Generation Greta«, »Generation Corona«, »Generation Krise« oder was eben gerade so ansteht. So einfach ist das nämlich gar nicht, es muss vielmehr immer wieder aufs Neue bewiesen werden, dass es überhaupt eine neue Generation gibt.

Annahita: Aus meiner persönlichen Erfahrung misst die Generation Z der Sinnhaftigkeit ihrer Arbeit und Unternehmenswerten wie Diversität oder Nachhaltigkeit mehr Bedeutung bei als einem luxuriösen Eckbüro, einem hochklassigen Dienstwagen oder der Aussicht auf eine steile Konzernkarriere. Teilst du diese Auffassung?

Rüdiger: Nur zum Teil. Denn wir haben in allen Generationen Mitglieder, die das eine oder das andere mögen – oder beides. Würde deine These stimmen, hätten wir nie Menschen in sozialen Berufen gehabt. Heute liegt der Luxus darin, wenn man so möchte, sich mehr Freizeit zu nehmen, aber das muss man sich auch leisten können. Gesamtgesellschaftlich werden wir diverser und lassen auch diese Diversität immer mehr zu. Diversität sehe ich aber nicht unbedingt speziell nur bei der Gen Z. Die Jugend wächst zwar immer toleranter auf, jedoch bei gleichzeitiger Steigerung der Ignoranz. Wir haben eine Steigerung des Moralanspruchs, aber auch gleichzeitig einen höheren Empathieverlust. Es fällt der Gen Z immer schwerer, sich in andere hineinzuversetzen. Der hohe Moralanspruch dient somit mehr der eigenen Sicherheit in dem Sinne, wenn sich alle in der analogen Welt an Regeln halten, dann fahre ich sicherer, ohne die Lebenswelt des anderen wirklich zu berücksichtigen beziehungsweise berücksichtigen zu müssen. Oberflächlich betrachtet wirkt das im ersten Moment wie eine Verbesserung, wie ein Druck von unten, der eine positive Veränderung möchte, bei näherem Hinsehen wird aber sichtbar, dass es nur eine Ausweitung des eigenen Egozentrismus ist.

Annahita: Das heißt lediglich, die Privilegierten aus der Generation Z können sich diesen hohen Anspruch an die Arbeitswelt leisten und fordern ihn auch ein? Könntest du mir konkrete Beispiele nennen für das Phänomen der zugleich steigenden Toleranz und Ignoranz, das du beobachtet hast?

Rüdiger: Teilzeit zum Beispiel muss ich mir leisten können. Wenn die Eltern das bezahlen, ist für mich der Sinn des Arbeitens nicht verinnerlicht. Zur Erklärung des Phänomens der Toleranz muss ich etwas ausholen. Die jungen Menschen wachsen so liberal auf wie keine Generation zuvor. Pluralität wird breiter, aber nicht unbedingt tiefer. Ganz simples Beispiel: Gen-Zler versuchen, mehr Menschen zu inkludieren als ihre Vorgängergeneration, setzen sich aber gleichzeitig viel weniger mit ihnen auseinander. Wir finden alles Neue super, möchten aber niemanden hören, der das nicht so sieht. Wir akzeptieren immer mehr Menschen, die wir aber gleichzeitig auch ignorieren. Wenn ich sage, ich mag alle Menschen, ich mache keinen Unterschied, mache ich diese Menschen dadurch unsichtbar, was am Ende von eben diesen Menschen als ignorant wahrgenommen werden kann. Die Aussage »Wir akzeptieren alle Generationen« macht Generationen und das, was sie erreicht haben, unsichtbar. Das findet momentan auf vielen Ebenen statt, und das eben vermehrt bei den Mitgliedern der Gen Z. Ich finde es wichtig und absolut notwendig, dass wir liberaler werden, dennoch sollten wir dabei auch immer ehrlich sein, sonst erreichen wir das Gegenteil.

Annahita: Das kann ich gut nachvollziehen. Wie ist denn deine generelle Sicht auf die Generation Z? Welche der Vorurteile treffen zu, welche nicht?

Rüdiger: Vorurteile treffen per se nur bedingt zu, sie sind ja Vor-Urteile. Ich höre je nach Akteur und Erhebungsdesigner so viel Verschiedenes, was die Gen Z alles sein soll. Geht man in das Datenmaterial, wird schnell klar, dass vieles, was behauptet wird, so gar nicht messbar oder abbildbar ist. Oft fehlt so etwas Banales wie ein Referenzpunkt. Zum Beispiel kann ich gar nicht sagen, ob die Gen Z besser oder schlechter ist, ohne zu wissen, wovon ich überhaupt ausgehe. Da das Konstrukt aber mehr im populärwissenschaftlichen Spektrum zu verorten ist und dadurch jedem erlaubt mitzusprechen, passiert das eben auch. Dabei gibt es wirklich sehr gute Studien mit guten empirischen Daten, aber die sind oft weniger spektakulär, und man muss ein sozialwissenschaftliches und empirisches Verständnis haben, um diese zu deuten – und das findet im Mainstream-Diskurs schlicht nicht statt. Deswegen finde ich auch Begriffe wie »Generation Greta, Corona, Krise« so falsch, da diese genau zu dieser Verwässerung führen.

Annahita: Welche Fähigkeiten zeichnen die Generation Z nach der aktuellen Studienlage denn besonders aus und wie können Unternehmen von ihnen profitieren?

Rüdiger: Das ist sehr vom Unternehmen und der Aufgabe abhängig. *Die* Fähigkeiten für 12,4 Millionen Menschen wird es nicht geben. Was wir aber messen, ist eine geringere Frustrationstoleranz, weniger Fokussierung und kürzere Arbeitnehmerloyalität, da gibt es allerdings nicht viele Unternehmen, die davon profitieren können. Bezogen auf Social Media oder Tech-Firmen sehen wir eine Zunahme am Anspruchsverhalten bezogen auf Content, Zeit und Darstellung, das können zum Beispiel Firmen sehr gut nutzen. Wir sehen aber keinen direkten Anstieg an größerem Digitalwissen, sondern nur eine höhere Nutzungsdauer. Also kurz gesagt, die Jungen sind länger im Netz, können dadurch aber nicht automatisch besser programmieren.

Annahita: Das heißt, dass sich aus wissenschaftlicher Sicht sonst gar keine weiteren besonderen Fähigkeiten der Jungen herauskristallisieren?

Rüdiger: Wir haben circa 50 Prozent Abiturienten, das bedeutet insgesamt einen breiteren Zugang zu Hochschulen und somit zu wissenschaftlichem Verständnis. Es gibt viele Dinge, die man hierbei nennen kann: Die Gen Z ist liberaler, arbeitet strukturierter und fordert dies auch ein. Wir haben bei der Gen Z ein wesentlich schnelleres Agieren im Digitalen, einen schnelleren und flexibleren Daumen, sogar einen größeren Abdruck dieses Daumens im somatosensorischen Cortex, aber für die originäre Arbeit außerhalb der Cyberwelt ist da in Summe nicht so viel dabei, was Arbeitgeber jetzt gerne hören wollen.

Annahita: Welche Bedeutung spielt die Generation Z denn aus deiner Sicht für den deutschen Arbeitsmarkt? Wie wichtig sind sie? Welchen Wandel werden sie anstoßen?

Rüdiger: Enorm wichtig! Wie aber fairerweise alle anderen Generationen auch! Wir dürfen keine Generation im arbeitsfähigen Alter hierbei aussparen. Verpassen wir die Generation Z, haben wir es noch schwerer, die Nachfolgegeneration mitzunehmen. Die Gen Z hält heutigen Arbeitgebern den Spiegel vor: »Mach was für mich, oder ich bin woanders.« Bedenklich sehe ich die Zunahme an Teilzeitkräften innerhalb der Generation Z. Leider ist das nicht in allen Bereichen möglich, was dazu führen wird, dass Berufe vor allem im sozialen oder Dienstleistungssektor immer unattraktiver werden. Wenn ich also als junger Mensch nur Teilzeit arbeiten möchte, dann darf ich nicht gleichzeitig verlangen, dass mein Pilot einen Zwölf-Stunden-Flug macht, ich abends noch einkaufen möchte oder meine Bestellung am gleichen Tag geliefert werden soll.

Annahita: Gilt das jetzt für alle aus der Generation oder wieder nur für die sozioökonomisch Privilegierten?

Rüdiger: Hauptsächlich für die Akademiker und jene, die es sich leisten können, aber das ist die Mehrheit.

Vor allem den Aspekt der Privilegien, über den ich auch mit Rüdiger Maas sprach, finde ich im Kontext der Betrachtung der jungen Generation ausschlaggebend. In der öffentlichen Debatte über die

Generation Z haben wir meistens die Qualifizierten und auch sozioökonomisch Privilegierten von ihnen im Blick und leiten daraus generelle Rückschlüsse ab. Hierbei blenden wir jedoch aus, dass etwa das Selbstvertrauen einer Person im beruflichen Kontext auch viel mit individueller Sozialisierung im familiären Umfeld, sozialer Herkunft oder auch der beruflichen oder akademischen Qualifikation zusammenhängt. Das Phänomen, dass ich selbst etwa besonders oft mit äußerst selbstbewussten Vertretern und Vertreterinnen dieser Generation in meinem beruflichen Umfeld konfrontiert werde, hängt damit zusammen, dass es vor allem gut ausgebildete und sozioökonomisch privilegierte junge Menschen sind, die sich während oder nach ihrem Studium für einen Einstieg in IT-Konzerne entscheiden können.

Vom Sturm und Drang, der literaturgeschichtlichen Strömung in der Epoche der Aufklärung, bis zu der 68er-Bewegung: Die Rebellion der Jungen gegen die Alten und ihr Aufruf zum Aufbruch sowie im Umkehrschluss das Unverständnis der Alten gegenüber der Ansichten der Jungen ist nicht neu. Erstmalig kann sich die junge Generation allerdings bedeutend mehr Gehör verschaffen als zuvor. Dies liegt vor allem an den nun vorhandenen digitalen Möglichkeiten, der Macht von Social Media und den globalen Vernetzungsmöglichkeiten sowie der zugleich hohen digitalen Kompetenzen der Jungen. So brachte die Bewegung Fridays for Future, die vor allem auch durch soziale Medien an Fahrt gewann, Politiker und Politikerinnen im ganzen Land reihenweise in Erklärungsnot.

Auch der YouTuber Rezo regt mit seinen Videos regelmäßig gesellschaftliche Debatten an. Mit seinem Video »Zerstörung der CDU« produzierte er beispielsweise 2019 im Vorfeld der Europawahl das in Deutschland meistgesehene Video des Jahres – mit einer Länge von knapp 55 Minuten und einem 13-seitigen Quellenverzeichnis. In dem Video kritisierte er die deutschen Regierungsparteien CDU, CSU und SPD sowie die AfD und die FDP. Zu seinen Kritikpunkten gehörten die Klimapolitik der Parteien sowie die Themenfelder Bildung, Urheberrecht und Drogenpolitik. Das Video zog internationales Medieninteresse auf sich und sorgte bundesweit für hitzige Diskussionen. Dieses Beispiel macht deutlich, dass die junge Generation heutzutage weitaus mächtigere Instrumente zur politischen Einflussnahme zur Verfügung hat als früher. Dennoch liegt die ultimative Entscheidungsgewalt nach wie vor bei älteren Generationen. Damit sind die Älteren in der Position, Entscheidungen zu treffen, die für die Zukunft der Jüngeren weitaus gravierendere Folgen haben werden als für ihre eigene. Verschärft wird diese Situation durch die weiter fortschreitende Überalterung der Gesellschaft, welche die Unausgewogenheit im Generationenverhältnis und die Konflikte zwischen den Generationen zunehmend erhöht.

Auch im Arbeitskontext begegnen jüngeren Menschen häufig Vorurteile. Diese zeigen sich etwa, wenn Personen ausschließlich aufgrund ihres jungen Alters pauschal Kompetenzen abgesprochen werden, ihnen verantwortungsvolle Positionen nicht zugetraut werden oder sie aus Prinzip niedrigere Gehälter bekommen als Ältere. Hierbei sollte allerdings festgehalten werden, dass nicht jede Ungleichbehandlung immer automatisch mit einer Diskriminierung gleichgesetzt werden kann. So ist es in den meisten Fällen durchaus nachvollziehbar, wieso sich eine längere Berufserfahrung in der Höhe des Gehalts widerspiegelt. Allerdings sollte hierbei das Augenmerk darauf gelegt werden, ob aufgrund eines höheren Lebensalters auch faktisch mehr Kompetenzen gegeben sind und tatsächlich bessere Leistungen erbracht werden. Denn nur weil eine Person schon länger im Arbeitsleben ist, bedeutet dies im Umkehrschluss nicht automatisch, dass sie in der Konsequenz auch zwingend fähiger auf einem Gebiet sein muss und bessere Leistungen erbringt als Jüngere.

Ich selbst machte aus Angst vor den Vorurteilen, die jungen Menschen in der Arbeitswelt begegnen, aus meinem eigenen Alter lange ein großes Geheimnis. Wenn ich Medieninterviews gab, diskutierte ich häufig lange mit den Journalistinnen und Journalisten und bat sie um jeden Preis, mein Alter wegzulassen. Das alles wurde befeuert von der Befürchtung, nicht ernst genommen zu werden, falls meine Kolleginnen und Kollegen oder gar meine eigenen Mitarbeiter und Mitarbeiterinnen, die nahezu alle älter waren als ich, erfuhren, dass ich noch eine Zwei vorne stehen hatte. Dementsprechend konnte ich es, anders als viele andere, auch gar nicht abwarten, endlich 30 zu werden. Eine Reporterin meinte einst zu mir: »Ich verstehe ehrlich gesagt gar nicht, wieso du dein Alter so zwanghaft verheimlichst. Ist doch eine tolle Leistung, all das in so jungen Jahren erreicht zu haben.« Doch bei mir überwog schlichtweg die Angst vor beruflichen Nachteilen, falls mein Alter publik werden sollte.

Diese Sorge entstand allerdings nicht ohne Grund. Zwar kommunizierte ich mein Alter im Berufsleben äußerst selten offen, doch man sah mir selbstverständlich an, dass ich – vor allem für die Positionen, die ich bekleidete – noch verhältnismäßig jung war. Ich erinnere mich noch gut an ein Gespräch mit einem ehemaligen Vorgesetzten in meiner Beratungszeit, der auf meine Rückfrage, wann ich endlich die Beförderung zum »Senior« erhalten würde, zunächst schulterzuckend meinte: »Wenn du auch wie ein Senior Consultant aussiehst.« Mein Chef war zum Glück schwer in Ordnung und meine Zahlen sprachen für sich, daher bekam ich den Titel dennoch einige Monate später. Dennoch war sein initialer Impuls bezeichnend. Auch als ich Führungskraft wurde, waren die Reaktionen in meinem beruflichen Umfeld in Bezug auf mein junges Alter sehr gemischt. Sie reichten von »Also, ich finde das ja richtig klasse, dass du in deinem Alter schon so eine große Verantwortung trägst« bis hin zu Aussagen wie »Ehrlich gesagt bin ich ja der Meinung, dass man mehr Lebenserfahrung mitbringen sollte, bevor man Führungspositionen übernimmt«. Aussagen der zweiten Sorte, von denen mir viele auch über Dritte zugetragen wurden, überwogen hierbei deutlich. Verstärkt wurde die Skepsis oft noch zusätzlich wegen meines Geschlechts und meines Migrationshintergrunds, da die Vermutung im Raum stand, dass ich lediglich aufgrund irgendeiner internen Diversitätsquote an meine Positionen gekommen sein könnte. Meistens nahmen die Vorbehalte ab, nachdem die Menschen mit mir zusammengearbeitet hatten. Kräftezehrend war der Weg dahin aufgrund der spürbaren Bedenken vieler dennoch allemal.

Ich wollte wissen, welche Erfahrungen junge Menschen aus der Generation Z machen, und sprach daher mit Julius de Gruyter (22) über Vorurteile, die ihm aufgrund seines jungen Alters schon begegnet waren. Julius ist Mitgründer der psychosozialen Beratungsplattform Krisenchat, die er nach seinem Abitur mitbegründet hat. Hier erhalten Kinder und Jugendliche rund um die Uhr bei Problemen wie Liebeskummer, Ängsten, aber auch Depressionen und Suizidgedanken sofort professionelle Hilfe per Chat. Seit der Gründung haben sich schon über 30 000 junge Menschen gemeldet. Julius gab offen zu, dass sein erster Instinkt, als ich ihn nach Vorurteilen fragte, die ihm aufgrund seines Alters begegnet waren, jener war, dass er nie aufgrund seines Alters benachteiligt wurde. Eher im Gegenteil. Wenn er mit anderen jungen Leuten spricht, die selbst überlegen, etwas zu gründen, sagt Julius immer: »Macht es auf jeden Fall!« Und als einer der Gründe gibt er an, dass viele Leute bereit sind, junge Gründerinnen und Gründer zu unterstützen, weil sie aus der Masse herausstechen. Julius und sein Team hatten selbst nach ihrem Abitur die Möglichkeit, sich mit fast jeder Person auf einen Kaffee zu treffen. Von Presseauftritten über Besuche im Kanzleramt bis hin zu Terminen mit CEOs und Investoren war alles dabei.

Als Julius länger über meine Frage nachdachte, fiel ihm allerdings auf, dass diese Treffen häufig vor allem eines waren: Treffen auf einen Kaffee. Oft gingen er und seine Mitgründer mit der Hoffnung zu diesen Treffen, neue Partner zu gewinnen und an Fundraising zu kommen, was zu der Zeit ihre wichtigste Priorität war. Und genau da wurde ihnen deutlich, dass doch Vorurteile wegen ihres jungen Alters und vor allem wegen mangelnder »relevanter« Erfahrung gegeben waren. Während erfahrene Leute aus der Business-Welt mit Top-Lebensläufen nur mit einer Idee Finanzierungsrunden abschließen konnten, hatte Julius das Gefühl, dass sie immer eine Extrameile gehen mussten, um andere von ihrer Kredibilität zu überzeugen. Die Einladungen auf die Kaffees beschrieb Julius als sehr nett und häufig auch hilfreich, aber leider hatten laut seiner Aussage die Personen, mit denen sie sich trafen, teils Stacheldraht am Portemonnaie, sobald es um das Thema Geld ging. Zum Glück änderte sich dies nach und nach, als Krisenchat professioneller und größer wurde. Julius meinte, dass es für ihn völlig in Ordnung und nachvollziehbar sei, dass Erfahrung auch eine Rolle bei der Vergabe von Investments spiele. Ihn ärgere aber, dass teilweise Alter mit Erfahrung gleichgesetzt wird und nicht in den Fokus genommen wird, welche Art von Erfahrung für die spezifische Idee relevant ist. Bei Krisenchat zum Beispiel wäre es genau richtig gewesen, ein Produkt von der Gen Z für die Gen Z zu bauen, das die Sprache der jungen Menschen spricht. Julius resümierte, dass man als junger Mensch zwar Zugang zu Entscheiderinnen und Entscheidern bekommt, aber wenn es wirklich darauf ankommt, häufig doch auf Skepsis wegen des jungen Lebensalters stößt.

Ich fragte außerdem Yaël Meier, die von der *Frankfurter Allgemeinen Zeitung* als »Erklärerin der Generation Z« bezeichnet wurde, nach ihren Erfahrungen. Die 23-jährige Unternehmerin ist Mitgründerin der Gen-Z-Beratung Zeam, zählt zu den Forbes 30 under 30 und ist zweifache Mutter. Ich wollte von Yaël wissen, ob ihr auch schon mal Kompetenz aufgrund ihres jungen Alters abgesprochen wurde. Sie erzählte mir daraufhin von einem medialen Shitstorm, der über sie hereinbrach, weil sie ohne Studium an der Universität St. Gallen zum Thema Metaverse einen Vortrag hielt. Für viele Menschen war es undenkbar, dass eine erst 22-Jährige überhaupt das nötige Fachwissen haben könnte, um an einer renommierten Universität zu referieren.

Ich fragte Yaël, wie sie sich diese massiven Ressentiments erklärte. Sie meinte, dass aus ihrer Sicht in unserer Arbeitskultur Alter noch immer mit Kompetenz gleichgesetzt wird, obwohl die Digitalisierung die Korrelation zwischen Alter und Erfahrung in vielen Bereichen schon lange entkoppelt habe. Somit war es den Menschen egal, dass Yaël mit Zeam das älteste Warenhaus der Schweiz ins Metaverse geführt und das erste Metaverse-Summit der Schweiz veranstaltet hatte, sie in eines der weltweit relevantesten Metaverse-Projekte investiert ist und auch die Fachzeitschrift *W&V* sie zu den wichtigsten Metaverse-Expertinnen zählt. Yaëls Beispiel macht deutlich, dass in Zeiten der fortschreitenden Digitalisierung das bewährte Prinzip, dass ausschließlich Ältere Verantwortung und Kompetenz besitzen und unbedarfte Jüngere an die Hand nehmen, immer mehr aufgeweicht wird.

Arbeitgeber können von den jungen Talenten besonders profitieren, wenn es ihnen gelingt, den Dialog und die Zusammenarbeit zwischen den Generationen aktiv zu fördern. Bewährt haben sich hierbei beispielsweise Reverse-Mentoring-Kampagnen, welche die Möglichkeit bieten, die Impulse der Jungen einzuholen, eingefahrene Sichtweisen zu reflektieren und Perspektivenwechsel innerhalb der Belegschaft anzustoßen. Bei dem Reverse-Mentoring-Konzept sind – im Gegensatz zu klassischen Mentoring-Programmen – die Jungen diejenigen, die ihr Wissen an Ältere weitergeben und sie bei ihren Fragen, Herausforderungen und Entscheidungen individuell unterstützen. Derartige Initiativen tragen auch stark dazu bei, bestehende Vorurteile aufzulösen und das gegenseitige Verständnis hierarchie- und generationenübergreifend zu verbessern. Wollen Unternehmen zukunftsfähig bleiben, müssen sie es schaffen, attraktive Arbeitgeber für junge Talente zu werden. Verkennen Unternehmen die Bedeutung der jungen Generation für Innovations- und Transformationsprozesse, setzen sie ihre Wettbewerbsfähigkeit aufs Spiel. Schlussendlich kann es sich wohl kaum ein Unternehmen leisten, auf den Nachwuchs zu verzichten.

Die Alten

Wenn es eine Sache gibt, die uns alle verbindet, dann ist es wohl die Unaufhaltsamkeit unseres fortschreitenden Alterns. Obwohl dies der natürliche Lauf des Lebens ist, profitiert dennoch vor allem die Werbe- und Schönheitsindustrie von der riesigen Nachfrage nach Anti-Aging-Produkten und Beauty-Behandlungen, die mit dem Versprechen werben, die äußerlich sichtbaren Spuren unseres Alterungsprozesses »beheben« zu können. Hierbei lastet der gesellschaftliche Druck, möglichst lange jugendlich auszusehen, vor allem auf Frauen. Während graue Schläfen oder Falten bei Männern sogar als attraktiv gelten – man denke nur an die Schauspieler

George Clooney oder Richard Gere –, werden Frauen regelmäßig dafür gelobt, dass man ihnen ihr Alter ja gar nicht ansehen würde oder sie sich gut gehalten hätten, wenn sie ihre Falten mit Botox glätten oder sich brav die grauen Ansätze nachfärben.

Es war bezeichnend, dass die Fernsehmoderatorin Birgit Schrowange ihre Entscheidung für ihre grauen Haare ein ganzes Jahr unter einer Perücke verborgen hielt, bevor sie ihre natürliche silberne Kurzhaarfrisur offenbarte. Die Reaktionen in den Medien fielen heftig aus – die positiven Berichterstattungen lobten sie immerhin für ihre »mutige« Wandlung. Ich war ehrlich gesagt ziemlich irritiert, als ich diese Artikel las. Noch nie hatte ich zuvor mitbekommen, dass ein Mann für seinen »Mut« gelobt worden war, seine Haare nicht zu färben. Doch auch wenn ältere Männer in Bezug auf ihr äußeres Erscheinungsbild in der Gesellschaft glimpflicher davonkommen, da sie weniger Erwartungsdruck und Bewertung erfahren, bleiben auch sie in verschiedensten Bereichen ihres Lebens von Altersdiskriminierung nicht verschont.

Das Lebensalter einer Person gehört zu den ersten Merkmalen, die wir bei anderen wahrnehmen. Wird es herangezogen, um Menschen zu kategorisieren und über sie zu urteilen oder sie gar zu verurteilen, ist im Englischen von »Ageism« die Rede. Diese Form von Diskriminierung kann, wie wir auch im letzten Unterkapitel gesehen haben, genauso auch Jüngere betreffen. Besonders oft werden aber vor allem Ältere in verschiedenen Bereichen ihres Lebens benachteiligt.[23] Die Antidiskriminierungsstelle des Bundes gab im Dezember 2022 die Studie *Ageismus – Altersbilder und Altersdiskriminierung in Deutschland* in Auftrag, um das Bewusstsein für das Phänomen und seine Folgen zu erhöhen. Die Grundlage bildete eine bevölkerungsrepräsentative Befragung von 2000 Personen. Die wesentlichen Ergebnisse der bislang umfassendsten Studie über Stereotypen und Altersbilder in Deutschland waren folgende:[24]

- Ältere werden von einem beachtlichen Teil der Befragten als Blockierer wahrgenommen und als Verhinderer notwendiger gesellschaftlicher und politischer Veränderungen gesehen.
- Es verwundert folglich auch nur wenig, dass rund ein Drittel (32 Prozent) der Befragten der Aussage zustimmten, dass alte Menschen wichtige berufliche und gesellschaftliche Rollen aufgeben sollten, um den Jüngeren Platz zu machen.
- In der Konsequenz waren mehr als die Hälfte (51 Prozent) der Befragten für eine Regelung, wonach Menschen nur bis zu einem bestimmten Alter, wie etwa bis 70 Jahre, politische Ämter innehaben dürfen.
- Die Aussage »Alte Menschen tragen zum Fortschritt unserer Gesellschaft entscheidend bei« wurde von 53 Prozent abgelehnt.
- 40 Prozent stimmten der Aussage zu, dass junge Menschen von alten Menschen bei der Bewältigung des Klimawandels im Stich gelassen werden. Hierbei fiel die Zustimmung in der jüngsten Altersgruppe zwischen 16 und 24 Jahren zu dieser Aussage mit 63 Prozent sogar noch deutlich höher aus

Eine weitere bevölkerungsrepräsentative Umfrage der Antidiskriminierungsstelle des Bundes ergab, dass 15 Prozent der Befragten Diskriminierungserfahrungen aufgrund ihres Alters gemacht haben. Die Erhebung machte ferner deutlich, dass intersektionale Aspekte die bestehenden Herausforderungen zunehmend verstärken können. Frauen und Menschen mit Behinderungen und chronischen Krankheiten berichten in der Folge etwa deutlich öfter von Diskriminierung aufgrund ihres hohen Lebensalters.

Das Allgemeine Gleichbehandlungsgesetz (AGG) schützt alle Menschen in Deutschland vor Diskriminierung aus rassistischen Gründen oder wegen der ethnischen Herkunft, des Geschlechts, der Religion oder Weltanschauung, einer Behinderung, des Alters oder der sexuellen Identität in zwei Lebensbereichen: in Beschäftigung und Beruf sowie bei Alltagsgeschäften. Eine aufgrund ihres Lebensalters benachteiligte Person kann Ansprüche auf Beseitigung, Unterlassung, Schadensersatz und Schmerzensgeld geltend machen. Soweit die Theorie. In der Praxis ist das Ganze leider dann doch nicht so einfach. Denn zwar ist es durchaus möglich, juristisch gegen Altersdiskriminierung vorzugehen, doch diese muss – so wie jede Form der Diskriminierung – erst einmal eindeutig bewiesen werden. Und genau hier beginnt das Problem. Denn der unmittelbare Nachweis von Altersdiskriminierung ist nicht trivial.

Diskriminierung aufgrund eines hohen Lebensalters kann Menschen in unterschiedlichsten Lebensbereichen betreffen, wie etwa im Bank- und Finanzdienstleistungsbereich. So erhöhen viele Versicherungen die Beiträge für Versicherte im Seniorenalter. Unter anderem ist dies bei Lebens- oder Krankenversicherungen sowie Kfz-Versicherungen der Fall. Ältere Menschen erfahren ebenso trotz guter Bonität Benachteiligungen bei der Vergabe von Krediten. Viele ältere Menschen erleben es außerdem als weitere Form der Diskriminierung, dass Höchstaltersgrenzen bei Ehrenämtern wie der Tätigkeit als Schöffenrichter oder Schöffenrichterin bestehen oder dass sie ab einem gewissen Alter nicht mehr in der Notfallseelsorge arbeiten können. Eine Online-Umfrage des Jobbewertungsportals Glassdoor ergab ferner, dass nach der Geschlechtsdiskriminierung die Altersdiskriminierung die zweithäufigste Benachteiligungsform im Arbeitsleben ist.[25]

Das Marktforschungsunternehmen Appinio befragte im Auftrag von indeed 400 Personaler und Personalerinnen zu ihrem Recruiting-Verhalten und kam zu heiklen Ergebnissen. So gab mehr als die Hälfte (58 Prozent) der Befragten an, Menschen ab einem bestimmten Alter als zu alt für ihr Team oder ihr Unternehmen zu betrachten. Hierbei zogen 28 Prozent diese Grenze bei 60 Jahren, während weitere 20 Prozent sie bei 55 sahen. 4 Prozent gaben sogar an, bereits Menschen jenseits der 35 »zu alt« zu finden. Wenig überraschend ist, dass die ebenfalls befragten potenziell Betroffenen über 45 häufig Diskriminierung aufgrund ihres Lebensalters erfahren. 45 Prozent von ihnen fühlen sich manchmal aufgrund ihres Alters benachteiligt, 15 Prozent sogar sehr häufig. Während der Anteil der

Menschen mit entsprechender Altersdiskriminierungserfahrung bei »jüngeren Alten« zwischen 45 und 54 Jahren bei 43 Prozent liegt, steigt er bei den 55- bis 64-Jährigen bereits auf 50 Prozent.[26]

60 Prozent der befragten Arbeitnehmer und Arbeitnehmerinnen gaben zudem an, sich von Stellenanzeigen, die weitverbreitete Formulierungen wie »junges Team« beinhalten, nicht angesprochen zu fühlen. Gut die Hälfte der Befragten aus dem Personalbereich allerdings gab zu, solche Formulierungen schon einmal benutzt zu haben.[27] Ich bin selbst schon häufig über derartige Stellenanzeigen gestolpert. Mal werden »dynamische junge Leute für ein innovatives Team« gesucht oder das »junge, dynamische Team« sucht nach ebensolchen Kollegen und Kolleginnen. Nach dem Gleichbehandlungsgesetz müssen Stellenausschreibungen allerdings diskriminierungsfrei formuliert werden. So sind Formulierungen wie »Experten/Expertinnen zwischen 25 und 30 Jahren gesucht« oder auch die Suche nach »innovativem Nachwuchs für ein junges Team« unzulässig und können eine Verwaltungsstrafe nach sich ziehen. Hier liegt der Teufel allerdings im Detail. Während obige Formulierungen nach allgemeiner BAG-Rechtsprechung ein Indiz für eine altersdiskriminierende Einstellungsentscheidung sein können, ist es rechtlich legitim, wenn ein »junges Unternehmen« nach neuen Talenten sucht.

Bei Altersdiskriminierung im Job wird juristisch zwischen mittelbarer und unmittelbarer Benachteiligung unterschieden. Wenn etwa eine jüngere Kollegin mehr Weiterbildungen besuchen darf als ihre ältere Kollegin, kann ein Fall von direkt erkennbar schlechter Behandlung und damit unmittelbarer Benachteiligung vorliegen. Nämlich dann, wenn die Entscheidung offen damit begründet wird, dass die ältere Kollegin in absehbarer Zeit in Rente gehen wird und damit vermeintlich weniger Nutzen durch das erworbene Wissen einbringen kann als die jüngere Kollegin, die dem Unternehmen mutmaßlich länger erhalten bleibt. Ein anderer Fall von unmittelbarer Benachteiligung liegt vor, wenn einem älteren Kollegen der Einsatz in einem Innovationsprojekt aufgrund seines Alters pauschal nicht zugetraut wird und stattdessen Jüngere ausgewählt werden, mit der Begründung, dass diese aufgrund ihres jungen Alters ein höheres Innovationspotenzial mitbringen. Der Nachweis einer mittelbaren Benachteiligung ist nochmals komplexer, da die Diskriminierung nicht auf den ersten Blick erkennbar ist. Sie kann beispielsweise vorliegen, wenn ein Unternehmen nach Angestellten sucht, die gerade frisch ihr Studium abgeschlossen haben, was nicht immer, aber in der Regel auf jüngere Menschen zutrifft. In der Praxis gestaltet sich allerdings auch der Nachweis von unmittelbarer Benachteiligung aufgrund eines höheren Lebensalters herausfordernd, da oft Alibigründe vorgeschoben werden und selten mit offenen Karten gespielt wird. Dies erschwert es Betroffenen, maßgeblich mit entsprechenden Klagen gegen Altersdiskriminierung vorzugehen.

Ich sprach mit Frank Leyhausen, Geschäftsführer der MedCom international GmbH und Mit-Gründer der AF1 GmbH, über die Benachteiligung älterer Menschen im Arbeitsleben. Seit 2000 berät Frank international Unternehmen und Institutionen zu den Auswirkungen der Alterung auf die Absatz- und Arbeitsmärkte. Er ist Berater des Vorstandes der Deutschen Seniorenliga e. V. und hält international Vorträge, etwa bei den Vereinten Nationen in New York. Seit 2020 liegt ein Schwerpunkt seiner Arbeit auf dem Themenkomplex Offboarding und Re-Hiring der Babyboomer sowie der Ruhestandsplanung. Er erzählte mir von seinen zahlreichen Gesprächen mit älteren Beschäftigten und stellte fest, dass sich ein typisches Vorurteil im Bereich Alter & Technik zeigt. So erzählte er mir etwa von einer 50-jährigen Frau, die ihm anvertraute, dass sie sich bei internen Softwareschulungen gar nicht mehr traue, eine Frage zu stellen:

»Sobald sie die Hand gehoben habe, rollten bei den jüngeren Kollegen schon die Augen. Die Botschaft ›alte Frau kann nicht Technik‹ wurde ihr ganz deutlich signalisiert und von den anderen Teilnehmern toleriert. Mit Blick auf die stetig steigende Digitalisierung von Arbeitsplätzen in allen Branchen kann man erahnen, wie sehr diese Haltung ältere Mitarbeiter und Mitarbeiterinnen frustriert und gleichzeitig die Potenziale der Digitalisierung limitiert. Er erzählte mir außerdem von einer weiteren Unterhaltung mit einem etwa 60-jährigen Maschinenbauer, der seit Monaten nicht mehr gefragt worden war, ob er an einem neuen Projekt teilnehmen möchte. Der Mann nahm schließlich nach einiger Zeit seinen Mut zusammen und bat seinen jüngeren Manager um ein Gespräch. Auf seine Frage, warum er denn bei Projektarbeit »übersehen« werde, reagierte sein Vorgesetzter überrascht und gab an, dass er sich nicht hätte vorstellen können, dass ein Mitarbeiter »in seinem Alter« noch Interesse an neuen Themen hätte. Der vom Mitarbeiter initiierte Dialog hat die Zusammenarbeit verändert.

»An vielen Stellen bleiben Vorbehalte und Meinungen jedoch unausgesprochen und der Frust auf beiden Seiten steigert sich. Mitarbeiter und Mitarbeiterinnen fühlen sich diskriminiert und Vorgesetzte bemängeln Motivation und Leistungswillen älterer Beschäftigter«, berichtete mir Frank und erklärte, dass in diesem Kontext im englischen Sprachraum oft vom »grey sidelining« gesprochen wird. »Grey Sideline, die graue Seitenlinie, existiert nur imaginär, hindert ältere Mitarbeiter und Mitarbeiterinnen aber real daran, vollwertiger Teil des Teams zu sein und einen Beitrag zum Erfolg zu leisten. Die Position am Rande oder außerhalb des Spielfelds hat greifbare Konsequenzen für die Person, die an den Rand gedrängt wird, aber auch für das Unternehmen und dessen Führungskräfte«, fasste Frank diese anschauliche und zugleich erschütternde Metapher zusammen.

Ich hatte schon viele Mitarbeiter und Mitarbeiterinnen jenseits der 50 und kann jedes Mal nur mit dem Kopf schütteln, wenn ich die typischen Vorurteile höre. Denn genauso wenig, wie ein junges Lebensalter ein Garant für Flexibilität, Lernbereitschaft oder Innovationsfähigkeit ist, muss ein hohes Lebensalter in Widerspruch zu diesen Kompetenzen stehen. Ich machte zwar häufig die Erfahrung, dass Ältere mich als ihre neue Chefin skeptischer auf den Prüfstand stellten, aber nur äußerst selten, dass dieser initiale Argwohn sich auch nach einer längeren Zusammenarbeit noch hartnäckig hielt –

im Gegenteil. Es sind ferner auch oft die Älteren bei mir im Team, die aufgrund ihrer Erfahrung als wichtige Mentorinnen und Mentoren für die Jüngeren fungieren und auch mir selbst entscheidende Impulse und Anregungen geben.

In Zeiten des Fachkräftemangels kann sich Deutschland volkswirtschaftlich die Diskriminierung älterer Arbeitnehmer und Arbeitnehmerinnen ohnehin nicht leisten. Unternehmen, die das Potenzial altersdiverser Teams erkennen und die Erfahrungen und Kompetenzen älterer Menschen nutzen, haben daher einen erheblichen Wettbewerbsvorteil. Hierbei ist eine inklusive Personalführung sowie eine wertschätzende Unternehmenskultur entscheidend, um ein Klima zu bieten, in dem Ältere ihr Wissen und ihre Erfahrung im Team gewinnbringend einbringen können und die Möglichkeit haben, sich durch kontinuierliche Fortbildungen in Zukunftsthemen weiterzubilden.

Unternehmen sollten darauf achten, Stellenanzeigen altersneutral und inklusiv zu formulieren, um alle demografischen Gruppen anzusprechen. Ferner können Anti-Bias-Workshops und Informationskampagnen Führungskräfte dabei unterstützen, Bewusstsein und Sensibilität für das Thema Altersdiskriminierung zu schaffen, eigene Vorurteile zu reflektieren und älteren Menschen im Bewerbungsprozess ohne Voreingenommenheit zu begegnen. Diese Schulungen sind aus meiner Sicht für die gesamte Belegschaft sinnvoll, um einen vorurteilsfreien Umgang über alle Altersgruppen und damit eine Zusammenarbeit auf Augenhöhe sicherzustellen. Unternehmen können ferner regelmäßige Generationen-Workshops und Impulsvorträge von Vertretern und Vertreterinnen unterschiedlicher Generationen anbieten, um das gegenseitige Verständnis und den Austausch über alle Altersgruppen zu fördern. Letztendlich sollte es bei der Suche nach geeigneten Mitarbeitern und Mitarbeiterinnen stets um fachliche Eignung und Persönlichkeit und nicht um Geburtsdaten gehen.

Die Schönen

Auch wenn wir es uns nur ungern selbst eingestehen: Wir alle sind bis zu einem gewissen Grad oberflächlich. Zumindest unbewusst. Wir wischen nicht nur in Dating-Apps Personen weg, sobald sie uns optisch nicht ansprechen, sondern nehmen Menschen beim ersten Kennenlernen auch grundsätzlich positiver wahr, je attraktiver wir sie finden. »Schönheit ist überall ein gar willkommener Gast«, stellte einst schon Johann Wolfgang von Goethe fest und schlug damit in die gleiche Kerbe wie der griechische Philosoph Chrysippos, der schon vor weit über 2000 Jahren meinte, dass Schönheit »eine Blüte der Tugend« sei. Die mannigfaltigen Vorzüge eines guten Aussehens sind heutzutage inzwischen auch wissenschaftlich hinreichend belegt.

Zahlreiche Studien kommen zu dem Ergebnis, dass eine hohe Attraktivität mit zahlreichen Vorteilen einhergeht. Im Jahre 1972 prägten Karen Dion und Ellen Berscheid von der University of Minnesota in dem Kontext einen entscheidenden Satz: »What is beautiful is good« (»Was schön ist, ist auch gut«). Was beziehungsweise wer hierbei als schön gilt, liegt anders als oft angenommen nicht nur im Auge des Betrachters oder der Betrachterin. Ulrich Renz, Autor von *Schönheit – Eine Wissenschaft für sich*, fasst den aktuellen Forschungsstand wie folgt zusammen: »Die Antwort der Wissenschaft lautet klipp und klar: Schönheit ist alles andere als relativ. Quer durch alle Schichten der Gesellschaft, durch alle Kulturen und Kontinente, unabhängig von Alter, Beruf oder Geschlecht – überall werden dieselben Gesichter als attraktiv wahrgenommen.« Laut Renz existieren zwar geschmackliche Unterschiede bei unserem Attraktivitätsempfinden, doch auch diese unterliegen »allgemeinen, kulturübergreifenden Grundschemas«.[28]

Die Vorzüge einer attraktiven äußeren Erscheinung zeigen sich schon unmittelbar nach der Geburt. Die auf Attraktivitätsforschung spezialisierte US-amerikanische Psychologin Rita Freedman fand heraus, dass sogar Mütter ihren Babys mehr Zuwendung schenken, wenn diese hübsch sind. Besonders bemerkenswert: Im Umkehrschluss schauen ebenso auch Säuglinge attraktivere Gesichter länger an.[29] Auch Lehrkräfte erwarten von gutaussehenden Kindern bessere Leistungen und schenken ihnen dementsprechend mehr Aufmerksamkeit. Diese entwickeln im Umkehrschluss ein größeres Selbstbewusstsein und bessere Kommunikationsfähigkeiten, was sich in ihrer weiteren Laufbahn wiederum auf ihre akademischen und beruflichen Erfolge auf positive Weise auswirkt.[30] Wir haben es bei diesem Phänomen mit dem klassischen Halo-Effekt zu tun, der bewirkt, dass wir automatisch von äußeren Attributen auf innere Persönlichkeitsmerkmale schließen. In diesem Fall überstrahlt die wahrgenommene

Attraktivität einer Person auf positive Weise sämtliche ihrer individuellen Eigenschaften.

Attraktive Menschen profitieren häufig auch in der Arbeitswelt von ihrem Aussehen. Forschungsteams untersuchten in verschiedenen Erhebungen, wie genau Attraktivität Karrieren beeinflussen kann, und kamen zu dem Ergebnis, dass Personen, die als attraktiver erachtet werden, bei gleicher Qualifikation mehr verdienen als weniger gutaussehende. Ökonomen der University of Wisconsin stellten sogar fest, dass der Antritt eines attraktiven Vorstandschefs direkte Auswirkungen auf einen höheren Aktienkurs hat. Gutaussehende Menschen erfahren zudem auch in Assessment Centern und in Bewerbungsprozessen Vorteile, finden schneller einen Job und werden im Berufsalltag besser behandelt. Ferner profitieren sie davon, dass ihnen Fehler eher nachgesehen werden.[31]

Attraktivität kann jedoch – vor allem für Frauen – auch eine paradoxe Kehrseite haben. Ich kriege von meinen männlichen Freunden oft scherzhaft Sätze wie diesen zu hören: »Also ich wäre manchmal auch gerne eine gutaussehende Frau. Immerhin muss ich meine Drinks immer selbst bezahlen.« Derartige Aussagen ringen mir allerdings immer nur ein müdes Lächeln ab. Denn zwar erhöht ein attraktives Aussehen durchaus die Chance, Getränke spendiert zu bekommen, doch auf diesen vermeintlichen Vorteil können die meisten Frauen auch getrost verzichten. Denn eines verbinden Menschen mit einem konventionell attraktiv weiblich wirkenden Aussehen nicht: Kompetenz.

Die US-Ökonomin Stefanie Johnson untersuchte an der UC Denver Business School die Chancen attraktiver Frauen in Männerberufen, für die das Aussehen grundsätzlich keine Rolle spielen sollte.[32] Die Befragten sollten anhand von Bewerbungsfotos von Frauen bewerten, wie attraktiv sie die Frauen fanden und für wie geeignet sie jene für die jeweiligen Jobs hielten. Das Ergebnis war eindeutig: Je attraktiver die Befragten die Frauen fanden, umso weniger geeignet für den Job schätzten sie sie wiederum ein. Vor allem in klassischerweise männlich assoziierten Berufsfeldern. Attraktive

Frauen erhielten damit fast nie den Zuschlag für den Posten als Finanzvorständin, Forschungsdirektorin, Ingenieurin oder Baustellenleiterin.[33]

Das Attraktivitäts-Stereotyp, das dazu führt, dass gutaussehenden Menschen pauschal positive Merkmale zugeschrieben werden, hat auch zur Konsequenz, dass ihnen auch mehr geschlechtsbezogene stereotypische Eigenschaften unterstellt werden. Dies bewirkt wiederum, dass gutaussehenden Frauen in traditionellen Männerberufen nochmals verstärkt Vorurteile und systematische Benachteiligung begegnen. So gilt die gutaussehende Managerin als nicht tough genug, und der schicken Professorin wird ein Mangel an Rationalität angedichtet. Dieses Phänomen betrifft im Übrigen auch attraktive Männer in Berufen, die klassischerweise weiblich besetzt sind.[34] So begegnet etwa einem gutaussehenden männlichen Erzieher mehr Skepsis, ob er für seinen Job tatsächlich geeignet ist, als einem weniger attraktiven Kollegen.

In einem leicht abgewandelten Test wurden den Befragten neben Bewerbungsfotos nun auch Lebensläufe vorgelegt. Doch auch diese zusätzlichen Informationen genügten nicht, um die negative Einschätzung über die Frauen und damit die pauschale Annahme, dass sie für bestimmte Jobs nicht geeignet seien, zu ändern.[35] Eine US-Studie des Fachblatts *Journal of Social Psychology* riet Frauen, die sich für traditionelle Männerberufe bewerben, sogar dazu, sich auf ihren Bewerbungsfotos »hässlicher« zu machen, um ihre Jobchancen zu erhöhen. Besonders gutaussehende Bewerberinnen werden von Personalverantwortlichen laut Studienergebnissen auch häufiger ins Kreuzverhör genommen als weniger attraktive Kandidatinnen.[36] Die Konsequenz: Viele Frauen reduzieren aus Angst vor dieser Form von Benachteiligung typisch weiblich assoziierte Attribute wie rot geschminkte Lippen, offene lange Haare und Make-up und versuchen im Gegenzug, äußerlich möglichst maskulin zu wirken.

In einer weiteren Studie der Washington State University wurden 198 Personen Medienberichte gezeigt, in denen Unternehmen betriebsbedingte Kündigungen kommunizierten. Während die Inhalte der Texte immer gleich blieben, wechselte das Foto des Überbringers oder der Überbringerin der Botschaft. Zur Auswahl standen jeweils attraktive und weniger attraktive Männer sowie attraktive und weniger attraktive Frauen. Den Teilnehmerinnen und Teilnehmern wurde von dem Forschungsteam die Frage gestellt: »Wie sehr vertrauen Sie der Erklärung der Führungskraft? Wirkte er oder sie aufrichtig?« Hierbei zeichnete sich ab, dass schöne Frauen als weniger aufrichtig und vertrauenswürdig wahrgenommen wurden und es in den Augen der Befragten eher verdienten, wegen ihrer Rolle bei den Entlassungen selbst gefeuert zu werden als durchschnittlich attraktive Managerinnen. Bei den Männern hingegen zeigte sich so gut wie kein Unterschied in den Reaktionen.

Dieses Phänomen ist auch bekannt als Beauty-is-beastly-Effekt, in dem Frauen in Berufen mit niedrigerem Status von einem guten Aussehen profitieren, aber Nachteile erfahren, sobald es um Berufe mit hohem Status geht.[37] Die Wissenschaftlerinnen nannten als möglichen Grund für das Misstrauen gegenüber den attraktiven Frauen das Motiv der »Femme fatale«, der bösen Verführerin. Laut Aussage von Leah D. Sheppard, Professorin für Management und eine der beiden Autorinnen der Studie, gibt es eine »unterbewusste Angst bei Menschen beiderlei Geschlechts, dass schöne Frauen ihr Aussehen missbrauchen könnten, um andere – in der Regel Männer – zu manipulieren«.[38]

In dem Zusammenhang erinnere ich mich noch gut an ein Interview vor einigen Jahren, das ich einer überregionalen Tageszeitung gab. In dem Gespräch sollte es eigentlich um meine Erfahrungen als Business-Influencerin mit Hasskommentaren auf sozialen Netzwerken gehen, als der Journalist mich auf einmal fragte, ob ich denn aufgrund meines »attraktiven Aussehens« schon mal Nachteile im Job erfahren hätte. Ich war damals irritiert von der Frage und antwortete aus dem Bauch heraus, dass ich mir durchaus vorstellen könne, dass attraktiven Frauen mehr Vorurteile begegnen, da ihnen in Bezug auf ihre Kompetenz oft eine größere Grundskepsis entgegenschlägt. Ehe ich mich versah, fand ich diese Aussage einige

Tage später in der Clickbait-trächtigen Headline des Online-Artikels wieder, die »Attraktive Frauen haben Nachteile im Job« lautete. Die Überschrift schien – wie von dem Medium beabsichtigt – große Aufmerksamkeit zu erregen, denn in wenigen Stunden war die Kommentarsektion unter dem Artikel voller hämischer Bemerkungen – viele davon weit unter der Gürtellinie.

Der Grundtenor war, dass es ja eindeutig sei, wieso man mich eingestellt und auf meine Position befördert hätte, und dass ich in der Konsequenz gefälligst dankbar für mein Aussehen sein solle. Denn von meinem Job könnte ich – so wie ich aussähe – ja grundsätzlich keine Ahnung haben. Die Kommentare stachelten sich derart gegenseitig hoch, dass die Headline auf meine Bitte hin freundlicherweise noch am selben Tag wieder abgeändert wurde. Die Kommentatoren bestätigten mit ihren Aussagen aber zugleich das von mir angeprangerte Phänomen, dass attraktiven Frauen häufig ihre Kompetenz abgesprochen wird.

Ich wollte erfahren, wie es anderen Frauen geht, die als konventionell weiblich und attraktiv wahrgenommen werden. Ich sprach daher mit Domitila Barros, die 2022 als Miss Germany ausgezeichnet wurde, über ihre Erfahrungen. Sie erzählte mir, dass sie einst als Unternehmensberaterin mit einem Kunden zu einem Meeting in deren Headquarter verabredet war. Als sie dort eintraf, war sie die Einzige, die beim Betreten des Gebäudes nach einem Ausweis sowie einer Einladung durch den Kunden gebeten wurde, da man ihr nicht glaubte, dort einen Termin zu haben. Domitila führte außerdem weiter aus, dass sie ihre Haare glätte, um professioneller zu wirken. Sie wollte damit vor allem Situationen aus der Vergangenheit vermeiden, in denen ihr gesagt worden war, dass ihre lockigen Haare zu wild und zu verspielt wirken. »Das Bild der brasilianischen Frau aus deutscher Sicht ist freizügig, einfach und abhängig von einem deutschen Mann, den sie geheiratet hatte, um eine Aufenthaltsgenehmigung zu bekommen. Das ist jedoch nicht meine Geschichte«, sagte Domitila und erzählte mir danach von einem Artikel, der mir völlig die Sprache verschlug.

So berichtete die Bild-Zeitung über eine Veranstaltung des deutschen Generalkonsulats in Rio de Janeiro, bei dem Domitila als Gast geladen war. Die Headline des Artikels lautete: »Ehrengast der heißen Nacht: ›Miss Germany‹ Domitila Barros (37), die aus Brasilien stammt«. Der Bericht wurde garniert mit einem riesigen Foto einer nahezu unbekleideten Samba-Tänzerin. Dem Artikel wurde durch folgendes Zitat eines Politikers die Krone aufgesetzt: »Eine Party mit Bodypainting und Miss Germany scheint mir eine bizarre Auslegung von feministischer Außenpolitik zu sein. Aus meiner Sicht droht das peinlich zu werden.« Domitilas Statement dazu ist deutlich: »Frustrierend dabei ist, dass ich an der Freien Universität Berlin auf vier Sprachen einen Master absolviert habe, um dann nach außen als freizügige Samba-Tänzerin abgestempelt zu werden.« Ich verstand Domitilas Entrüstung. Einer von der UNESCO für ihr Engagement ausgezeichneten Frau, die schon seit ihrer Kindheit in einer Favela im Nordosten Brasiliens Straßenkinderprojekte unterstützte und dort anderen Kindern Lesen und Schreiben beibrachte, ihre Kompetenz abzusprechen, ist ein hartes Ding.

Ich unterhielt mich außerdem mit Christiane Stein über ihre Erfahrungen als attraktive, blonde Frau in der Medienbranche. Christiane ist Journalistin und ehemalige News Anchorwoman bei *n-tv*. Als Moderatorin ist sie auf Technologie- und Digitalisierungsthemen fokussiert, für die sie deutschlandweit auf Konferenzen unterwegs ist. Außerdem hält sie regelmäßig Keynotes zu Web3 und Metaverse am Beispiel digitaler Fashion. Christiane berichtete mir Folgendes:

»Es ist leider immer noch so, dass Frauen im Beruf oft auf ihr Aussehen reduziert werden, insbesondere in Branchen, in denen das Erscheinungsbild eine große Rolle spielt, wie beispielsweise in der Medienbranche. Eine Frau mit blonden Haaren kann schnell das Klischee der dummen Blondine erfüllen, obwohl sie tatsächlich kompetent und fähig ist. Das Gleiche gilt auch für Frauen mit anderen Merkmalen, die dem Schönheitsideal entsprechen, wie zum Beispiel einer schlanken Figur oder einer makellosen Haut. Ich habe viele Jahre als Nachrichtensprecherin gearbeitet. Aussehen hilft natürlich erst mal, um vor die Kamera zu kommen. Andererseits beginnt dann die Challenge, sich doppelt beweisen zu müssen, weil diejenigen, die an der Sendung mitwirken und die Sendung verantworten, einen dann häufig auch auf das Aussehen reduzieren und manchmal unterschätzen. Selbst die meisten Zuschauer denken, dass die Moderatorin die News nur vorliest.

Nachrichtenmoderatorinnen sind aber gleichzeitig Redakteurinnen oder Journalistinnen und haben diese Meldungen selbst recherchiert und geschrieben. Hier muss man sich als Aushängeschild der Sendung, für die man ja auch mit einer Maskenbildnerin noch mal zurechtgemacht wird, innerhalb der Redaktion beweisen und teilweise auch sehr deutlich sagen, was man gelernt und studiert hat, damit einem der Redaktionsleiter nicht erklärt, wie unser Bundeskanzler heißt. Bei einem anderen Fernsehjob gab es sogar mal einen Redaktionsleiter, der immer wieder sehr laut getrauert hat, dass er keine Frau sei, weil er sonst definitiv seiner Ansicht nach den Job hätte und ihn sehr viel besser machen würde. Auch hier hatte man das Gefühl, dass die Arbeit und die Eigenschaften, die einen an einen Punkt der Karriere oder zu einer Position geführt haben, auf einmal unsichtbar sind – Eigenschaften wie Hartnäckigkeit, Disziplin, Know-how und Wissen über ein Themengebiet, ein Studium oder langjährige Erfahrungen in einer Branche.

Es ist wichtig, uns bewusst zu machen, dass Äußerlichkeiten keine Aussage über die Fähigkeiten und Kompetenzen einer Person treffen. Frauen sollten deshalb nicht dafür bestraft werden, dass sie gut aussehen, sondern nach ihrer Leistung und ihrem Können beurteilt werden.«

Ich sprach auch mit Anastasia Barner, einer der jüngsten Gründerinnen Deutschlands, über Vorurteile, die ihr aufgrund ihres Aussehens schon begegnet sind. Anastasia und ich lernten uns auf einem Event eines deutschen Automobilherstellers persönlich kennen. Mir war Anastasia allerdings schon lange vorher auf der Business-Plattform LinkedIn aufgefallen. Ich, die unlängst zuvor einen Shitstorm bekommen hatte, weil der Ausschnitt meines, offen gestanden, ziemlich spießigen Blazers gefühlt 1,5 Zentimeter zu tief gewesen war, spuckte fast meinen Kaffee aus, als ich Anastasia das erste Mal auf LinkedIn entdeckte. Anastasia trug auf ihren Beiträgen bauchfrei, ihre langen Haare reichten ihr über den Po, und es war ganz eindeutig, dass sie wusste, dass sie mit ihren Fotos auffiel und teilweise auch provozierte. Ich empfand eine Mischung aus Irritation und aufrichtiger Bewunderung – und erwischte mich selbst dabei, wie ich sie ungewollt in eine Schublade steckte. In die Schublade »hübsches Püppchen«, das eher auf die Fashion Week passte als in meine, offenbar doch ziemlich konservative, Vorstellung der Business-Welt.

Als ich Anastasia einige Jahre später persönlich kennen lernte, merkte ich schnell, dass ihr diese Schublade nicht gerecht wurde. Diese junge Frau war selbstbewusst, eloquent und smart. Von ihren persönlichen Erfolgen mal ganz abgesehen: Mit gerade einmal 14 Jahren wurde Anastasia Jugendjournalistin für die Berliner Zeitung und die Funke Mediengruppe. Mit 15 Jahren wurde sie vom *Spiegel* unter den fünf besten Blattmachern ausgezeichnet und stand seit ihrem sechsten Lebensjahr als Schauspielerin vor der Kamera. Mittlerweile hilft sie Unternehmen dabei, Social Media sowie das Medienverhalten der Generation Z zu verstehen, und erklärt Reverse Mentoring. Kurz vor ihrer Gründung von FeMentor arbeitete sie für eine Agentur, die TEDx-Veranstaltungen in ganz Deutschland organisierte, drei Jahre später hielt sie ihren ersten TEDx-Talk zum Thema Gender Equality – und als sei das Ganze noch nicht genug, ist Anastasia noch Autorin. Diese Erfahrung zeigte mir, die es nach den zahlreichen eigenen persönlichen Erfahrungen doch viel besser hätte wissen müssen, auf, dass Menschen attraktiven Frauen immer noch viel zu oft pauschal ihre Kompetenz absprechen. Anastasia sagte hierzu einen Satz zu mir, der bei mir hängen geblieben ist:

»Meine Expertise und mein Wissen sind nichts, was man an meinem Kleidungsstil festmachen kann. Meinen IQ kann ich nicht tragen, der ist in mir und nicht an mir. Die Rocklänge sagt nichts über meinen Geschäftssinn aus, wird aber häufig damit verglichen. Ich will nicht in eine Schublade gesteckt werden, ich bin der verdammte Schrank! Wir können nicht immer erwarten, dass es mehr junge Gründerinnen gibt, ihnen aber Vorschriften machen, wie sie auszusehen haben.«

Ich fragte Anastasia außerdem nach den unangenehmsten Erfahrungen, die sie im Arbeitsumfeld aufgrund ihres Aussehens schon gemacht hatte. Sie erzählte mir, dass sie am Anfang ihrer Gründung von FeMentor häufig zu Geschäftsessen oder auf Events ging und Nummern von potenziellen – meist männlichen – Geschäftspartnern erhielt. Als sie sich dann im Nachgang mit eben diesen Männern traf, musste sie allerdings feststellen, dass der Geschäftstermin in den Augen dieser Männer nicht geschäftlich, sondern ein Date war. Man muss anmerken, dass Anastasia zu dem Zeitpunkt 20 Jahre alt und die Männer teilweise bis zu 50 Jahre älter waren. Auch Anastasias Freundinnen aus der Gründerszene berichteten, dass Investoren um »Geschäftsessen« baten und dann die Hand auf dem Bein landete.

Als Anastasia das erzählte, hatte ich auf einmal ein Erlebnis vor Augen, das ich als Berufsanfängerin hatte. Mir war damals ein älterer Kollege als Onboarding-Buddy zugeteilt worden, um mich in meinen ersten Monaten im Job zu unterstützen. Zu der Zeit waren wir von meiner damaligen Chefin angewiesen worden, im Falle von gemeinsamen Kundeneinsätzen oder Veranstaltungen in anderen Städten Fahrgemeinschaften zu bilden, um Kosten zu sparen. Ich fuhr also monatelang mit dem Kollegen mit, der sämtliche gemeinsame Fahrten nutzte, um mich auf höchst unangemessene Weise anzubaggern. Ich fühlte mich damals extrem unwohl, war aber zu der Zeit noch zu unsicher, um dagegen entsprechend vorzugehen oder jemandem davon zu erzählen. Vor allem wollte ich in meinen ersten Monaten im neuen Job nicht »negativ« auffallen. Wenn ich heute daran denke, würde ich mein jüngeres Ich am liebsten schütteln. Doch mein damaliges Schweigen ist leider kein Einzelfall. Mehr als die Hälfte der Beschäftigten hat sexuelle Belästigung am Arbeitsplatz schon erlebt.[39] Viele Betroffene gehen nicht dagegen vor. Aus Scham oder Angst vor Konsequenzen.

Ich wollte von Katharina Wolff wissen, welche Erfahrungen sie als attraktive Frau mit Sexismus gemacht hatte. Katharina leitet seit über zehn Jahren die Personalberatung D-Level für Führungspositionen in der digitalen Wirtschaft. Zusätzlich erschuf sie Ende 2020 mit dem *Strive Magazine* das erste Wirtschaftsmagazin aus Frauenperspektive. Katharina erzählte mir, dass es zwar überraschend klingen mag, doch ihr persönlich Phänomene wie Sexismus, bis sie Herausgeberin von *Strive* wurde, kaum aufgefallen waren. Katharina berichtete weiter:

»Ich habe die Situationen, Begegnungen und Äußerungen immer weggeschoben und nicht als das eingeordnet, was sie waren: übergriffig und teils unverschämt. Und das, obwohl ich gar nicht so wenig Situationen erlebt habe, in denen mein Outfit kommentiert, ein flirtiger Spruch gebracht oder eine Erklärung von oben herab gegeben wurde – wie ich heute rückblickend sagen kann. Doch ich nahm die Situationen nicht so wahr, weil ich in meinen Positionen nie abhängig war. Ich war und bin seit 13 Jahren mein eigener Boss. So hatten diese Situationen in der Regel keine Konsequenz für mich und mein Kopf hat den Gedanken erfolgreich verdrängt. Erst mit der Gründung von *Strive* ist mir bewusst geworden, dass ich in einer Bubble war. Ich bekam nur meine eigene Welt mit, eine Welt, die ich mir selbst so erschaffen habe. Natürlich ist diese Awareness nicht nur für mich, sondern auch für die Situationen von anderen betroffenen Frauen gut. Aber ich bin ehrlich: Unwissenheit ist manchmal auch ein Segen. Manchmal wünschte ich mir, dass ich die Situationen, zumindest bei mir selbst, wie früher nicht bewusst bemerken würde.«

Katharinas Statement macht eine Sache sehr deutlich: Ein bestehendes Abhängigkeitsverhältnis verschlimmert die Situation im Falle von sexistischen Äußerungen oder sexueller Belästigung für die Betroffenen nochmals erheblich. Ich erinnere mich gut an einen ehemaligen Chef, der mich wiederholt dazu aufforderte, doch auch mal meinen »Charme« und meine »Reize« einzusetzen, um Projekte zu einem schnelleren Abschluss zu bringen. Auch damals schwieg ich zähneknirschend viel zu lange und hielt seine Kommentare aus, bis ich mich schließlich dazu entschloss zu gehen. Wie viele Betroffene saß ich damals nicht am längeren Hebel und tat daher nicht das, was im Nachgang notwendig und richtig gewesen wäre: darüber sprechen, um dafür zu sorgen, dass Frauen nach mir nicht das Gleiche widerfahren würde.

Meine ehemalige Kollegin und gute Freundin Sophie Bieber und ich tauschen uns oft – sehr ungefiltert – über unsere Erfahrungen als junge weibliche Führungskräfte in der IT aus. Als Head of Global Employer Branding bei SAP ist Sophie ein HR Leader in der Welt der Technologie. Nachdem Sophie in verschiedenen Unternehmen und Industrien im HR arbeitete, entdeckte sie ihre Leidenschaft für Technologie und fand so im Jahr 2014 zu SAP. Ich bat Sophie, einige ihrer Erlebnisse mit Sexismus im Arbeitsumfeld auch mit euch zu teilen. Sophie erzählte:

»Als Frau, besonders als Frau, die sich auch mal gerne schminkt, schöne Schuhe mag und auch sonst einige Vorurteile auf den ersten Blick erfüllen mag, begegnen mir gewisse Handlungsschemata und Phrasen auffällig oft. Nicht selten war mir klar, dass ich gerade die schlauste Person im Raum bin. Trotzdem (oder vielleicht auch gerade deshalb?) wurde intuitiv zu mir geschaut, wenn Kaffee benötigt wurde, da mir sehr offensichtlich nicht mehr zugetraut wurde.

Ein Manager, für den ich als Praktikantin arbeitete, wagte den riskanten Schritt (ich hoffe, man liest mein Augenzwinkern) und führte mich in die Welt von Excel, Controlling und IT-Systemen ein. Ich war exotisch. Genauer gesagt: Exot*in*. Diesen Fakt ließ er mich aber nicht spüren, was bewirkte, dass ich mit einem Selbstverständnis die längsten, komplexesten Excelformeln tippte und zum Laufen brachte.

Ich sollte aber lernen, dass die tiefsten Fachkenntnisse und die ausgereiftesten Skills nicht ändern würden, mit welchen Vorurteilen ich konfrontiert werden würde. Ich persönlich habe viele klischeehafte Situationen erlebt, unabhängig vom Geschlecht meines Gegenübers, und wenn ich mit anderen Menschen spreche, erlange ich die traurige Sicherheit, dass ich hier nicht die Ausnahme, sondern eben die Regel bin. Ich wurde darauf hingewiesen, dass roter Nagellack oder Lippenstift zu ablenkend seien. Ich wurde gefragt, ob ich krank sei, als ich kein Make-up trug, und wiederum gefragt, wen ich beeindrucken wolle, als ich Make-up trug. Meine ernüchternde Erkenntnis: Egal wie man auftritt, die Vorurteile, denen man begegnet, werden nicht weniger, nur anders.«

Ich kann mir gut vorstellen, dass die eine Hälfte der Leserinnen und Leser gerade mitfühlend nickt und eigene Erlebnisse Revue passieren lässt und die andere Hälfte ungläubig mit dem Kopf schüttelt. Leider sind diese Erfahrungen jedoch keine Seltenheit – im Gegenteil. Inzwischen habe ich für mich – unabhängig vom Hierarchielevel meines Gegenübers – eine effektive Strategie entwickelt, wie ich mit deplatzierten Bemerkungen umgehe, die sich auf mein Aussehen und/oder Geschlecht beziehen: Ich stelle mich dumm. Und bitte lächelnd darum, mir zu erklären, wie diese Aussage gemeint war, da ich sie nicht verstanden habe. Funktioniert ziemlich gut und führt zu großem Unbehagen beim Gesprächspartner oder bei der Gesprächspartnerin. Probiert es gerne mal aus. Außerdem ist es wichtig, sich Unterstützung zu holen und auf sexistische Vorfälle aufmerksam zu machen. Solange Frauen schweigen und sich in letzter Instanz dafür entscheiden zu kündigen – wie ich es damals leider auch tat –, wird sich an dem zugrunde liegenden Problem und dem daraus resultierenden Teufelskreis nichts ändern.

Wir leben heutzutage in einer komplexen Welt, die – zum Glück – nicht nur schwarz-weiß ist, sondern viele Zwischentöne hat. Damit kann ein volltätowierter, muskelbepackter Hüne mit Vollbart als Erzieher einen großartigen Job machen, ebenso wie eine

Frau, die gerne High-Heels, knallroten Lippenstift und pink trägt, eine begnadete Managerin sein kann. Ich finde es bezeichnend, dass Frauen in einigen Karriereratgebern geraten wird, sich möglichst dezent zu kleiden, um bloß nicht negativ aufzufallen und keine Vorurteile zu provozieren. Die Lösung sollte niemals sein, dass wir uns alle verbiegen, um möglichst nicht in der »falschen« Schublade zu landen. Vielmehr müssen wir endlich begreifen, dass das Aussehen einer Person weder einen qualifizierten Rückschluss auf ihren Charakter noch auf ihre fachliche Kompetenz zulässt. Ganz egal wie bunt oder lang unsere Fingernägel, wie grell unsere Kleidung oder wie hoch unsere Tattoo-Dichte ist.

Die Dicken

Die Existenz von Privilegien bekommt man erst so richtig zu spüren, wenn sie einem fehlen. Solange wir sie selbst besitzen, nehmen wir sie in der Regel gar nicht wahr. Bewusst wurde mir dies wieder einmal mit aller Deutlichkeit bei einem – für mich – ganz unverfänglichen Thema: Abendkleider. Aber lasst uns von vorne beginnen. Im Winter 2022 wurde ich vom *Business Insider* als eine der 25 Zukunftsmacherinnen des Jahres ausgezeichnet. Der Abend der Preisverleihung in Berlin war unvergesslich. Frauen aus der Rennfahrt, Fashionbranche, dem Tech-Bereich und vielen weiteren Branchen gehörten zu den Preisträgerinnen, und ich war fasziniert und beeindruckt von jeder einzelnen von ihnen. Eine blieb mir allerdings besonders in Erinnerung: Isabel Gabor. Isabel ist die erste und einzige Creative Director Diversity in Deutschland, die sich neben Kreativität auch um Sensibilität und Diversität bei der Erarbeitung von Werbung kümmert. Sie ist Co-Gründerin des Ad Girls

Club, der größten Initiative in der deutschen Werbelandschaft gegen Sexismus in Agenturen, und Speakerin. Isabel war mir mit ihrer warmen und humorvollen Art sofort sympathisch und wir kamen schnell ins Gespräch.

Irgendwann machte Isabel mir ein Kompliment für mein Kleid, das ich trug. Ich erzählte ihr daraufhin freudig, dass ich es mir erst vor wenigen Wochen gekauft hatte, und wollte ihr sofort den Link zum Artikel schicken, damit sie es sich auch bestellen konnte. Isabel lächelte mich nun etwas gequält an und meinte: »Du, lass mal. Das gibt es nicht in meiner Größe.« Ich verstand nicht, was sie meinte. »Wieso sollte es das nicht in deiner Größe geben? Das Kleid ist noch neu – das müsste in allen Größen online noch vorrätig sein«, entgegnete ich verwirrt. Isabel lächelte immer noch und sagte geduldig: »Diese Marke führt generell keine Plus-Size-Größen. So wie eigentlich wenige der Standardmarken, die man so kennt.« Nun kam ich mir richtig blöd vor. Ich wäre gar nicht auf die Idee gekommen, dass es Isabels Konfektionsgröße nicht geben könnte. So kam es, dass ich Isabel an dem Abend als eine der Ersten überhaupt von diesem Buchprojekt erzählte und sie fragte, ob sie Lust hätte, mir von ihren Erfahrungen als mehrgewichtige*Person zu berichten. Zu meiner großen Freude sagte sie zu. Bei dem, was sie mir danach über Fettfeindlichkeit und ihre eigenen Erlebnisse erzählte, musste ich oft schlucken. Und fühlte mich an vielen Stellen sehr ertappt. Aber lest selbst:

»Fettfeindlichkeit ist eine in der Gesellschaft viel zu wenig kritisierte Form der Diskriminierung. Dass ›Schlanksein‹ das Optimum ist, suggerieren Magazine, TV-Sendungen, Promis und die gesamte Gesellschaft. Statt von ›gesund‹ wird meistens von ›schlank‹ gesprochen.

* Ich verwende den Begriff »Mehrgewicht«, da in dem Wort »Übergewicht« bereits eine negativ konnotierte Beurteilung des Körpergewichts steckt. Damit ist diese Begrifflichkeit in sich schon diskriminierend und schürt Vorurteile. Im Zuge der Anerkennung von Körpervielfalt sollten wir daher davon absehen, wertende Wörter für Personen mit mehr Gewicht zu verwenden.

Mehrgewichtige Menschen haben mit unendlich vielen Vorurteilen zu kämpfen. Sie seien faul, unsportlich, inaktiv, ernähren sich ungesund und sind arm. Sie bekommen schlechter einen Job, eine Wohnung und werden von Lehrerinnen und Lehrern als dümmer eingeschätzt. Die Welt ist für dünne Menschen gemacht. Ob Stühle, Plätze in Flugzeugen, Achterbahnen oder Kleidung: Alles ist darauf ausgelegt, dass Menschen schlank sind. Entspricht man nicht der vermeintlichen Norm, wird man bei vielen Dingen im alltäglichen Leben ausgeschlossen. Wenn über Privilegien gesprochen wird, werden ›Skinny Privileges‹ immer ausgelassen. Viele verstehen auch nicht, dass ein normschöner Körper etliche Vorteile in der Gesellschaft mit sich bringt.

Superschwierig sind Aussagen wie ›jede Person kann schlank sein‹, denn einerseits stimmt das nicht, andererseits könnten sicherlich viele Menschen schlanker sein, der Aufwand dafür und die Entbehrungen sind bei allen Menschen aber komplett unterschiedlich. Das ist ein riesiges Unverständnis von Menschen, die noch nie mit ihrem Gewicht zu kämpfen hatten. Oft wird auf fettfeindliche Erfahrungen mit ›zu dünne Menschen werden auch diskriminiert‹ geantwortet. Ich frage dann immer, ob jemand in der aktuellen Gesellschaft lieber zu dick oder zu dünn wäre, was diesen Whataboutism meistens auflöst. So finde ich die Bewegung in den vergangenen Jahren zum Thema Body Positivity einerseits total wichtig, andererseits aber auch wieder kritisch. Denn man sollte niemandem vorschreiben, positiv über seinen Körper zu denken. Viel wichtiger wäre es in meinen Augen, neutral zum Körper zu stehen. Sich so zu akzeptieren, wie man ist. Also die Dinge hervorzuheben, die man an sich mag – und gewisse Dinge auch einfach nicht zu mögen, das aber zu akzeptieren.

Viele Menschen sprechen unterbewusst, oder auch bewusst, um Bestätigung zu erhalten, über die eigene Figur und triggern damit Menschen, die Probleme mit ihrem Körper haben beziehungsweise traumatische Erlebnisse hatten. So erlebe ich es oft, dass schlanke Frauen sich bei mir über ihre Figur beschweren und dann positive Bestärkung erwarten. Das ist aber meistens einfach nur unangenehm für mich. Am besten sind die Situationen dann, wenn die Freundin noch Sätze wie ›Also, dir steht das ja, aber bei mir …‹ bringen und glauben, das sei okay. Sensibilität fehlt bei dem Thema unglaublich oft. Ganz wichtig hervorzuheben: Bei Gewichtsdiskriminierung ist besonders auch Intersektionalität mitzudenken, da Gewichtsdiskriminierung in direktem Zusammenhang mit Rassismus, Sexismus, Ableismus oder Klassizismus steht.

Denke ich über meine persönliche Beziehung zu meinem Körper nach, ist diese seit meiner Kindheit gestört. Auch wenn ich damals nie auffällig dick war. Mein Umfeld suggerierte mir, dass alles, was nicht mager ist, zu dick sei. So richtig schlimm wurde es in der Pubertät. Ich wurde regelmäßig mit fettfeindlichen Kommentaren beleidigt. Für mich war immer klar: Du bist nur etwas wert, wenn du dünn bist. Mit 15 machte ich meine erste Diät. Mit 17 nahm ich gefährliche Abnehmpillen, die schon zu mehreren Todesfällen führten.

Seit meiner Jugend konnte ich zum Beispiel nicht auf der Straße allein essen aus Angst vor Blicken oder Kommentaren. Als ich es mit 20 doch mal wagte, kam eine Gruppe Jugendlicher und beschimpfte mich, ich sollte lieber einen Salat essen. Ich bin heulend nach Hause gelaufen. Und auch nonverbal erlebe ich immer wieder Momente, in denen ich bewusst oder auch unterbewusst diskriminiert werde. So ist Fliegen, besonders ohne meinen Ehemann, teilweise echt der Horror, denn schon beim Laufen ins Flugzeug spüre ich die Blicke. Die Blicke, die schreien: ›Bitte sitz nicht neben mir.‹

Oft merke ich bei Freunden und Freundinnen, dass sie keine Ahnung haben, wie sehr dicke Menschen in der Gesellschaft ausgeschlossen werden. Sie sind überrascht, wenn es meine Kleidergröße nicht in normalen Modestores gibt, und besonders bei High-End-Mode habe ich oft keine Chance, passende Kleidung zu finden. Menschen, die über nachhaltige Mode sprechen und Fast Fashion kritisieren, ignorieren oft ihre eigenen Privilegien. Für mehrgewichtige Menschen ist es fast unmöglich, schöne nachhaltige (bezahlbare) Mode zu finden. Und Secondhandshops sind nicht wirklich eine Option, da meine Größe fast nie vorhanden ist.

Im beruflichen Kontext erlebte ich immer wieder Momente, in denen ich Diskriminierung durch mein Gewicht erfuhr. Zwar nur selten direkt, oftmals aber so auffällig, dass mein Bauchgefühl förmlich schrie. Ich wurde nicht zu wichtigen Meetings mit Kunden und Kundinnen mitgenommen, weil ich nicht ›vorzeigbar‹ war oder nicht dem Ideal entsprach. Ich wurde von Kolleginnen und Kollegen hintenrum als ›dicke Isa‹ bezeichnet, oder es wurden in meinem Beisein mehrgewichtige Models aus Präsentationen gelöscht mit dem Kommentar: ›Nicht die Dicken!‹

So wird aktuell in Unternehmen immer über Diversität gesprochen und darüber, dass man Diversität fördern sollte. Trotzdem sind die wenigsten Unternehmen auf stark mehrgewichtige Personen ausgerichtet. Es fehlt beispielsweise an passenden Bürostühlen und Tischen. Wenn ich zu Diversity-Panels eingeladen werde, wird nur selten an mein Gewicht gedacht. Ich werde auf fragile Hochstühle gesetzt, die bei jeder Bewegung knarzen. Das ist ein unangenehmes Gefühl und gibt mir den Eindruck, dass Diversität zwar erwünscht ist, aber nichts dafür getan wird, dass sich marginalisierte Menschen auch wohlfühlen. Arztbesuche sind mein absoluter Horror. Egal welches Leiden ich habe – von Ohrenschmerzen bis Neurodermitis oder Migräne –, es liegt an meinem Gewicht. Vor zehn Jahren wäre ich fast an meinem entzündeten Blinddarm gestorben, weil der diagnostizierende Arzt meinte, dass meine Bauchschmerzen von meiner ungesunden Ernährung herrühren. Eine weitere Ärztin hat mir dann quasi das Leben gerettet.«

Als Isabel fertig war, schämte ich mich. Ich merkte nun umso deutlicher, wie unsensibel meine Reaktion an dem Abend gewesen war. Und zugleich wurde mir auch das erste Mal bewusst, wie selbstverständlich es für mich immer gewesen war, dass ich aufgrund meines der vermeintlichen Norm entsprechenden Körpergewichts noch nie Anfeindungen oder Diskriminierung erfahren hatte. »Dicksein« wird in Deutschland oft gleichgesetzt mit Faulheit, Verfressenheit, Disziplinlosigkeit oder sogar Dummheit. Mehrgewicht wird hierbei als selbstverschuldetes Resultat eines maßlosen, ungesunden und bequemen Lebensstils betrachtet. Gesellschaftlich fest verankerte Vorurteile wie diese machen das Leben mehrgewichtiger Menschen zur Hölle und haben für sie Benachteiligung, Stigmatisierung und Ausgrenzung in verschiedensten Lebensbereichen zur Konsequenz.

Die Diskriminierung von Mehrgewichtigen beginnt hierbei schon im Kindesalter und zieht sich oft durch ihr ganzes Leben. So sind dicke Schulkinder nicht nur häufig dem Spott ihrer Klassenkameraden ausgesetzt, sondern erhalten auch von Lehrkräften nachweislich schlechtere Noten. Sogar Eltern trauen ihren eigenen Kindern häufig weniger zu, wenn diese dick sind, und schicken sie seltener aufs Gymnasium. Mehrgewichtige Jugendliche verlassen oft auch früher die Schule und erfahren anschließend häufig in der Arbeitswelt dieselbe Diskriminierung wie schon während ihrer Schulzeit. Studien beweisen zudem, dass Vorgesetzte ihren adipösen Mitarbeitern und Mitarbeiterinnen weniger angesehene Tätigkeiten zuweisen als Menschen, deren Körpergewicht der vermeintlichen Norm entspricht. Ferner werden sie auch seltener befördert und erhalten weniger Gehalt. Auch im Alltag erleben Mehrgewichtige Benachteiligung und Diskriminierung.[40]

70 Prozent empfinden Mehrgewichtige als unästhetisch, und jede achte Person vermeidet bewusst den Kontakt zu ihnen. Sitze im öffentlichen Nahverkehr sind für sie häufig nicht passend, und es erscheint ferner als gänzlich gesellschaftlich akzeptiert, dass Mehrgewichtige im Flugzeug für zwei Sitzplätze bezahlen müssen.[41] Auch bei der Wohnungssuche oder bei Arztbesuchen erleben Mehrgewichtige Stigmatisierung und erfahren Nachteile, denn selbst unter Ärztinnen und Ärzten sind Vorurteile gegenüber Adipösen verbreitet. Eine Umfrage des Leipziger IFB *Adipositas Erkrankungen* ergab, dass 58 Prozent der Mediziner und Medizinerinnen der Meinung waren, dass fehlende Willensstärke Mehrgewicht verursacht. Ein Drittel empfand es als »zu einfach«, wenn Adipöse mithilfe einer bariatrischen Operation abnehmen. In der Folge empfiehlt nur die Hälfte der befragten Hausärztinnen und Hausärzte eine solche Ope-

ration, und lediglich 18 Prozent stellen Betroffenen eine Überweisung in die Chirurgie aus. Auch um die Übernahme von Operationskosten müssen adipöse Menschen oft jahrelang vor Gericht streiten. Selbst wenn sie den Prozess irgendwann gewinnen, verschlechtert sich ihr Krankheitsbild allerdings bis zu diesem Zeitpunkt.[42]

Dabei ist in der Forschung längt bekannt, dass Dicksein nicht allein durch zu viel Essen und zu wenig Bewegung entsteht. Eine Studie des britischen Government Office for Science wies bereits im Jahr 2007 auf eine multikausale Matrix aus Veranlagung, Verhalten und äußeren Einflüssen hin, bei der auch endokrinologische Erkrankungen eine Rolle spielen. Fast jede zweite Person (47 Prozent) ist laut einer Befragung allerdings der Meinung, dass Bewegungsmangel schuld an Mehrgewicht sei. 33 Prozent geben als Grund falsche beziehungsweise ungesunde Ernährung an. Auch Fertigprodukte (23 Prozent) sowie Bequemlichkeit (20 Prozent) werden als Auslöser angeführt.[43]

Da es im Kontext von Mehrgewicht massiv an Aufklärungsarbeit fehlt, halten sich die Vorurteile gegenüber Dicken hartnäckig. Diese zeigen sich häufig auch in Kombination mit klassistisch motivierten Stereotypen, die Mehrgewichtige mit Bildungsferne und Armut in Verbindung bringen.[44] Lange wurde angenommen, dass eine Stigmatisierung die Betroffenen zum Abnehmen motiviert, doch das Gegenteil ist der Fall.[45] Der jahrelange Spott sowie die Beleidigungen und Herabsetzungen, die adipöse Menschen ihr ganzes Leben lang begleiten, haben häufig ein massiv beschädigtes Selbstbild zur Folge. Viele von ihnen glauben irgendwann selbst, weniger wert zu sein als andere. Die Konsequenzen können Resignation, sozialer Rückzug, Depressionen bis hin zu Suizidgedanken sein. Eine Studie des Dell Children's Medical Center in Austin stellte sogar fest, dass adipöse Kinder und Jugendliche ihre Lebensqualität ähnlich schlecht bewerten wie krebskranke Altersgenossen.[46]

Obwohl es in Deutschland mehr Dicke als Dünne gibt, setzt sich der Schlankheitswahn in der Werbung, auf sozialen Netzwerken sowie in diversen TV-Formaten wie *Biggest Loser* unbeirrt fort. Diese porträtieren Mehrgewichtige vor allem als Büßer und Büßerinnen, die alles daran setzen, in den ausgewählten Kreis der Schönen und Schlanken aufgenommen zu werden. Dies verstärkt im Gegenzug nochmals negative Assoziationen gegenüber Mehrgewichtigen und auch die Selbststigmatisierung der Betroffenen. Ähnlich ist das bei der Sendung *Curvy Supermodel*, die Frauen in Plus-Size-Größen eher mit subtilen Mitteln vorführt, als ein gesundes Bild in Bezug auf Gewichtsvielfalt in der Gesellschaft zu übermitteln. Hierbei nährt sich der Verdacht, dass es den Sendern nicht um die gesellschaftliche Akzeptanz von Mehrgewichtigen oder den Abbau von Vorurteilen, sondern vielmehr um hohe Einschaltquoten geht.[47]

Zwar gilt Adipositas seit Jahrzehnten als eine der großen Herausforderungen des Gesundheitssektors – die WHO und OECD sprechen gar von einer »Epidemie« –, doch die Deklarierung von Adipositas als Krankheit ist unter Expertinnen und Experten umstritten. Empirische Daten der klassischen Adipositastherapie machen deutlich, dass Gewicht weniger relevant für die Gesundheit ist als bisher vermutet. Die langjährigen Studien des Hirnforschers Achim Peters zeigen auf, dass viele der Begleiterkrankungen, die bisher der Adipositas zugeschrieben wurden, ihre Ursache vielmehr in anhaltendem Stress haben. Laut Peters ist Stressvermeidung daher gesundheitsfördernder als die Reduktion des Gewichts. Vor allem da ein höheres Gewicht sogar eine nachgewiesene positive Auswirkung auf die Cortisolausschüttung hat.[48] Studien in den USA und in Dänemark kamen außerdem zu dem Ergebnis, dass ein leichtes Übergewicht sogar die Lebenserwartung erhöht. So geht es beispielsweise Patientinnen und Patienten auf Intensivstationen besser, wenn sie mehr Körperreserven mitbringen. Zugleich geht Mehrgewicht allerdings mit gesundheitlichen Risiken wie Gelenkproblemen, Herz-Kreislauf-Erkrankungen, Diabetes und einem schwereren Krankheitsverlauf bei Corona-Infektionen einher.[49] Es herrscht allerdings gesellschaftlich wenig Bewusstsein darüber, dass der Körperfettanteil eines Menschen nicht zwingend Rückschlüsse auf seinen Lebensstil und seine Gesundheit zulässt.

Mehrgewichtige erfahren außerdem seitens medizinischen Personals häufig einen herabwürdigenden Umgang. Dieser hat zur Konsequenz, dass viele mehrgewichtige Menschen im Falle von Beschwerden lieber ganz auf Untersuchungen verzichten.[50] Eine Befragung kam zu dem Ergebnis, dass medizinisches Personal oft ein sogenanntes »Fat Shaming« an den Tag legt, da sie mehrgewichtige Patientinnen und Patienten ungern anfassen möchten, sie zögerlicher untersuchen und ihre eigentlichen Beschwerden übersehen oder gar ignorieren.[51] Ferner werden Mehrgewichtige häufig aus medizinischen Studien ausgeschlossen. Dies hat zur Folge, dass Verordnungen für Antibiotika-Behandlungen oder auch Chemotherapien oftmals zu niedrig ausfallen und ihnen somit keine ausreichend wirksame Dosis für eine erfolgreiche Behandlung verabreicht wird. Wie in Isabels Fall passiert es zudem häufig, dass die Beschwerden von Mehrgewichtigen nicht ernst genommen werden und die Symptome – ohne weitere Untersuchungen – pauschal auf ihr Körpergewicht geschoben werden. Auf diese Weise bleiben oft die eigentlichen Ursachen unentdeckt. Die Analyse von 300 Obduktionen ergab, dass bei Mehrgewichtigen 1,65-mal häufiger Krankheiten wie Lungenkrebs, chronisch-entzündliche Darmerkrankungen oder Herzleiden übersehen werden als bei Menschen, deren Körpergewicht der vermeintlichen Norm entspricht.[52]

Auch die Benachteiligung, die Mehrgewichtige im Arbeitskontext erfahren, ist gravierend. Im Jahre 2014 klagte eine Frau, da sie aufgrund ihres Gewichts eine Absage für einen Job erhalten hatte. Per E-Mail wurde ihr hierbei offen mitgeteilt, dass sie zwar qualifiziert, aber »so nicht vorzeigbar« sei. Besonders erschreckend: Die Frau trug Konfektionsgröße 42 und entsprach damit dem Durchschnitt von Frauen in Deutschland. Die Frau scheiterte mit ihrer Klage, da das Allgemeine Gleichbehandlungsgesetz (AGG) nicht vor Diskriminierung wegen des Gewichts schützt.[53] Vor allem mehrgewichtige Frauen sind von der Diskriminierung am Arbeitsmarkt betroffen. Bei gleicher Qualifikation werden schlankere Kandidatinnen bevorzugt, und auch bei Gehaltszulagen oder Beförderungen werden sie übergangen.[54] Ein Tübinger Forschungsteam hatte 127 erfahrenen Personalverantwortlichen Bilder von potenziellen Bewerberinnen und Bewerbern vorgelegt und ihnen unterschiedliche Fragen zu den abgebildeten Personen gestellt. Hierbei wurde deutlich, dass die Vorbehalte gegenüber mehrgewichtigen Frauen besonders ausgeprägt waren. Nur 2 Prozent der Befragten trauten den mehrgewichtigen Frauen einen prestigeträchtigen Beruf wie Ärztin oder Architektin zu – bei den normalgewichtigen Frauen waren es mehr als 43 Prozent. Auch zogen nur 6 Prozent die dickeren Frauen für einen Abteilungsleiterinnenposten in Betracht, wohingegen sich zwei Drittel für die normalgewichtigen Bewerberinnen entschieden. Es zeigte sich, dass auch mehrgewichtige Männer benachteiligt werden, hierbei aber die Diskriminierung nicht so stark ausgeprägt ist wie bei mehrgewichtigen Frauen.[55]

Es wurde festgestellt, dass stigmatisierende Einstellungen reduziert werden konnten, wenn Personalverantwortliche entsprechend über Adipositas und Stigmatisierung informiert wurden.[56] Es ist daher viel Aufklärungsarbeit in Unternehmen nötig, um die Benachteiligung von Mehrgewichtigen im Arbeitskontext erfolgreich zu bekämpfen. Grundsätzlich sollten wir uns aus meiner Sicht auch die Frage stellen, warum wir es uns gesellschaftlich überhaupt herausnehmen, die gesundheitlichen Risiken von Mehrgewicht zu erörtern und Betroffenen ungefragte Ratschläge zu geben. Wenn wir dies konsequent umsetzen würden, müssten wir im gleichen Zuge ja auch jedem Menschen, der Ski fährt, die Frage stellen, wieso er seinen Meniskus riskiert.

Die Gebär-Verdächtigen

»Na, du lässt dir aber auch echt viel Zeit, oder?«

»Spürst du denn nicht langsam deine biologische Uhr ticken?«

»Pass bloß auf, sonst verpasst du den richtigen Zeitpunkt!«

»Deine Karriere kommt dich später mal nicht im Altenheim besuchen!«

Es gibt wenige Sätze, die einen derart starken Augenroll-Reflex bei mir auslösen wie die obigen. Und ich bin nicht allein damit. Frauen in einer gewissen Altersspanne wird die potenziell anstehende Familienplanung oftmals einfach unterstellt und entweder unverhohlen zur Sprache gebracht oder im Stillen vorausgesetzt. Sei es von der Oma, die ihre Urenkel noch unbedingt erleben will, von den Schwiegereltern, die wiederum endlich Großeltern werden wollen, oder selbst von der neugierigen Nachbarin, die einen zwar kaum persönlich kennt, aber sich unbedingt über den potenziellen Nachwuchs austauschen will. Die Fortpflanzungsplanung anderer scheint für viele Menschen ein legitimes Smalltalk-Thema zu sein, und zwar unabhängig davon, in welcher Beziehung sie zu ihnen stehen – ungefragte Ratschläge inklusive. Skeptische (oder freudige) Rückfragen hören Frauen auch, wenn sie mal ein alkoholisches Getränk dankend ablehnen (»Oh, jetzt ist aber ein Beweisschnaps notwendig!«), oder sie bringen die Gerüchteküche zum Brodeln, wenn sie es wagen, mit einem sichtbaren Blähbauch im Büro aufzuschlagen. Besonders laut schrillen die Alarmglocken auch, wenn eine Frau erst kürzlich geheiratet hat.

Unterschlagen wird hierbei allerdings völlig, dass:

1. nicht jede Frau Kinder will;
2. nicht jede Frau Kinder bekommen kann;
3. nicht jede Frau die finanziellen und persönlichen Rahmenbedingungen hat, die sie sich wünscht, um diesen Schritt zu gehen.

Und vor allem auch, dass:

4. nicht jede Frau ihre Familienplanung mit Gott und der Welt ausdiskutieren will.

Die Frage nach dem Kinderwunsch geht für viele Menschen mit komplexen und manchmal auch sehr schmerzhaften Antworten einher. Antworten, die sie nicht eben mal so mit Gertrude aus der Nachbarschaft erörtern wollen. Antworten, die Aufschluss über ihre ganz persönliche Lebenssituation geben. Die womöglich ihre Finanzen, ihre Partnerschaft, ihren Gesundheitsstatus, erbliche Erkrankungen, Traumata, schmerzhafte Erlebnisse sowie lange Leidenswege betreffen. Laut einer Umfrage, die unter kinderlosen Männern und Frauen aus Deutschland durchgeführt wurde, waren 42 Prozent der 25- bis 29-jährigen Befragten zum Befragungszeitpunkt ungewollt kinderlos. Unter den 35- bis 39-Jährigen waren es 36 Prozent.[57] Jede zehnte Frau hat außerdem schon mindestens eine Fehlgeburt erlitten – jede siebte Schwangerschaft endet mit einer Fehlgeburt.[58] Stellt man einer Frau, die vielleicht schon seit Jahren vergeblich versucht, schwanger zu werden, oder mehrere Fehlgeburten hinter sich hat, nun permanent die Frage, wieso sie denn ihre biologische Uhr so vehement ignoriere, ist das ziemlich zynisch und kränkend.

Ich erinnere mich noch gut daran, wie mich eine Freundin wutentbrannt nach einem Bewerbungsgespräch anrief, in dem ihr unverhohlen die »kecke« Frage gestellt worden war, wie sie es konkret angehen würde, mit ihrem Arbeitseinsatz das Betriebsrisiko wettzumachen, das mit der Einstellung einer Frau in ihrem Lebensalter einhergehen würde. Das Absurde: Meine Freundin weiß, seit sie Anfang 20 ist, dass sie wohl niemals Kinder bekommen kann, und hat mit dem Thema für sich inzwischen abgeschlossen. Sie klärte nach der Frage allerdings nicht über ihre medizinische Diagnose auf, sondern beendete das Vorstellungsgespräch vorzeitig. »Ganz ehrlich – da will ich nicht arbeiten. Selbst wenn die mir ein Vermögen bezahlen«, meinte sie zu mir, und ihre Stimme zitterte vor Wut. »Versteh ich gut. Und das ist definitiv deren Verlust, nicht deiner«, antwortete ich entsetzt.

Werden Frauen in Bewerbungsgesprächen nach ihrer Familienplanung gefragt, müssen sie nicht antworten, denn derartige Fragen sind unzulässig. Bewerberinnen dürfen daher lügen, wenn sie ihnen – auch indirekt durch die Blume – gestellt werden. Lügen sind sogar dann erlaubt, wenn während des Gesprächs bereits eine Schwangerschaft vorliegen sollte. Ob das wiederum die ideale Ausgangsbasis für den Beginn eines vertrauensvollen Arbeitsverhältnisses darstellt, sei mal dahingestellt. Genauso wie die Frage, ob man ein Unternehmen als Arbeitgeber erstrebenswert findet, dessen Unternehmenskultur solche unzulässigen Rückfragen als vertretbar erachtet.

In § 3 Abs. 1 AGG ist ausdrücklich geregelt, dass eine unterstellte, geplante oder bestehende Schwangerschaft nicht zu Entscheidungen zum Nachteil der Betroffenen führen darf. Geschieht dies dennoch, stellt dies eine verbotene Geschlechtsdiskriminierung dar. Können die Betroffenen diese Benachteiligung im Arbeitsumfeld eindeutig beweisen, ist es ihnen möglich, entsprechend vor dem Arbeitsgericht dagegen vorzugehen. Leider ist der Nachweis in vielen Fällen aber unmöglich. Die Anti-Diskriminierungsstelle des Bundes (ADS) haben seit ihrer Gründung im Jahre 2016 schon über 3 200 Anfragen von Menschen erreicht, die aufgrund ihres Geschlechts mutmaßlich Diskriminierung erfahren haben. Hierbei umfassten 358 Anfragen Benachteiligung aufgrund einer (möglichen) Schwangerschaft. Die betroffenen Frauen gaben an, dass sie schlechtere Chancen auf dem Arbeitsmarkt hatten und Absagen erhielten, da die Unternehmen eine Schwangerschaft befürchteten – selbst wenn die Betroffenen gar keinen Kinderwunsch hatten.[59]

Das zugrunde liegende Problem in dieser Debatte ist aus meiner Sicht dabei gar nicht, dass Frauen irgendwann Kinder bekommen könnten, sondern dass Mütter in der Arbeitswelt überhaupt als potenzielles Risiko angesehen werden. Die oft unter vorgehaltener Hand geäußerte Argumentation von Unternehmen, wieso sie lieber davon absehen, eine Bewerberin im gebärfähigen Alter einzustellen, lautet oft, dass sie keine Frau kostenintensiv einarbeiten möchten, um später mitgeteilt zu bekommen, dass sie bald in Mutterschutz geht und für mehrere Monate oder gar Jahre ausfallen wird. Vielerorts herrscht die stereotypische Annahme vor, dass für Frauen, sobald sie Mütter werden, ihr Beruf bestenfalls zur Nebensache wird. In dem Zuge wird auch oft automatisch davon ausgegangen, dass Frauen nach ihrer Rückkehr aus der Elternzeit nur noch bedingt leistungsfähig, belastbar und flexibel sein werden, da sie sich ab jetzt in erster Linie auf ihre Mutterrolle konzentrieren wollen.

Diese Anschauung diskriminiert nicht nur kinderlose Frauen im gebärfähigen Alter, die keine Kinder bekommen können oder wollen, aber dennoch unter einen pauschalen Gebärverdacht mit daraus resultierenden negativen Konsequenzen geraten. Sie setzt auch jene unter massiven Druck, die gerne Mütter werden würden, ohne einen Karriereknick in Kauf nehmen zu müssen. Frauen gehen aufgrund dieser bestehenden Vorurteile oft davon aus, sich zwischen Kind und Karriere entscheiden zu müssen. In der Abwägung für oder gegen Kinder legen viele beruflich ambitionierte Frauen daher auch das mögliche Aus ihrer Karriere in die Waagschale. In der Folge verzichten einige – trotz bestehendem Kinderwunsch – auf Kinder.

Andere schieben auf der Suche nach dem »besten« und möglichst minimal karriereschädigenden Zeitpunkt ihre Familienplanung immer weiter nach hinten. Apple und Facebook erkannten diesen Trend früh und boten ihren Mitarbeiterinnen schon im Jahr 2014 das vorsorgliche Einfrieren ihrer Eizellen – auch bekannt als Social Freezing – als sogenannte »Fertility Benefits« an.[60] Ursprünglich wurde diese Methode vor allem für Krebspatientinnen angewendet, deren Eizellen durch die Chemotherapie drohten, geschädigt zu werden.[61] Ich habe selbst einige Freundinnen, die ihren Kinderwunsch beziehungsweise ihre Eizellen erstmal auf Eis gelegt haben – trotz langjähriger, stabiler Partnerschaften und auch gesundheitlich idealer Grundvoraussetzungen. Sie alle sind Ende 20 bis Mitte 30. Die einhellige Begründung: Ein Kind gefährdet zum aktuellen Zeitpunkt ihre Karriere zu sehr. Sie wollen sich daher zuerst ein stabileres Fundament im Job schaffen, um den durch das Kind erwarteten Karriereknick möglichst klein zu halten. Die durch Social Freezing gekaufte Zeit hat allerdings ihre Tücken. Denn auch mit Kryokonservierung werden mit höherem Alter Schwangerschaften immer riskanter.[62]

Die Entscheidung meiner Freundinnen mag manchen vielleicht extrem erscheinen, doch ihre Befürchtungen sind leider in vielen Fällen durchaus berechtigt. Die berufliche Benachteiligung von Müttern beginnt nämlich oft schon, bevor ihr Kind überhaupt auf der Welt ist. So melden sich bei der Anti-Diskriminierungsstelle des Bundes immer wieder Frauen, denen nach Bekanntgabe einer Schwangerschaft die bereits schriftlich erfolgte Stellenzusage wieder entzogen werden sollte.[63] Das Forschungsinstitut Prognos befragte für die Studie *Diskriminierungserfahrungen von fürsorgenden Erwerbstätigen im Kontext von Schwangerschaft, Elternzeit und Pflege von Angehörigen* 2500 Eltern und 504 Pflegepersonen. 56 Prozent der befragten Eltern gaben an, mindestens eine diskriminierende Situation während der Schwangerschaft erlebt zu haben. In der Phase sind deutlich mehr Mütter (72 Prozent) als Väter (44 Prozent) betroffen. 26 Prozent der Mütter und 15 Prozent der Väter berichteten auch, dass ihnen Verantwortlichkeiten entzogen, weniger anspruchsvolle Aufgaben zugeteilt oder Aufstiegsmöglichkeiten verhindert wurden.[64] 2019 berichteten rund 1500 *Zeit*-Leserinnen von ihren Diskriminierungserfahrungen im Arbeitsumfeld. Nachstehend findet ihr einige Ausschnitte aus den Zuschriften der Frauen aus unterschiedlichen Branchen, welche über ihre negativen Erlebnisse im Job nach Bekanntgabe ihrer Schwangerschaft berichteten:[65]

»Ich wurde aus einer Besprechung von meinem Chef mit den Worten verwiesen: ›Das geht Sie ja jetzt nichts mehr an, Sie sind ja jetzt schwanger!‹« (Angestellte in der Immobilienbranche, 28 Jahre)

»Als ich meine Schwangerschaft mitteilte, wurde mir salopp gesagt, dass mir ein männlicher Kollege zur Seite gestellt werden könnte, da dieser nicht schwanger ›ausfallen‹ kann. Letztlich kam es dazu nicht, dennoch war die subtile Botschaft klar. Meine männlichen Kollegen in gleicher Funktion haben in dieser Zeit weitere Teammitglieder bekommen und wurden offiziell zum Head-of befördert. Dies wurde mir – trotz vieler beruflicher Erfolge – bisher verwehrt.« (Angestellte in der Tourismusbranche, 32 Jahre)

»In einer Mitarbeiterbesprechung ›witzelte‹ der Geschäftsführer: Der Kollegin mussten wir ihre strategische Stelle aus biologischen Gründen wegnehmen. Er stellte ein Organigramm vor, das mich in Diskrepanz zu meinem Arbeitsvertrag von einer Vorgesetzten von über 150 Mitarbeitern auf eine völlig belanglose Position degradierte. Ich war damals in der 15. Schwangerschaftswoche.« (Leitende Angestellte, 39 Jahre)

»Meine Beförderung stand im Raum, dann hieß es: In deinem Zustand lohnt es sich nicht mehr. Ich war zu diesem Zeitpunkt schwanger.« (Angestellte aus der PR-Branche, 29 Jahre)

»Während meiner Elternzeit wurde eine Gruppenleiterstelle von einem Kollegen mit weniger Berufserfahrung besetzt. Während eines Besuchs teilte mir mein Chef mit: ›Sie haben sich durch Ihre Schwangerschaft ja selbst aus dem Rennen gekegelt.‹« (Angestellte, 34 Jahre)

Ich unterhielt mich mit Swantje Allmers über die Problematik, nachdem ich auf einen spannenden Artikel von ihr zu dem Thema gestoßen war. Swantje begleitet seit über zehn Jahren namhafte Unternehmen bei ihrer Neuausrichtung im Bereich New Work. Davor war sie in unterschiedlichen Corporate-Positionen sowie in der Forschung tätig. 2021 gründete sie gemeinsam mit Michael Trautmann ihre eigene Beratung, die sich dafür einsetzt, New Work konkret und ganzheitlich umzusetzen. Sie ist außerdem Co-Autorin des Buches *On the Way to New Work – Wenn Arbeit zu etwas wird, was Menschen stärkt*. Swantje sprach mir mit dem, was sie sagte, aus der Seele:

»Beim Thema Kinderkriegen verwundert mich insbesondere die offen zur Schau getragene Doppelmoral: Einerseits rieten mir insbesondere männliche Kollegen – natürlich unaufgefordert –, unbedingt Kinder zu kriegen. Andererseits hörte ich sie wenige Tage später über eine Beraterkollegin sagen: ›Seit das Kind da ist, ist sie nicht mehr zu gebrauchen.‹ Einerseits erklärt man(n) mir, dass Mütter natürlich ganz tolle Arbeitnehmerinnen und ›sogar‹ Führungskräfte sein können, andererseits kümmert sich die eigene Frau seit Geburt des ersten Kindes vor elf Jahren um den Haushalt. Einerseits erzählen Kollegen, wie schwer es für ihre Frau sei, nach der Geburt der Kinder wieder beruflich Fuß zu fassen, andererseits sortieren sie junge Mütter, ohne mit der Wimper zu zucken, unter Bewerbungen aus.

Wer das Gefühl hat, bei diesen Beispielen handele es sich um unrühmliche Ausnahmen: Sie passieren dauernd und gehören zu den Erfahrungen, die Frauen prägen und eine Entscheidung beeinflussen, die in höchstem Maße privat sein sollte. Und das ist der zweite Punkt, der mich bei dem Thema irritiert. Warum glauben Menschen so häufig, dass Frauen ihre Familienplanung mit ihnen erörtern möchten? Oder dass sie diesbezüglich nach ihrer Meinung gefragt wären? In sozialen Medien wurde mir mehrfach Egoismus vorgeworfen, da ich mich nicht am Fortbestand unserer Population und des Rentensystems beteilige. Andere gratulierten mir zur Kinderlosigkeit. Ich möchte beides nicht. Darüber hinaus haben mir Menschen erklärt, ich würde ohne Kind nie wissen, was Liebe heißt. Und natürlich auch, dass ich es eines Tages bereuen würde. Ja, vielleicht, vielleicht auch nicht. Der Punkt ist, es geht außer mir und meinem Partner niemanden etwas an.

Kein Kind bekommen zu haben, ist wahrscheinlich das Relevanteste, was ich für meine individuelle Gleichberechtigung tun konnte. Eine bittere Erkenntnis, denn sie zeigt, wie weit wir bei dem Thema hinterherhinken. Als kinderlose Frau lebe ich zwar mit Sätzen wie ›Du musst ja viel Zeit haben, du hast keine Kinder.‹ oder ›Du hast dich also für deine Karriere entschieden.‹. Verglichen mit Freundinnen und Kolleginnen, die Kinder haben, befinde ich mich dennoch in einer privilegierten Situation. Sie werden danach beurteilt, wie schnell sie nach einer Geburt wieder angefangen haben zu arbeiten, oder werden laufend gefragt, wer sich um ihre Kinder kümmere, wenn sie es wagen, ohne aufzutreten. Und es wird ihnen gratuliert, wenn ihr Partner einen Teil der Care-Arbeit übernimmt (warum zur Hölle?!). Schwerer wiegt für sie allerdings die Benachteiligung bei Gehältern, Beförderungen, Positionen mit Reisetätigkeit und wichtigen Projekten. Die selbstverständlich immer anders begründet wird – denn wer will schon als diskriminierend dastehen. Mein Beitrag zu meiner individuellen Gleichberechtigung ist kein echter Beitrag, weil er uns als Gesellschaft nicht weiterbringt. Deshalb setze ich mich für eine diverse und gleichberechtigte Arbeitskultur ein, die wir sowohl gesellschaftlich als auch unternehmerisch dringend brauchen, um zukunftsfähig zu sein. Und die für mich ein Ausdruck von Fairness und Gerechtigkeit ist.«

Die von Swantje angesprochene Doppelmoral stößt auch mir immer wieder sauer auf. Vielleicht erinnert ihr euch noch an die Aussage meines ehemaligen Vorgesetzten, der mir nach meiner Hochzeit pauschal unterstellt hatte, jetzt wohl ohnehin andere Prioritäten und damit nicht mehr meine Karriere im Fokus zu haben. In der Folge belächelte er mich, als ich ihm einen Entwicklungsplan für meinen nächsten Karriereschritt vorlegte. Er führte damals stolz aus, dass seine Frau vor der Geburt der gemeinsamen Kinder auch eine erfolgreiche Führungskraft – mit zu dem damaligen Zeitpunkt mehr Personalverantwortung als er – gewesen sei. »Für meine Frau war aber immer schon glasklar, dass Familie und nicht ihr Beruf im Fokus steht! Ich meine, Kinder brauchen ihre Mutter. Also warte nur ab – sobald Kinder da sind, regeln das die Hormone sowieso. Hat ja die Natur so vorgesehen«, resümierte er in beispielhafter Mansplaining-Manier.

Seine Frau fand übrigens nie wieder in ihren Job zurück. Inzwischen arbeitet sie ein bis zwei Tage in der Woche in einem weit unter ihren Qualifikationen liegenden Aushilfsjob, damit ihr – seiner Aussage nach – »die Decke nicht auf den Kopf fällt«. Mein damaliger Chef hatte damals stellvertretend für mich und meinen Partner nicht nur bereits entschieden, dass nun offensichtlich der richtige Zeitpunkt für Kinder gekommen war. Nein, er hatte auch schon proaktiv beschlossen, die hierfür aus seiner Sicht richtigen Rahmenbedingungen zu schaffen, indem er mich beruflich vorsorglich schon einmal aufs Abstellgleis stellen wollte. Für ihn schien auch das präferierte Lebensmodell eindeutig festzustehen, das ich nach Ankunft des von ihm prophezeiten Kindes auszuwählen hätte – und zwar sein eigenes.

Das Bild der klassischen Familie, wie es auch mein damaliger Chef aus voller Überzeugung lebt, wurde lange nicht infrage gestellt: Es besteht aus Eltern, die verheiratet sind und mit ihren gemeinsamen Kindern in einem gemeinsamen Haushalt leben. Der Vater ist Allein- oder Hauptverdiener und die Mutter arbeitet entweder gar nicht oder verdient nur geringfügig etwas dazu, um sich wiederum primär auf ihre Rolle als Hausfrau, Ehefrau und Mutter fokussieren zu können. Heutzutage gibt es allerdings mannigfaltige weitere Familien- und Lebensmodelle, in denen Menschen – mit oder ohne Kinder sowie mit oder ohne Trauschein – glücklich zusammenleben. Diese sind genauso individuell wie die Menschen selbst. Die Definition von Familie wird immer breiter, bunter und vielfältiger. Dennoch halten viele nach wie vor an der klassischen Rollenverteilung fest – und das sind bei weitem nicht nur Männer. Ich kenne selbst zahlreiche Frauen, die so in ihrer Mutterrolle aufgehen, dass sie sich keine andere Konstellation wünschen. Interessanterweise werden die Mütter, die sich zentral auf Haus, Hof und Familie konzentrieren, allerdings oft ähnlich kritisch beäugt wie jene, die von diesem klassischen Bild abweichen und trotz Kind(ern) an ihrer Karriere festhalten wollen. Von jenen Frauen, die gar keine Kinder haben, mal ganz zu schweigen. Für Frauen ist es damit ein äußerst herausforderndes Unterfangen, bei der Familienfrage nicht in irgendeiner wenig schmeichelhaften Schublade zu landen.

Während viele karrierebewusste Frauen mit ihrem Kinderwunsch hadern, ihn immer weiter aufschieben oder sogar komplett auf Eis legen,[66] nimmt die Überalterung der Gesellschaft in Deutschland fortlaufend zu. Bis 2060 wird ein Zuwachs der älteren Bevölkerungsgruppen um etwa 20 Prozent prognostiziert,[67] während Deutschland bei der Geburtenzahl im europäischen Vergleich auf den hinteren Plätzen liegt. Immer mehr Frauen verzichten hierzulande komplett auf Kinder. Im internationalen Vergleich befindet sich Deutschland mit einer Kinderlosenquote von 21 Prozent am oberen Rand. Höher ist die Anzahl der Kinderlosen nur noch in Japan, wo jede vierte Frau des Jahrgangs 1967 kinderlos geblieben ist.[68] In der Folge wird die Zahl der Menschen im Erwerbsalter in den kommenden Jahren weiter abnehmen – bei zugleich steigender Lebenserwartung der Bevölkerung. Selbst bei einer hohen Nettozuwanderung würde es bis Mitte der 2030er zu einer Abnahme um 1,6 Millionen Personen im erwerbsfähigen Alter kommen – bei niedriger Nettozuwanderung sogar um 4,8 Millionen Personen.[69]

Gravierende Herausforderungen für das staatliche Rentensystem und das Gesundheitswesen, ein immens steigender Pflegebedarf und eine immer weitere Zuspitzung des flächendeckenden Fachkräftemangels in vielen Bereichen sind die Folge. Umso weniger können wir es uns als Gesellschaft weiterhin leisten, dass Frauen, die eigentlich gerne Mütter werden würden, aufgrund ihrer Sorge vor einem beruflichen Abstieg auf Kinder verzichten. Im gleichen Zuge können es sich auch Unternehmen nicht leisten, in Zeiten des sich stetig zuspitzenden Fachkräftemangels qualifizierte Arbeitnehmerinnen zu benachteiligen, weil diese bereits Mütter sind oder irgendwann potenziell werden könnten. Die vorurteilsbehaftete Diskriminierung von Frauen im gebärfähigen Alter mit den daraus resultierenden beruflichen Nachteilen ist damit nicht nur anmaßend, sondern auch schädlich für unsere Wirtschaft und Gesellschaft.

Die Teilzeit-Muttis

Für die meisten Frauen hierzulande geht die Entscheidung, Kinder zu bekommen, mit einer dauerhaften Reduktion ihrer Arbeitszeit einher. Zwei Drittel der deutschen Mütter sind in Teilzeit beschäftigt, während mehr als 90 Prozent der Väter in Vollzeit arbeiten.[70] Die Gründe für diese gravierende Diskrepanz sind vielschichtig:

Stereotypen und Rollenbilder

Nicht zu unterschätzen ist die Macht der gesellschaftlich fest verankerten traditionellen Rollenbilder und der damit in Deutschland bis heute etablierten Norm, dass Mütter die primäre Verantwortung für Kinder tragen. Kindererziehung und Hausarbeit sind in den Köpfen vieler immer noch hauptsächlich Frauensache. Agieren Frauen konträr zu diesem erwarteten Rollenbild, ernten sie daher nicht selten sowohl von ihrem privaten Umfeld als auch im Job verständnisloses Kopfschütteln, skeptische Rückfragen bis hin zu harscher Kritik. Ich erinnere mich noch gut an die Worte eines ehemaligen Arbeitskollegen meines Mannes, der über eine gemeinsame Bekannte, die vier Monate nach der Geburt ihrer Tochter wieder in Vollzeit in ihren Job eingestiegen war, schnippisch sagte: »Ganz ehrlich – wenn meine Frau so eine Rabenmutter wäre, würde ich mich scheiden lassen.« Seine Frau – die seit der Geburt des ersten und einzigen Kindes vor acht Jahren nicht mehr arbeitet – nickte eifrig bei der Bemerkung ihres Mannes und ergänzte: »Wieso kriegt man denn dann auch Kinder, wenn man die gleich abschiebt?«

Mir lag die brennende Frage auf der Zunge, ob sie ihren Mann – der sich damals nach der Geburt des Sohnes exakt zwei Wochen freigenommen hatte und auch sonst in der Erziehung eher eine vernachlässigbare Nebenrolle spielte – auch als Rabenvater bezeichnen würde. Mit einem Blick auf meinen eigenen Mann, der mich nun zunehmend panisch ansah, schluckte ich die Frage der Harmonie halber aber lieber runter und wechselte das Thema.

Mütter, die nicht dem klassischen Rollenbild entsprechen, müssen allerdings nicht nur mit abfälligen Kommentaren, sondern auch mit beruflichen Nachteilen rechnen. So zeigte eine Studie des Wissenschaftszentrums Berlin für Sozialforschung auf, dass Mütter mit lediglich zwei Monaten Elternzeit im Lebenslauf deutlich seltener zum Vorstellungsgespräch eingeladen werden als Frauen, die zwölf Monate Elternzeit in Anspruch genommen hatten. Bei den Vätern hingegen fiel im Rahmen der Studie die Dauer der Elternzeit nicht ins Gewicht.[71]

Die überwiegende Mehrheit der Paare in Deutschland entspricht schon unmittelbar nachdem sie Eltern geworden sind, dem traditionellen Rollenmodell. Zwar ist die gesetzliche Grundlage für das Elterngeld geschlechtsneutral formuliert und lässt damit offen, wie sich Elternteile die Bezugsmonate aufteilen, doch während von den anspruchsberechtigten Müttern über 98 Prozent Elterngeld beziehen,[72] sind es unter den Vätern wesentlich weniger. Im Jahr 2007 bezogen 20 Prozent der Väter Elterngeld,[73] im Jahre 2019 waren es mit 43 Prozent immerhin schon doppelt so viele. Trotz dieser Zuwächse liegt die Bezugsdauer im gleichen Zeitraum stabil bei rund 3,3 Monaten – von denen drei Viertel der Männer nur zwei Monate nutzen, die sie zeitgleich mit der Elternzeit ihrer Partnerin einplanen.[74] Die meisten Männer haben somit während ihrer eigenen Elternzeit die Partnerin als Unterstützung daheim und kommen damit nicht in den Genuss, eigenständig füttern, wickeln, putzen, kochen und waschen zu müssen. Mütter nehmen hingegen in der Regel mehr als zehn Monate Elternzeit, während der sie überwiegend auf sich allein gestellt sind. Zudem leisten sie auch über die Elternzeit hinaus weiterhin den Hauptanteil der Kinderbetreuung und Hausarbeit.[75]

Finanzielle Aspekte

Auch der finanzielle Faktor spielt für Paare eine entscheidende Rolle bei der Frage, wer beruflich zugunsten der Kinder kürzertreten soll. Der bisherige Lebensstandard soll sich schließlich auch mit Kindern keinesfalls verschlechtern, und auch die Raten für das Eigenheim zahlen sich nicht von selbst ab. Da bis heute Männer in der Regel besser verdienen als Frauen, liegt die Entscheidung für viele Paare nahe, dass es die Mutter sein wird, die nach der Geburt des ersten Kindes die längere Elternzeit nimmt und auch nach ihrer Rückkehr in den Beruf ihre Arbeitszeit zugunsten der Familienarbeit reduziert. Bei der Geburt weiterer Kinder fällt die Wahl dann fast automatisch auf die Mutter, da diese aufgrund der vorangegangenen Elternzeit und Teilzeitarbeit in der Regel nun eine sogar noch größere Gehaltslücke zu ihrem Partner aufweist als vor dem ersten Kind. Dass Frauen aus statistischer Sicht signifikant weniger verdienen als Männer, liegt neben dem hohen Frauenanteil in Teilzeit unter anderem daran, dass sie häufiger in systemrelevanten Berufen wie beispielsweise in der Gesundheitsbranche, Pflege, Grundversorgung oder Bildung arbeiten, die durchschnittlich deutlich schlechter bezahlt werden als andere – klassisch männlich dominierte – Branchen.[76] Zudem ist statistisch belegt, dass Frauen auch bei gleicher Qualifikation immer noch 7 Prozent weniger verdienen als Männer in gleichen Positionen.[77]

Institutionelle Fehlanreize

Die Entscheidung von Müttern, aufgrund der Kindererziehung auch langfristig beruflich kürzerzutreten und ihre Arbeitszeit zu reduzieren, wird durch institutionelle steuerpolitische Anreize entsprechend gefördert. So bieten die Aufteilung in Lohnsteuerklassen, Minijobs und insbesondere das Ehegattensplitting einen starken Anreiz für Frauen, einer Teilzeittätigkeit nachzugehen. Beim sogenannten Splittingverfahren werden das Einkommen beider Eheleute in einen Topf geworfen und dann zu gleichen Teilen von beiden versteuert. Hierbei ist die Steuerersparnis umso höher, je größer der Einkommensunterschied zwischen den Eheleuten und je höher das zu versteuernde Einkommen insgesamt ist. Die Konsequenz: Sobald Paare in etwa gleich viel verdienen, bleibt auch der Splittingvorteil aus. Für viele Ehefrauen, die in der hierfür klassischen Steuerklassenkombination III/V die schlechtere Steuerklasse V mit besonders hohen Abzügen wählen, lohnt es sich in diesem Modell gar nicht, ihre Arbeitszeit zu erhöhen und mehr zu verdienen, weil dadurch der Steuervorteil als Ehepaar sinken würde. Studien zeigen, dass das Ehegattensplitting die Arbeitszeit von Frauen in Deutschland um 280 Stunden im Jahr – also fast 20 Prozent – reduziert.[78] Ferner reduziert die Lohnsteuerklasse V auch den Anspruch auf Lohnersatzleistungen erheblich.[79]

Seit 2010 haben Ehepaare auch die Möglichkeit, die Steuerklassenkombination IV/IV mit Faktor zu wählen. Diese ermöglicht eine gerechtere Aufteilung der Lohnsteuer für die geringer verdienende Person, da diese durch die monatliche Berücksichtigung des persönlichen Faktors der unterjährig jeweils zustehenden Steuerentlastungen auch bereits unterjährig mehr netto als in der Kombination aus III und V zur Verfügung hat. Allerdings wird das Faktorverfahren bisher von wenigen lohnsteuerpflichtigen Ehepaaren genutzt. Dies könnte daran liegen, dass es weitgehend unbekannt und aufgrund des aufwändigen Antragsverfahrens unattraktiv ist. Das Verfahren muss ferner alle zwei Jahre erneuert werden, wobei beide Eheleute Angaben zu ihrem voraussichtlichen Jahreslohn und ihren Versorgungsbezügen und Renten-, Kranken- und Pflegeversicherung machen müssen. Im Falle von wechselnden oder unstetigen Beschäftigungen sind diese Angaben nur schwierig umsetzbar, was zu einer Überforderung und Abschreckung vieler Steuerpflichtiger führt. Das Splittingverfahren benachteiligt nicht nur Paare mit einem geringen Einkommensunterschied, sondern auch Alleinerziehende und unverheiratete Paare.[80]

Betriebliche Faktoren

Auch Betriebe, die keine familienfreundlichen Arbeitsbedingungen bieten, stellen eine große Herausforderung für Eltern dar. In einer Studie mit mehr als 1000 Müttern und Vätern in Deutschland gaben mehr als die Hälfte der Befragten an, dass ihr Arbeitgeber nicht familienfreundlich sei und entsprechende Maßnahmen zur Vereinbarkeit von Beruf und Familie nur unzureichend gelebt werden.[81] So sind fehlende Flexibilität im Arbeitsumfeld wie starre Arbeitszeiten oder das kompromisslose Pochen auf eine Präsenzkultur weitere mögliche Gründe, wieso sich Mütter eher für eine Beschäftigung in Teilzeit entscheiden. Flexible Arbeitszeiten auf Vertrauensbasis oder Gleitzeitmodelle, Home-Office-Optionen sowie betriebliche Kinderbetreuungsplätze können hier Abhilfe schaffen. Einige dieser Modelle sind für viele Berufsgruppen nicht realisierbar, weshalb für diese Bereiche andere Lösungsansätze – etwa die Erhöhung der Attraktivität einer längeren Elternzeit für Väter – gefunden werden müssen. In jedem Fall nutzen aber auch die besten theoretischen

Vereinbarkeitsangebote in der Praxis wenig, wenn die Kultur eines Unternehmens nicht familienfreundlich ist und Angebote zwar vorhanden, aber nicht gern gesehen sind und daher kaum gelebt werden.

Betreuungssituation

Ein weiterer wichtiger Aspekt, der Frauen oft von einer Vollzeittätigkeit abhält, ist die Kinderbetreuungssituation in Deutschland. Laut dem Statistischen Bundesamt liegt die Betreuungsquote der unter Dreijährigen bundesweit bei knapp über einem Drittel und steigt nur langsam.[82] Das liegt auch daran, dass trotz des bestehenden Rechtsanspruchs bundesweit im Jahr 2023 rund 384 000 Kita-Plätze fehlen.[83] Insbesondere in Westdeutschland kann der Betreuungsbedarf von Eltern für ihre Kinder noch nicht gedeckt werden. Das Problem wird verschärft, da es zusätzlich an einer kindgerechten Personalausstattung mangelt. Um den Betreuungsbedarf zu decken, wäre es notwendig, zusätzlich weitere 93 000 Fachkräfte im Westen und 4 900 im Osten einzustellen. Die Konsequenz ist, dass Eltern die Betreuung oft selbst organisieren müssen – in der Regel wieder zu beruflichen Lasten der Mütter, denen auf diese Weise oft keine Erwerbstätigkeit – schon gar nicht in Vollzeit – möglich ist. Und selbst wer zu den Glücklichen gehört und einen Betreuungsplatz hat, kann sich in Zeiten des Kita-Notstands nicht immer darauf verlassen.[84] Flexible private Kinderbetreuungsalternativen wie eine Nanny können sich viele junge Familien nicht leisten.

Alleinerziehende

In Deutschland leben 18 Prozent der minderjährigen Kinder mit einem Elternteil im Haushalt. In neun von zehn Fällen ist dies die Mutter. In der Zeit von 1996 bis 2021 stieg die Anzahl der Alleinerziehenden von 1,3 Millionen auf knapp 1,5 Millionen an. Zwar würde die Mehrzahl dieser Elternteile den Lebensunterhalt gern selbst erwirtschaften, doch 34 Prozent aller Haushalte von Alleinerziehenden mit minderjährigen Kindern sind auf staatliche Leistungen angewiesen und armutsgefährdet.[85] Erhalten Alleinerziehende keine oder nur wenig Unterstützung durch den anderen Elternteil, ist die Vereinbarkeit von Familie und Beruf für sie besonders schwierig. Für Alleinerziehende fallen die zuvor skizzierten Herausforderungen besonders schwer ins Gewicht, da sie auf bedarfsgerechte Kinderbetreuungsangebote und ein familienfreundliches Arbeitsumfeld noch stärker angewiesen sind. Eine Tätigkeit in Vollzeit liegt damit meist in weiter Ferne.

Die beschriebenen Herausforderungen spielen eine entscheidende Rolle für die hohe Zahl der in Teilzeit beschäftigten Mütter in Deutschland. Eine Studie des Deutschen Instituts für Wirtschaftsforschung (DIW) aus dem Jahr 2018 ergab, dass fast die Hälfte der befragten Mütter in Deutschland gerne Vollzeit arbeiten würden, aber aufgrund der fehlenden Kinderbetreuungsmöglichkeiten und der unflexiblen Arbeitsbedingungen gezwungen sind, in Teilzeit zu arbeiten.[86] Die hohe Teilzeitquote und die daraus resultierenden niedrigeren Gehälter von Frauen haben wiederum einen erheblichen Einfluss auf die klaffende Entgeltlücke zwischen den Geschlechtern, die zuletzt bei 18 Prozent lag.[87] Das laufende Gehalt der in Teilzeit beschäftigten Frauen fällt allerdings nicht nur aufgrund der reduzierten Arbeitsstunden geringer aus. Das Forschungsinstitut DIW stellte einen sogenannten Part-Time-Wage-Gap fest: Frauen in Teilzeit verdienen bei gleicher Tätigkeit über 17 Prozent pro Stunde weniger als Frauen in Vollzeit.[88] Dies führt hochgerechnet auf 30 Jahre zu hohen Vermögensschäden von etwa 480 000 Euro.

Teilzeit bedeutet außerdem häufig auch finanzielle Abhängigkeit: Viele Frauen verlassen sich finanziell blind auf ihren Partner. Zerbricht ihre Beziehung womöglich irgendwann – was bei einer Scheidungsquote von rund 40 Prozent[89] nicht unwahrscheinlich ist –, stehen sie damit häufig vor großen finanziellen Problemen. Studien wie der Abschlussbericht des Instituts für Finanzdienstleistungen stellten fest, dass wesentliche Gründe für Überschuldung und Armutsgefährdung von Frauen Trennung, Scheidung oder Tod des Partners sind.[90] Frauen in Teilzeit zahlen außerdem auch weitaus weniger in die gesetzliche Rentenkasse ein – mit erheblichen Folgen im Alter. Die Rentenlücke zwischen den Geschlechtern – der sogenannte Gender-Pension-Gap – liegt hierzulande bei 60 Prozent und spiegelt damit sehr deutlich die unterschiedlichen Erwerbsbiografien von Männern und Frauen wider.[91] Vor allem lange Auszeiten und Teilzeitarbeit von Müttern sind hierbei ausschlaggebend.[92] Frauen sind damit auch häufiger von Altersarmut betroffen.[93] Finanziell ausschließlich auf den Partner zu setzen und ihn als alleinige Altersvorsorge zu betrachten, ist damit nüchtern betrachtet ein sehr riskantes Unterfangen.

Von meinen Freundinnen, die aufgrund ihrer Kinder in Teilzeit arbeiten, berichten mir einige immer wieder, dass sie von ihrem Umfeld oft dafür beneidet werden, aufgrund der Reduktion ihrer wöchentlichen Arbeitszeit vermeintlich viel mehr Zeit für sich zu haben. Unterschlagen wird hierbei allerdings, dass Teilzeit häufig eine große Doppelbelastung für Frauen darstellt. Viele wollen während ihres Arbeitstages in Teilzeit jene Leistung bringen, die sie zuvor in Vollzeit erbracht haben. Ist der Arbeitstag beendet, geht die Familienarbeit daheim zudem nahtlos weiter. Und das völlig unbezahlt. Aus dem Teilzeitjob wird damit ein zehrender und oft physisch sowie psychisch erschöpfender 24/7-Job, der aus monetärer Sicht ziemlich undankbar ist. Knapp ein Drittel der Teilzeitkräfte fühlt sich laut einer Studie des Regionalportals meinestadt.de durch ihre Arbeitssituation »ziemlich belastet«, weitere knapp 7 Prozent sogar »sehr belastet«. Mehr als die Hälfte fühlen sich psychisch belastet, während rund 40 Prozent über Termindruck und Zeitmangel und ein gutes Drittel über Mehrarbeit und Überstunden klagen.[94] »Zeit für sich« ist bei den meisten Müttern, die in Teilzeit arbeiten, also absolute Mangelware. Teilzeit geht für Frauen ferner auch häufig mit negativen Konsequenzen im Beruf einher – nicht umsonst wird in dem Kontext von einer »Teilzeitfalle« gesprochen. Bei Müttern in Teilzeit wird häufig automatisch assoziiert, dass sie Kind statt Karriere gewählt haben. In der Folge wird ihnen oft unterstellt, dass sie weniger ambitioniert, flexibel und leistungsfähig seien und für relevante Projekte und Positionen nicht die Eignung und notwendigen Rahmenbedingungen mitbrächten.[95] Teilzeitkräfte werden ferner auch bei betrieblichen Weiterbildungen gegenüber Vollzeitkräften benachteiligt.[96]

Jedes Mal, wenn ich die klassischen Vorurteile über Mütter in Teilzeit höre, bin ich irritiert. Geht man etwa der Ursache auf den Grund, wieso der Eindruck einer vermeintlichen Inflexibilität entstanden ist, fallen oft Aussagen wie: »Die schafft es nicht mal in wichtige Regeltermine!« Auf nähere Rückfrage wird dann allerdings meist schnell deutlich, dass diese Regeltermine außerhalb der festen Arbeitszeit der Frau liegen und scheinbar nicht auf eine andere Uhrzeit verschoben werden können oder wollen. Und genau das ist die Krux: Mitarbeiterinnen, die in Teilzeit arbeiten, begegnet häufig die gleiche Erwartungshaltung, die an Vollzeitbeschäftigte gestellt wird – bei zugleich reduziertem Gehalt. Kann dieser – nachvollziehbarerweise – nicht entsprochen werden, fühlen sich viele in ihren Vorurteilen bestätigt. Ein klassischer Confirmation Bias tritt ein. Damit wird Müttern in Teilzeit oft jene Flexibilität abgesprochen, die vielmehr bei ihren Arbeitgebern fehlt. Die bestehenden Vorurteile kann ich auch aus meiner eigenen Erfahrung nicht bestätigen. Bei nahezu allen Müttern, die bisher in Teilzeit in meinem Team arbeiteten, stellte ich viel eher eine andere Gemeinsamkeit fest: Ihre hohe Effizienz sowie ihr beeindruckendes Zeitmanagement. Und vielleicht auch, dass sie sich auffallend weniger Zeit für Kaffeepausen nahmen.

Es ist unerlässlich, dass Arbeitgeber Mütter, die gerne in Teilzeit arbeiten wollen, ernst nehmen und fördern, statt ihr Potenzial zu vergeuden, indem sie sie unter ihren Qualifikationen einsetzen und auf das berufliche Abstellgleis stellen. Um die Chancen von Müttern zu verbessern, auch in Teilzeit verantwortungsvolle Positionen zu besetzen, sind moderne Arbeitszeitmodelle wie Job-Sharing empfehlenswert. Dabei handelt es sich um ein Modell, bei dem sich Mitarbeiterinnen und Mitarbeiter eine Vollzeitstelle teilen. Job-Sharing ist beispielsweise im Rahmen von einem Co-Leadership-Modell denkbar, in dem zwei Teilzeitkräfte gemeinsam eine Führungsrolle besetzen. Neben einem gezielten Abbau von Vorurteilen gegenüber Müttern in Teilzeit sind für den Erfolg solcher Modelle eine familienfreundliche Arbeitskultur sowie flexible Arbeitszeit- und Arbeitsortregelungen ausschlaggebend. Im gleichen Zuge sind allerdings auch umfassende strukturelle Veränderungen notwendig, damit Frauen, die gerne Vollzeit arbeiten möchten, nicht aufgrund systemischer Barrieren daran gehindert werden.

»Die vergleichsweise geringe Erwerbstätigkeit von Frauen ist auch wirtschaftlich das größte ungehobene Potenzial unserer Gesellschaft«, fasste Prof. Marcel Fratzscher, der Präsident des DIW Berlin, einst schon treffend zusammen und führte weiter aus: »Dabei geht es nicht darum, Frauen, die wirklich freiwillig wenig oder gar nicht arbeiten, zur Arbeit zu zwingen. Es geht darum, staatliche Hürden wie eine unzureichende Bildungsinfrastruktur, ein verzerrtes Steuersystem und eine immer noch weitverbreitete Diskriminierung im Arbeitsmarkt abzubauen. Ein Mentalitätswandel unserer Gesellschaft und eine aktivere Politik gegen Diskriminierung und für die Gleichstellung von Frauen wären nicht nur ein wirtschaftlicher Erfolgsfaktor. Sie wären auch ein Garant für die Nachhaltigkeit der uns lieb gewonnenen sozialen Sicherungssysteme, allen voran der gesetzlichen Rente.«[97]

Die skandinavischen Länder machen vor, wie groß die Auswirkungen von progressiven Elternzeitregeln, subventionierten Kitaplätzen und familienfreundlichen Arbeitgebern sein können. Laut einer OECD-Studie konnten Dänemark, Schweden, Norwegen, Finnland und Island die Beschäftigungsquote von Frauen in den vergangenen Jahren von einem ohnehin bereits hohen Niveau noch um 20 bis 25 Prozentpunkte steigern. In Schweden und Island arbeiten fast beziehungsweise mehr als 80 Prozent der Frauen, während es im OECD-Schnitt nur 60 Prozent sind. Nordische Länder unterstützen Familien mit Kindern durchgehend mit einer großzügigen Elternzeit, einer ausreichenden Zahl subventionierter Kitaplätze und Nachmittagsbetreuung für Schulkinder sowie mehrmonatigem Erziehungsurlaub nur für Väter. Die Gleichstellung von Frauen und Männern ist damit tief im Sozialmodell verankert.[98] Möchte man auch für Mütter in Deutschland bessere Karrierebedingungen schaffen, sind damit weitere familienpolitische Anreize und strukturelle Veränderungen – wie etwa die Abschaffung des Ehegattensplittings, höhere Einkommensersatzleistungen bei paritätischer Verteilung der Elterngeldmonate oder der Ausbau bezahlbarer Kinderbetreuungsplätze – unabdingbar.

Die Rabenmütter

Vor einiger Zeit saß ich abends mit meiner Freundin Doreen zusammen in einer Bar. Doreen ist Anfang 40, in der ehemaligen DDR geboren und hat zwei – wie ich finde – entzückende Töchter. Außerdem ist Doreen Personalleiterin in einem renommierten, männlich dominierten Unternehmen und arbeitet sehr viel und sehr gerne. An diesem Abend trank Doreen Weißweinschorle, während meine Aufmerksamkeit weniger meinem Getränk als den äußerst kreativen Bar-Snacks galt. Wenig später sollten mir meine Wasabi-Erdnüsse allerdings fast im Hals stecken bleiben. Doreen erzählte mir zunächst von ihrem jüngsten Elternfrühstück im Kindergarten. Als Start für das Frühstück war 8:30 Uhr angesetzt. Doreen hatte sich extra zwei Stunden Zeit eingeplant bis 10:30 Uhr. »Ich dachte, da bin ich heute die Supermama, die zwei Stunden bleibt«, sagte Doreen schulterzuckend. »Total. Finde ich klasse, dass du dir das freigeschaufelt hast. Ist ja bei deinem aktuellen Arbeitspensum echt nicht einfach«, stimmte ich ihr zu.

»Denkste! Ich war die Erste, die gegangen ist, und meine Tochter musste dann ohne Eltern dableiben. Das Frühstück war Open End angesetzt. Das hat mir fast das Herz gebrochen, ihren traurigen Blick zu sehen. So etwas versteh' ich halt nicht. Wieso schaffen es unser Staat und unsere Gesellschaft denn nicht, Rahmenbedingungen dafür zu schaffen, dass sich Eltern nicht ständig zerreißen müssen und am Ende trotzdem ein schlechtes Gewissen haben? Das geht alles auf Kosten der Kraft der Eltern, und da kann ich es verstehen, wenn viele junge Menschen sagen, dass sie keine Kinder wollen.« Ich musste schlucken. Ich konnte mir den Blick von Doreens Tochter bildlich vorstellen, und alleine mir zerriss es bei dem Gedanken schon das Herz. Ich konnte mir gut ausmalen, wie es Doreen an dem Tag ergangen sein muss.

»In welchen Situationen hast du denn sonst noch das Gefühl, deinen Kindern als voll berufstätige Mama nicht gerecht zu werden?«, wollte ich wissen. »Es geht ja schon bei den Kita-Öffnungszeiten los. Die lassen es oft nicht zu, dass du Vollzeit arbeitest. In der Regel schneiden sie mittlerweile bei uns eine Stunde hinten weg, da sie nicht genug Personal haben. Außerdem bist du dann wieder die Rabenmutter, wenn du dein Kind nicht bis 15 Uhr abgeholt hast. Außerdem dieses ständige Einfordern von der Schule oder Kita, dass die Eltern irgendwas machen. Zum Beispiel eben dieses Kindergartenfrühstück, Bücherflohmärkte, Wandertagsbegleitung, Vorlesetag. Das sind ja alles tolle Sachen, aber das setzt berufstätige Eltern auch massiv unter Druck, weil sie diese Dinge nur selten mitmachen können.« Danach holte Doreen aus und erzählte mir, wann ihr das erste Mal schon Diskriminierung als Mutter begegnet ist, weil sie trotz Kinder unverändert an ihrer Karriere festhalten wollte.

»Als ich mit meinem ersten Kind schwanger war und kommuniziert hatte, dass ich acht Monate Elternzeit nehmen will, sagte mein Chef ganz freundlich, aber wie selbstverständlich: ›Doreen, schau erst mal, wie du mit den acht Monaten Elternzeit zurechtkommst. Vielleicht willst du ja auch verlängern. Noch bist du keine Mama, wenn die Kleine erstmal da ist, kannst du dich nicht trennen.‹

Anna, ich sag dir. Ich konnte mit dieser Aussage überhaupt nichts anfangen. Ich war in keiner Weise so sozialisiert, dass ich mein ganzes Leben ab sofort nur der Familie widme. Meine persönliche Erfüllung, Wertschätzung und Anerkennung ziehe ich mir zu großen Teilen aus dem Arbeitsleben. Für mich war das wie ein Schlag ins Gesicht von dem Arbeitgeber, dem ich so viel gegeben hatte und der auch mir viel bedeutete. Meine Antwort war, dass sich mein Chef darum keine Sorgen zu machen bräuchte. Ich könnte mich schließlich sehr gut selbst organisieren. Im Nachgang betrachtet und mit mehr Lebenserfahrung weiß ich, dass es mein Chef gar nicht böse gemeint hat. Er konnte auch nichts dafür, da die Gesellschaft ihn so geprägt hat, dass er solche Aussagen völlig selbstverständlich tätigt.

Es ging dann allerdings noch weiter. Als ich nach acht Monaten Elternzeit zurückkommen wollte, habe ich circa zwei Monate vor meinem Wiedereinstieg mit meinem Chef telefoniert, und da sagt er doch allen Ernstes, dass es mir aufgrund des Kindes ja sicher nicht mehr möglich ist, so oft auf Dienstreise zu gehen. Er hätte sich überlegt, dass ich mehr administrative Aufgaben bekomme und damit mehr im Office sein kann. Da sagte ich zu ihm, dass es ja nett wäre, dass er sich solche Gedanken um mich macht, aber ich meinen Job uneingeschränkt wieder antreten werde. Was ich sagen will, ist, dass ich richtig darum kämpfen musste, meinen Status und meine erarbeitete Ebene nicht zu verlieren. Das Ende vom Lied war, dass mich ein Headhunter für eine bessere Position mit mehr Entgelt angesprochen hat und ich nach meiner Elternzeit dorthin gegangen bin.

Schließlich wurde ich das zweite Mal schwanger. Auch hier hatte ich bis zum letzten Tag gearbeitet – 50 Stunden die Woche mindestens. Der Plan für die Elternzeit war folgender: Wenn mein Baby drei Monate alt ist, komme ich wieder zur Arbeit. Mein Mann und ich wollten ab diesem Zeitpunkt beide in Elternteilzeit arbeiten. Ich wäre drei Tage je zehn Stunden ins Büro gegangen und mein Mann zwei Tage. Also der absolute Belastungswahnsinn für ihn und mich, weil von vornherein klar war, dass wir beide keine Nacht durchschlafen können, wenn man ein drei Monate altes Baby hat. Aber wir hätten das durchgezogen, und unsere Arbeitgeber hatten auch schon alles genehmigt. Jedenfalls lud mich dann mein Chef eine Woche vor meinem Wiedereinstieg ins Büro zum Smalltalk ein, was ich zunächst als sehr nette Geste empfand. So nett war sie dann aber leider im Nachgang doch nicht: Nachdem er mir eine Stunde lang erzählt hatte, was sich alles während meiner Abwesenheit verändert hatte, fragte er mich mehrfach, ob ich wirklich jetzt schon in der Lage wäre zurückzukommen.

Ich stand völlig auf dem Schlauch und sagte, dass ich natürlich den folgenden Monat wieder am Start sein würde und dass er sich nicht seinen Kopf zerbrechen müsse. Dann wurde er deutlicher und sagte, dass sie beschlossen hätten, dass ich das Unternehmen verlassen soll, da ich den Job mit zwei Kindern nicht erfüllen kann. Ich sag dir, ich war wieder so was von vor den Kopf gestoßen. Ich habe ihm dann nur noch gesagt, dass, wenn er das so sieht, er von meinem Anwalt hört. Ab da an lief alles über die Anwälte. Aber das war ein richtiger Schock für mich, dass mich jemand wegen meiner Kinder rausschmeißt. Ich glaube, er denkt bis heute, dass er mir damit einen Gefallen getan hat. Der Haken ist nur, dass ich ihn nicht darum gebeten habe, die Entscheidung für mich zu treffen. Ich war so perplex nach dem Termin und habe mich ins Auto gesetzt und habe erstmal meinen Mann angerufen. Ich sagte zu ihm: ›Du, ich glaube, dass ich gerade rausgeschmissen wurde.‹ Es war wie ein surrealer Film, der ablief.«

Doreen ist leider nicht die erste und wird auch nicht die letzte Mutter sein, die derartige Diskriminierungserfahrungen im Arbeitsleben durchmachen muss. Sie ist außerdem eine von vielen Frauen, die den Stempel der karrieristischen Rabenmutter aufgedrückt bekommen, weil sie trotz Kindern mit hohem Zeiteinsatz ihrem Job nachgehen.

Den Begriff der Rabenmutter gibt es übrigens schon seit dem 16. Jahrhundert. Diese wenig schmeichelhafte Umschreibung für vermeintlich lieblose und kaltherzige Mütter, die ihre Kinder vernachlässigen, haben wir wahrscheinlich Martin Luther zu verdanken, der eine Bibelstelle des Alten Testaments falsch interpretierte und übersetzte.[99] Auch einige Jahrhunderte später hat die Metapher kaum an Bedeutung verloren. Heutzutage wird der Begriff vor allem für beruflich ambitionierte Frauen verwendet, die ihre Karriere vermeintlich vor die Bedürfnisse ihrer Kinder stellen. Zugleich wird ihnen spannendenderweise im gleichen Atemzug allerdings auch oft abgesprochen, als Mütter überhaupt in der Lage zu sein, einen verantwortungsvollen Posten zu übernehmen.

Prominente öffentliche Beispiele für dieses Phänomen gibt es zur Genüge. So wurde im Zusammenhang mit der von Annalena Baerbock angestrebten Kanzlerinnenschaft 2021 immer wieder die Frage in den Raum gestellt, ob sie als zweifache Mutter dem höchsten politischen Amt in Deutschland überhaupt gewachsen sein kann. Baerbock kam somit in einen starken Rechtfertigungsdruck, wie sie die Familienarbeit im Wahlkampf und im Falle einer Kanzlerschaft organisieren würde. *Bild am Sonntag* wollte von ihr etwa zum Einstieg eines Gesprächs wissen: »Sie und Ihr Mann sind Eltern von zwei Töchtern (5 und 9). Wie organisieren Sie im Kanzler-Wahlkampf und danach Ihr Leben?«[100] In der Konsequenz klärte Baerbock in den Medien wiederholt darüber auf, dass ihr Mann die volle Verantwortung für die gemeinsamen Kinder übernehme.[101]

Ich weiß nicht, wie es euch geht, aber ich stelle es mir ziemlich absurd vor, diese Frage einem männlichen Kanzlerkandidaten zu stellen. Oder habt ihr jemals mitbekommen, dass Helmut Kohl, der ebenso zweifacher Vater von Kindern im Teenageralter war, gefragt wurde, wie er gedenkt, die Familienarbeit während seiner Amtszeit zu organisieren? Auch bei Gerhard Schröder, der zwar keine leiblichen Kinder hatte, aber Stiefvater war und sogar ein Mädchen während seiner Kanzlerschaft adoptierte, stand nie die Frage im Raum, wie er die Familienarbeit trotz seiner Kanzlerschaft denn unter einen Hut bekommen will.

Die Kommunikationsberatung Hering Schuppener hat in der Studie *Die Ausnahme, die Rabenmutter, die Kämpferin* 850 Artikel großer deutscher Tageszeitungen und Wirtschaftsmagazine auf ihre Darstellung von weiblichen und männlichen Führungskräften untersucht. Die Studie offenbarte eklatante Unterschiede in der Berichterstattung zwischen weiblichen Führungskräften und ihren männlichen Kollegen in deutschen Medien. So wird etwa bei Frauen das Privatleben durchschnittlich doppelt so häufig wie bei Männern diskutiert. Auch die Beleuchtung des Familienlebens von Frauen in Führungspositionen nimmt rund 2,5-mal so viel Raum ein wie bei Männern. Frauen werden in der Konsequenz immer wieder mit den gleichen Fragen konfrontiert, die eng mit klassischen Rollenvorstellungen zusammenhängen. Die Fragen haben häufig ferner einen wertenden Beigeschmack: So wird beruflich erfolgreichen Frauen oft implizit unterstellt, Rabenmütter zu sein, indem sie gefragt werden, wie viel Zeit sie überhaupt noch für ihre Kinder haben können.[102]

Yaël Meier von Zeam sagte mir, dass sie oft danach gefragt wird, wie sie es schafft, Unternehmerin und Mutter zu sein und beides unter einen Hut zu bringen. »Während ich die Frage von Frau zu Frau verstehe, ist mir etwas schleierhaft: Wieso wird sie meinem Mitgründer und Lebenspartner nie gestellt? Bereits als wir unser Familienglück verkündet hatten, wurde nur ich gefragt, ob ich jetzt meine Karriere an den Nagel hängen würde. Denn bis heute leben wir in einer Gesellschaft, die in Karrierefrauen entweder eine schlechte Mutter oder eine schlechte Chefin sieht«, resümierte Yaël. Eine europaweite Studie im Auftrag der Konrad-Adenauer-Stiftung bestätigt dieses Bild. Mehr als die Hälfte der Befragten in Westdeutschland stimmten der Aussage zu: »Ein Kind wird wahrscheinlich darunter leiden, wenn die Mutter berufstätig ist.« In Dänemark waren es hingegen deutlich weniger als 10 Prozent der Befragten.[103] Dagegen stellten Forscher der Universität Harvard in einer internationalen Studie schon vor einigen Jahren fest, dass Kinder keineswegs leiden, wenn ihre Mütter arbeiten. Im Gegenteil: Besonders Töchter von erwerbstätigen Müttern sind später erfolgreicher im Beruf und verdienen besser als ihre Kolleginnen, deren Mütter nicht gearbeitet hatten. Zudem trauen sie sich auch eine Führungsposition eher zu und sind tendenziell ehrgeiziger und mutiger. [104]

Oft denken Menschen auch, Mütter proaktiv vor einem Rabenmutter-Dasein bewahren zu müssen. Etwa, indem sie – wie in Doreens Fall – bestehende Verantwortungsbereiche wegnehmen wollen oder auch indem sie Müttern Tätigkeiten gar nicht erst zutrauen. Ich sprach hierzu mit Laura Lewandowski, Gründerin von Smart Chiefs und der YouTube-Show Meet Your Mentor. Laura wurde unter die Top-30-unter-30-Journalistinnen gewählt, mit dem Digital Female Leader Award ausgezeichnet, gehört zu den LinkedIn Top Voices – und ist Mutter einer kleinen Tochter. Laura erzählte mir:

»Mich erreichte mal eine Mail mit der Anfrage für eine Moderation. Ich sei die absolute Wunschbesetzung für dieses Event. Es gebe keine andere Person, die so gut dazu passen würde, und wenn nur irgendwie möglich, würden sie sich wahnsinnig freuen, wenn ich dabei wäre. Was der Absender da noch nicht wusste: Ich hatte drei Wochen zuvor unsere kleine Tochter zur Welt gebracht. Das Event, von dem die Rede war, fand allerdings erst im Mai statt. Dementsprechend wäre mein Kind da schon drei Monate alt gewesen.

Ich gab keine sofortige Zusage, wollte erst mal in mich gehen, ob ich mir das zutraue, mit meiner Mutter sprechen, ob sie mich begleitet. Nach einigen Tagen kam ich zu dem Entschluss, ich bekomme das hin. Ich war mir meiner selbst sicher. Ich weiß, was ich mir zutraue. Und ich weiß, dass mir meine Arbeit Spaß macht. Genauso wie vielen anderen Frauen da draußen auch.

Als ich grünes Licht gab, schien der Kunde allerdings seine Meinung geändert zu haben: ›Wir haben bei uns intern vorhin nochmal gesprochen, und meine Kolleginnen und Kollegen haben mein etwas mulmiges Bauchgefühl wegen deines Nachwuchses verstärkt. Wir finden, dass du dich in Ruhe auf das Muttersein gerade noch konzentrieren solltest und die Anfrage vielleicht doch etwas zu früh kommt.‹

Ich weiß, die E-Mail liest sich nett. Aber es zeigt einfach das Defizit in unserer Gesellschaft: Während alle Welt von Gleichberechtigung spricht, ist die Realität eine andere. Wenn Frauen arbeiten gehen wollen, dann möchten wir weder von anderen Frauen, Männern oder irgendwelchen Teams zu hören bekommen, das sei noch zu früh. Ich dachte mir nur: Liebe Leute, ich habe ein Kind zur Welt gebracht. Da werde ich wohl in der Lage zu sein, selbst zu beurteilen, was für mein Kind und mich das Beste ist.«

Viele scheinen eben doch zu denken, dass die Mütter selbst nicht wissen, was für sie und ihr Kind am besten ist. Es gibt kaum eine gesellschaftliche Rolle, die mit derart hohen Erwartungen und ständiger Bevormundung einhergeht wie die Mutterrolle. Und das beginnt im Grunde schon bei der Geburt. »Ach, du hattest ja gar keine ›richtige‹ Geburt« wird oft abwinkend angemerkt, wenn Frauen sich für eine Periduralanästhesie entscheiden oder – sei es freiwillig oder unfreiwillig – ihr Kind mit einem Kaiserschnitt auf die Welt bringen. Im fröhlichen Wechsel werden sie entweder als Glucken oder Helikoptermütter bezeichnet, wenn sie vermeintlich »zu viel« machen, oder als kaltherzige Rabenmütter oder distanzierte Karrieremütter wahrgenommen, wenn sie es wagen, trotz ihres Mutterseins noch berufliche Ambitionen zu haben. Der Mythos der perfekten Mutter ist omnipräsent. Und schier nicht zu erreichen – ganz egal wie Frauen sich anstellen.

Von Müttern wird erwartet, dass sie arbeiten gehen – und zwar so, als hätten sie gar keine Kinder. Im gleichen Zuge will man aber auch, dass sie sich hingebungsvoll um ihre Kinder kümmern – und zwar so, als hätten sie gar keinen Job. Idealerweise wird auch noch erwartet, dass sie schlank, schön, ausgeschlafen und immer gut gelaunt sind. Dass sie die besten Kindergeburtstage schmeißen – während sie natürlich auch nicht ihrem Mann auf der Tasche sitzen und ihr eigenes Geld verdienen. Allerdings wiederum nicht zu viel, damit sie nicht in der Schublade der karrieristischen Rabenmutter landen. Befeuert wird dieses realitätsferne Ideal von Social Media, wo sogenannte Mom-Fluencer uns an ihrem inszeniert perfekten und mühelos aussehenden Familienleben teilhaben lassen.

Ich sprach hierzu mit Alicia Lindner. Sie ist Geschäftsführerin und Mitinhaberin der Börlind GmbH mit den Marken Annemarie Börlind und Dado Sens. Gemeinsam mit ihrem Bruder Nicolas Lindner leitet sie das Familienunternehmen in dritter Generation. Alicia wurde für ihre unternehmerischen Anstrengungen mehrfach ausgezeichnet, unter anderem von der Zeitschrift *Capital* als »Junge Elite Deutschlands – Top 40 unter 40« und vom *Handelsblatt* als eine der 50 besten Unternehmerinnen Deutschlands. Außerdem ist Alicia dreifache Mutter von zwei kleinen Töchtern und einem Sohn. Alicia brachte den hohen gesellschaftlichen Erwartungsdruck, der Müttern permanent entgegenschlägt, prägnant auf den Punkt:

> »Mütter sind unheimlich gut darin, sich als schlechte Mutter zu fühlen, noch bevor sie ein Kind geboren haben. Es herrscht eine große Angst, etwas falsch zu machen. Das macht auch vor der eigenen Lebensgestaltung nicht halt: Bleibt man zu Hause, um sich um das Kind zu kümmern, gilt man als faul. Geht man trotz Kind arbeiten, gilt man als kaltherzig. Unter den Top-Kommentaren meiner LinkedIn-Posts zum Thema Working Moms erhalte ich – ungefragt – Tipps von Menschen. Der häufigste lautet, dass ich nicht arbeiten sollte. ›Besser zu Hause bleiben mit den Kids‹, ›weil die Zeit so schnell vergeht‹. Die ›Mom Guilts‹, denen man als arbeitende Mutter ausgesetzt ist, wären ohne Tipps und Tricks von außen schon groß genug. Das ewige Neu- und Umpriorisieren neben der Mehrbelastung durch Job und Familie kosten einfach Kraft. Gut gemeinte Ratschläge von Fremden, die deine persönliche Situation nicht kennen und dich von ihrem (manchmal verpassten) Lebensmodell überzeugen wollen, sind wenig hilfreich. Verurteilungen als Rabenmutter tun schrecklich weh und sind in den seltensten Fällen gerechtfertigt. Ich wünsche mir, dass wir uns gegenseitig bei unseren Lebenswegen unterstützen oder sie wenigstens respektieren. Das macht das Leben für alle fröhlicher.«

Alicias Wunsch kann ich mich nur anschließen. Denn das ideale Modell ist für jede Familie höchst individuell. Gegenseitige Toleranz ist damit das Stichwort. Denn nicht jede Frau muss Mutter sein, genauso wenig wie jede Mutter auf Karriere verzichten muss. Ebenso steht es jeder Mutter frei, sich vornehmlich auf die Familie zu konzentrieren und den Beruf hintenanzustellen. Nur weil wir einen Weg womöglich selbst nicht einschlagen, heißt es nicht, dass er falsch ist. Menschen wissen selbst in der Regel am besten, was für sie und ihre individuelle Familiensituation geeignet ist. Damit Frauen diese bedeutende Entscheidung frei von gesellschaftlichen Zwängen und strukturellen Barrieren treffen können, müssen jedoch entsprechende Rahmenbedingungen in Wirtschaft und Gesellschaft geschaffen werden und eine Abkehr von festgefahrenen Rollenerwartungen stattfinden.

Der Begriff der Rabenmutter ging übrigens darauf zurück, dass junge Raben nach dem Verlassen des Nestes besonders unbeholfen wirkten. Dadurch wurde angenommen, dass sie viel zu früh sich selbst überlassen wurden. Inzwischen weiß man allerdings, dass junge Raben aus eigenem Antrieb das Nest verlassen. Das Vorurteil, dass Raben keine fürsorglichen Eltern sind, ist damit ein Trugschluss. Somit bleibt zu hoffen, dass wir bald nicht nur das Image von Raben rehabilitiert haben werden, sondern auch von Müttern, die mit Kindern Karriere machen.[105]

Die Wochenend-Väter

»Wow, das finde ich ja richtig stark, dass dein Mann sich um die Kinder kümmert, während du auf Geschäftsreise bist!«

Ich weiß jedes Mal nicht, ob ich lachen oder weinen soll, wenn ich mitbekomme, dass Frauen derartige Komplimente dafür erhalten, dass ihr Partner sich auch um die gemeinsamen Kinder kümmert. Die Tatsache, dass Väter, die sich aktiv an der Erziehung ihrer eigenen Kinder beteiligen, immer noch überraschte Jubelstürme ernten, verdeutlicht insbesondere eines: Eine gleichberechtigte Aufteilung der Familienarbeit ist bis heute alles andere als selbstverständlich – und das obwohl die meisten Väter eine aktive Vaterschaft wollen. Zu diesem Ergebnis kam auch die *VAPRO-Studie* der TU Braunschweig und der Fachhochschule Kiel. Im Rahmen der Studie wurden 2200 Väter online befragt und 55 qualitative Interviews mit Blick auf rechtliche und biologische Väter, Pflegeväter, Väter in Co-Parenting-Konstellationen und homosexuelle Väterpaare geführt. Auch die (Eigen-)Darstellung von Vaterschaft in sozialen Medien wurde analysiert. Das Forschungsteam kam zu einem klaren Ergebnis: Das einstige Idealbild des abwesenden Familienernährers, der seine Kinder höchstens am Wochenende sieht, ist passé. Monetäre Werte rücken für deutsche Väter immer mehr in den Hintergrund, wohingegen soziale und emotionale Werte an Bedeutung gewinnen. Während nur rund 12 Prozent der befragten Väter es für ihre wichtigste Aufgabe halten, ihrer Familie finanzielle Sicherheit zu bieten, geben mehr als die Hälfte der befragten Väter an, dass es ihnen am wichtigsten ist, ihren Kindern Zuneigung zu zeigen und sie »empathisch und verständnisvoll« zu erziehen. Wenige Befragte nannten klassische männlich assoziierte Werte wie Disziplin (2,2 Prozent) oder Durchsetzungsfähigkeit (5,9 Prozent) als den wichtigsten Wert, den sie vermitteln wollten.[106]

Viele der Befragten kritisierten zudem ihre eigenen Väter als »negatives Vorbild«, da diese »zu bestimmend«, »abwesend« und »mit der Arbeit beschäftigt« gewesen seien. Sie betonten, dass sie selbst als Väter bewusst anders handeln wollen.[107] Eine repräsentative Befragung des Instituts für Demoskopie Allensbach im Rahmen des *Väterreports 2021* kam zu ähnlichen Ergebnissen: Auch dort gab die klare Mehrheit der Väter mit Kindern unter sechs Jahren an, dass sie sich mehr als ihre eigenen Väter an der Erziehung ihrer Kinder beteiligen wollen. Ferner betrachtete es die Hälfte der befragten Väter als Idealfall, wenn beide Elternteile in ähnlichen Umfängen erwerbstätig sind und sich die Hausarbeit und Kinderbetreuung gleichberechtigt aufteilen.[108] Nur 4 Prozent wünschten sich ein klassisches Familienmodell, in dem die Mutter den Großteil der Kinderbetreuung übernimmt.[109]

Es findet folglich – zumindest in den Köpfen – immer mehr eine Abkehr von dem etablierten klassischen Familienmodell statt, das in der Elterngeneration der heutigen jungen Familien meist noch vorbehaltlos gelebt wurde. Die Wünsche vieler Väter nach einer aktiven partnerschaftlichen Aufteilung der Familien- und Erwerbsarbeit spiegeln sich allerdings in der Realität der meisten Familien noch nicht wider. Bisher zeigt sich der Wandel hin zur aktiven Vaterschaft damit vornehmlich in einer Veränderung der Werte und weniger auf der Handlungsebene.[110] So wollen die meisten befragten Väter (60,4 Prozent) mehr Zeit mit ihren Kindern verbringen, als sie es aktuell tun, und lediglich ein Drittel der Väter ist mit der Zeit zufrieden, die sie mit ihren Kindern verbringen. Ebenso sind fast 85 Prozent der befragten Väter wöchentlich 40 Stunden oder mehr erwerbstätig, während fast drei Viertel der anderen Elternteile nicht oder in Teilzeit arbeiten. Im Gegenzug übernimmt lediglich jeder zehnte Vater den Großteil der Familienarbeit. Dabei handelt es sich vor allem um jene Väter, die ihre Erwerbstätigkeit beendet oder reduziert haben, um mehr Zeit für die Familienarbeit zu haben.[111]

Einer dieser Väter ist Jay Mostoller, der Ehemann meiner Kollegin Nadine Mostoller. Nadine hat bei Microsoft Deutschland eine Personalverantwortung von rund 200 Mitarbeiterinnen und Mitarbeitern inne. Wenn man mich danach fragt, ob ich positive Beispiele kenne, bei denen der Vater zugunsten der Familienarbeit beruflich zurücktritt und die Frau in Vollzeit sehr erfolgreich ihrem Beruf nachgeht, dann erwähne ich gerne die beiden. Jay und Nadine sind Eltern von drei Kindern. Jay arbeitet seit der Geburt der ersten Tochter in Teilzeit und übernimmt den Großteil der Familienarbeit, während Nadine in Vollzeit ihrer Führungsrolle nachgeht. Ich sprach mit Jay und Nadine, um zu verstehen, wieso sie sich für dieses Modell entschieden haben, und um etwas über die Reaktionen aus ihrem Umfeld zu erfahren:

Annahita: Wie kam es dazu, dass ihr euch für dieses »unklassische« Familienmodell entschieden habt?

Jay: Wir haben gemacht, was sich für uns richtig angefühlt hat. Die Frage war nicht, was machst du und was mach' ich, sondern wie finden wir die beste Lösung für uns als Familie.

Nadine: Dabei haben wir uns von Erwartungshaltungen in unserem Umfeld gelöst und einfach auf uns gehört. Dabei kam heraus, dass unser Modell das Beste für uns ist. Finanziell hat es zu Beginn keinen großen Unterschied gemacht, wer zu Hause bleibt.

Annahita: Jay, wie erklärst du dir deine Offenheit gegenüber diesem heutzutage immer noch unkonventionellen Modell?

Jay: Wenn Frauen mehr berufliche Verantwortung übernehmen und damit weniger Zeit für die Familienarbeit haben, entsteht eine Lücke, die zu füllen ist. Für mich war klar, dass ich das nicht in fremde Hände geben möchte. Ich habe immer ein Zitat von Jackie Kennedy im Hinterkopf: »If you bungle raising your children, I don't think whatever else you do matters very much« – also, wenn du bei der Erziehung deiner Kinder versagst, ist es nicht von Bedeutung, was du sonst noch so tust.

Annahita: Wann bist du nach der Geburt eurer Tochter wieder in den Job eingestiegen, Nadine?

Nadine: Ich bin im Grunde bei allen Kindern mehr oder weniger gleich nach dem Mutterschutz wieder in Vollzeit eingestiegen und bin mit Milchpumpe ins Büro, weil ich noch lange gestillt habe. Das Stillen war für mich auch wichtig, um ausreichend Nähe zu den Kindern zu haben. Aber ich hatte auch finanzielle Verantwortung für uns als Familie. Ich wäre gern länger zu Hause geblieben, aber um ehrlich zu sein, war mir die Arbeit als Ausgleich zwischen Familie und Beruf wichtig.

Annahita: Wie nahm euer soziales Umfeld eure Entscheidung auf?

Jay: Unser Familienmodell war und ist ja auch heute noch ungewöhnlich. Selbst in dem weltoffenen und kinderfreundlichen Vorort, in dem wir gelebt haben, war ich auf Spielplätzen oder in der Krabbelgruppe immer der einzige Papa. Die Reaktionen sind sehr unterschiedlich: Einerseits sagen manche Männer, dass sie das auch gerne machen würden. Aber andererseits bekomme ich auch heute noch manchmal komische Blicke von Männern, wenn sie nach meinem Job fragen.

Nadine: Die meisten fanden's aber cool – auch unsere Familien hatten nie ein Problem damit!

Annahita: Wieso war es für euch keine Option, die Kinder fremdbetreuen zu lassen?

Jay: Die Kinder waren durchaus im Kindergarten. Wichtig war uns, die erste Zeit und auch nachmittags für die Kinder da zu sein. Meine beiden Eltern waren in Vollzeit berufstätig, meine Mutter war in leitender Funktion. Ich war sehr oft nachmittags alleine. Das wollte ich nicht für unsere Kinder.

Nadine: Unsere Familien waren beide sehr weit weg und konnten uns nicht unterstützen. Und dass einer nur arbeitet, um Kindermädchen oder Au-pair zu bezahlen, schien uns nicht nachhaltig.

Annahita: Was, denkst du, ist ein Grund, wieso viele Männer vor eurem Familienmodell zurückschrecken, Jay?

Jay: Ich denke, ein ganz wesentlicher Punkt ist die gefühlte finanzielle Abhängigkeit, die Männer zurückschrecken lässt. Viele meinen, wer das Geld kontrolliert, kontrolliert die Beziehung. Die Person, die weniger verdient, ist damit finanziell abhängig. Dieses Gefühl hatten wir nie, da wir immer ein gemeinsames Konto hatten und alle relevanten finanziellen Entscheidungen gemeinsam treffen.

Nadine: Ich denke allerdings, dass bei dieser Entscheidung Frauen eine wesentliche Rolle spielen. Als Frau musst du auch die finanzielle Verantwortung übernehmen wollen, inklusive Druck und den Verpflichtungen, wie die Raten vom Haus, die damit einhergehen.

Annahita: Habt ihr noch einen Tipp, den ihr jungen Paaren mitgeben wollt?

Nadine: Don't overthink! Was immer sich für euch gut anfühlt, ist auch gut für euch. Und das kann sich mit der Zeit auch ändern.

Jay: Als Familie seid ihr ein Team. Ihr müsst die Entscheidungen treffen, die für euch richtig sind. Es geht nicht darum, wer welche Rolle spielt, sondern dass ihr gemeinsam ein Ziel anstrebt. Und wenn ihr das Ziel bereits kennt, dann seid ihr weiter als wir.

Ich fand die Perspektiven von Nadine und Jay sehr aufschlussreich. Vor allem der Aspekt der finanziellen Abhängigkeit, den Jay aufbrachte, vor dem Männer häufig zurückschrecken, brachte mich zum Nachdenken. Frauen scheinen diese finanzielle Abhängigkeit weniger zu hinterfragen oder zumindest risikofreudiger hinzunehmen. Aus meiner Sicht liegt dies daran, dass unsere gesellschaftliche Prägung die finanzielle Abhängigkeit der Frau von ihrem Partner, der Haupt- oder Vollverdiener ist, als Norm ansieht. Die entgegengesetzte Konstellation scheint auch aufgrund ihrer Seltenheit hingegen von vielen Männern noch nicht gerne gelebt zu werden. Auch Nadines Einwand war interessant, dass Frauen im Gegenzug öfter vor der finanziellen Hauptverantwortung für ihre Familie zurückschrecken. Ich dachte über mein eigenes Umfeld nach, und mir fielen auf Anhieb einige Paare ein, bei denen dieses Phänomen durchaus ursächlich für die konventionelle Aufteilung der Familien- und Erwerbsarbeit sein könnte.

Ich wollte dazu einen Vater hören, der trotz Managementposition nicht nur den Wunsch nach aktiver Vaterschaft hegt, sondern diese auch auslebt. Ich sprach daher mit Roman Gaida, der Vater von Zwillingen und Manager in einem Fortune-500-Unternehmen ist. Er hat in Stanford, St. Gallen und an der RWTH Aachen studiert. Als Führungskraft lebt er vor, wie sich kulturelle Transformation umsetzen lässt und welche Änderungen in Unternehmen stattfinden müssen. Roman ist Autor, regelmäßiger Gast in Podcasts und Wirtschaftsmedien zum Thema Vereinbarkeit von Familie und Karriere sowie im Bereich Leadership. Auf Roman wurde ich das erste Mal über sein Buch *Working Dad* aufmerksam, in dem er über die Vereinbarkeit von aktiver Vaterschaft und Karriere schreibt. Roman erzählte mir, wie eine klassische Unterhaltung abläuft, wenn er mit seinen Jungs auf dem Spielplatz ist: » Sie machen das aber toll mit den Kindern. Sind das Zwillinge?«, wird häufig zunächst bewundernd angemerkt. In der Regel folgt dann der Zusatz »Da hat Ihre Frau aber viel zu tun.« Ich fand es spannend, Romans Perspektive zu hören, die nicht nur deutlich macht, dass Papas auf Spielplätzen nach wie vor nicht die Norm sind, sondern auch, dass Kinder stereotypisch im Verantwortungsbereich der Mütter gesehen werden.

Mich interessierte auch, was der Auslöser und die Inspiration für Romans Buch gewesen war. Roman meinte:

»Vor allem die Geburt unserer Zwillinge. Dieser neue Lebensabschnitt fiel genau in die Zeit, als ich die digitale und kulturelle Transformation eines Geschäftsbereichs in einem Konzern starten und umsetzen sollte. Wie sollte ich das alles hinbekommen? Eine Partnerschaft auf Augenhöhe, eine inspirierende und motivierende Führungskraft sein und über allem ein aktiver Vater für meine Söhne. Früher wälzte ich Bücher über Leadership und Karriere – und jetzt übers Vatersein. Aber ich fand darin nichts, was mir dabei helfen konnte, alles gut miteinander zu vereinbaren. Ich fand keinen Mittelweg, keinen Weg, der zu mir passte. In vielen beruflichen und privaten Gesprächen stellte ich fest, dass es sehr vielen Eltern, insbesondere Vätern, so geht wie mir. Rückblickend auf die vergangenen fünf Jahre hat alles ganz gut funktioniert. Aber warum eigentlich? Nicht nur für mich und meine Kinder, sondern auch für andere Väter wollte ich in diesem Buch meine Erfahrungen und Gedanken zu diesem Thema festhalten, die Hürden auf meinem Weg beschreiben, aber auch Hilfestellungen und Denkanstöße geben, um mehr Vereinbarkeit leben zu können.

Die Vereinbarkeit von Karriere und Familie ist für Firmen ein wichtiger Baustein einer modernen Unternehmenskultur und ein zukünftiger Wettbewerbsvorteil im Ringen um Talente. Daher war es für mich als Vater und als Führungskraft wichtig, meine Erfahrungen zu teilen.«

Die nackten Zahlen machen deutlich, dass Väter wie Jay und Roman die Ausnahme sind. Wie beispielsweise der Umstand, dass Frauen täglich durchschnittlich fünf Stunden und 18 Minuten mit Care-Arbeit verbringen, wohingegen es bei Männern nur zwei Stunden und 31 Minuten sind. Dieser Gender-Care-Gap ist bei Menschen Mitte 30 besonders hoch.[112] Noch deutlicher wird die eklatante Diskrepanz zwischen Wunschdenken und Realität, wenn ausschließlich Mütter befragt werden: Nur jede zehnte Mutter gibt an, dass Väter die Hälfte der Kinderbetreuung übernehmen.[113] 60 Prozent der Väter beanspruchen zudem nach der Geburt ihrer Kinder keinen einzigen Monat der Elternzeit. Väter, die mehr als zwei Monate Elternzeit in Anspruch nehmen, gehören mit nur rund 10 Prozent zur absoluten Minderheit.[114] Väter engagieren sich außerdem am häufigsten in der Kinderbetreuung, indem sie mit Kindern spielen, und übernehmen deutlich seltener aktive Erziehungsaufgaben. Die meisten befragten Väter gaben auch selbst an, dass sie ihren eigenen Vorstellungen von einer guten Vaterschaft nicht gerecht werden.[115]

Interessant sind in dem Zusammenhang die Ergebnisse der *Familienleitbild-Survey* des Bundesinstituts für Bevölkerungsforschung. Diese machen deutlich, dass nicht nur die Realität von dem Wunschdenken vieler Väter abweicht, sondern auch wie paradox und widersprüchlich die gesellschaftlichen Erwartungen sind, die auf Vätern lasten. So gab zwar nur rund ein Drittel der befragten Männer an, dass man »seine Familie allein ernähren können« muss – aber die überwiegende Mehrheit ging davon aus, dass die Gesellschaft eben das von ihnen erwarte. Während 63 Prozent der Väter für ihre Kinder gerne beruflich kürzerträten, ging nur gut jeder Dritte davon aus, dass dies auf gesellschaftliche Akzeptanz stieße.[116] Außerdem gab die überwiegende Mehrheit der Männer an, dass sie an anderen Männern sympathisch findet, wenn diese »die Familie gut versorgen« oder »berufliche Kompetenz« mitbringen.[117]

Die Zerrissenheit zwischen unterschiedlichen gesellschaftlichen Rollenansprüchen, die Mütter schon seit langem kennen, sucht damit nun auch Väter immer mehr heim. Wollen Väter sowohl im Job als auch in der Familienarbeit glänzen, stoßen auch sie schnell an ihre Grenzen. Während Frauen es mittlerweile gewohnt sind, entweder als Rabenmutter oder als Heimchen am Herd abgestempelt zu werden, kämpfen jetzt auch immer mehr Väter mit den Rollenkonflikten und Herausforderungen, die der Trend weg von der klassischen Rollentrennung hin zu einem »Alle erfüllen alle Rollen«-Ideal mit sich bringt.[118] Ähnlich wie bei Müttern beschränkt sich die Problematik auch für Väter nicht nur auf Familie und Beruf. Sie erleben auch Herausforderungen, wenn es darum geht, sich in ihrem Freundeskreis, in Vereinen oder bei der Pflege ihrer Eltern einzubringen und ihren Kindern damit soziale Werte selbst vorzuleben.[119]

75 Prozent der Väter berichten der *VAPRO-Studie* zufolge zudem von einem Einfluss ihres Berufs auf ihr Vatersein. Die überwiegende Mehrheit nimmt diese Beeinflussung als negativ wahr. Ferner geben zwei Drittel der Väter an, dass auch ihr Beruf durch das Vatersein negativ beeinflusst wird.[120] In einer von der Antidiskriminierungsstelle des Bundes in Auftrag gegebenen Studie berichteten Väter beispielsweise bei der Anmeldung der Elternzeit häufig von diskriminierenden Erfahrungen. 19 Prozent der Väter fühlten sich unter Druck gesetzt, keine Elternzeit zu nehmen oder den Umfang zu reduzieren. Fast jeder dritte Vater berichtet von abfälligen oder negativen Reaktionen auf die Bekanntgabe seiner Elternzeit. Auch beim Wiedereinstieg nach der Elternzeit macht fast jeder zweite Vater negative Erfahrungen. Die befragten Väter berichteten, dass flexible Arbeitszeiten oder Home-Office nicht oder nicht in dem gewünschten Umfang gestattet wurden oder während der Kita-Schließzeiten und Schulferien zu wenig Entgegenkommen seitens des Arbeitgebers stattfand.[121] Dies macht deutlich, dass Väter trotz der vermeint-

lichen gesellschaftlichen Akzeptanz einer gleichberechtigten Familienarbeit im beruflichen Kontext nach wie vor auf Widerstände stoßen und Diskriminierungserfahrungen machen, sobald sie ihre Vaterrolle aktiv ausleben wollen.

Viele Väter schrecken laut Befragungsdaten aufgrund ihrer Angst vor einer beruflichen Benachteiligung vor einer längeren Elternzeit zurück.[122] Es wird deutlich, dass in der Arbeitswelt noch immer ein grundlegender Wertewandel notwendig ist, um alteingesessene Stereotypen abzulegen, Vätern die gleichberechtigte Beteiligung an der Familien- und Erwerbsarbeit zu erleichtern und damit auch Müttern den Wiedereinstieg in den Job zu vereinfachen. Gemäß einer Studie des Instituts für Arbeitsmarkt- und Berufsforschung hat die Dauer der Elternzeit des Vaters einen erheblichen Einfluss darauf, wann die Mutter wieder ihre Arbeit aufnimmt: Je kürzer die Elternzeit des Vaters, desto länger bleibt die Mutter zu Hause:[123]

- Drei Viertel der Mütter, deren Partner länger als sechs Monate in der Elternzeit ist, nehmen nach spätestens neun Monaten ihre Arbeit wieder auf.
- Geht der Vater vier bis sechs Monate in Elternzeit, arbeitet die Mutter im Schnitt spätestens nach zehn Monaten wieder.
- Bei zwei bis vier Monaten väterlicher Elternzeit sind drei Viertel der Frauen nach spätestens 13 Monaten wieder erwerbstätig.
- Bei zwei Monaten Elternzeit für den Vater arbeitet die Mutter erst wieder nach 20 Monaten.
- Geht der Vater hingegen gar nicht in Elternzeit und die Mutter kümmert sich allein um das Kind, kehrt sie erst nach 24 Monaten zurück in den Job.

Lange wurde die Vereinbarkeit von Beruf und Familie als Frauen- und Mütterproblem verbucht. Mittlerweile ist Familienfreundlichkeit allerdings auch für Väter ein entscheidendes Kriterium für die Wahl oder auch den Wechsel ihres Arbeitsplatzes. Arbeitgeber, die keine familienfreundlichen Rahmenbedingungen bieten, drohen in

Zeiten des Fachkräftemangels folglich nicht nur qualifizierte Mütter, sondern auch qualifizierte Väter zu verlieren. Eine Prognos-Studie im Auftrag des Familienministeriums, die sich mit der kritischen Frage »Wie väterfreundlich ist die deutsche Wirtschaft?« beschäftigte, kam zu dem Ergebnis, dass jeder zehnte Vater schon einmal den Arbeitgeber gewechselt habe, um Beruf und Familie besser vereinbaren zu können.[124] 17 Prozent der Väter denken darüber hinaus aus familiären Gründen »häufig« und weitere 23 Prozent »manchmal« über einen solchen Schritt nach. Vor allem jüngere Väter spielen häufiger mit dem Gedanken, aus familiären Gründen ihren Job zu wechseln.[125]

Die Studie kommt außerdem zu dem Ergebnis, dass Unternehmen ihre Väterfreundlichkeit überschätzen. So sind Angebote zwar oft vorhanden, doch eine väterbewusste Unternehmenskultur ist hingegen nicht ausreichend gegeben und auch die Anliegen der Väter in puncto Vereinbarkeit werden nur unzureichend thematisiert und ernst genommen. Nahezu alle Väter (93 Prozent) wünschen sich Flexibilität bezüglich ihrer Arbeitsorte und -zeiten.[126] Weniger als die Hälfte ist allerdings zufrieden mit den aktuellen Arbeitszeitregelungen, obwohl mehr als die Hälfte bestätigt, dass es bei ihnen im Betrieb grundsätzlich flexible Arbeitszeitmodelle gäbe. Darüber hinaus würden 40 Prozent der Väter gerne ihr vertragliches Arbeitspensum reduzieren und 46 Prozent weniger Überstunden machen.[127]

Die befragten Unternehmen gaben auf die Frage, wie stark die Bedürfnisse der Arbeitnehmer mit Kindern berücksichtigt werden, Antworten, die teilweise stark von der Wahrnehmung der befragten Väter abwichen. So gab sich mehr als die Hälfte der Unternehmen die Note »sehr väterfreundlich« und nahezu ein Drittel schätzte sich als »teilweise väterfreundlich« ein. Kein Unternehmen gab sich selbst die Bewertung »väterunfreundlich«. Während auch nur 3 Prozent der Väter ihre Bedürfnisse nach Vereinbarkeit von Beruf und Familie im Unternehmen als »wenig oder gar nicht« berücksichtigt sahen, vergaben lediglich 38 Prozent die Note »sehr väterfreundlich« an ihre Arbeitgeber. 45 Prozent attestierten ihrem Arbeitgeber das Prädikat »teilweise väterfreundlich«. Eine ähnliche Diskrepanz zeigt sich auch beim Thema Teilzeitangebote. 16 Prozent fühlten sich ferner unter Druck gesetzt, eine kürzere Elternzeit zu nehmen, als sie gewollt hatten. [128]

Wenn man sich all diese Studien und Statistiken zu Gemüte führt, wird eines deutlich: Trotz einiger Fortschritte in den vergangenen Jahren ist Deutschland noch weit davon entfernt, ein wirklich familienfreundliches Land zu sein, das die notwendigen Anreize für eine gleichberechtigte Familienarbeit und aktive Vaterschaft setzt. Dies zeigt sich bereits in scheinbaren Kleinigkeiten des Alltags wie der Tatsache, dass Väter in Deutschland ihre Kinder im Regelfall auf Damentoiletten wickeln müssen, da Wickeltische auf Herrentoiletten hierzulande – im Gegensatz zu den skandinavischen Ländern – eine Rarität sind. Dass wir in puncto Gleichberechtigung hinterherhinken, wird auch in dem Umstand deutlich, dass Eltern sowohl in ihrem sozialen Umfeld als auch im Arbeitsleben auf festgefahrene Stereotypen und Geschlechterrollen stoßen, die sowohl Väter (»Wieso nimmst du als Vater so eine lange Elternzeit? Ist deine Frau krank?«) als auch Mütter betreffen (»Wie kannst du es als Mutter bloß mit deinem Gewissen verantworten, so kurz nach der Geburt wieder in den Job einzusteigen?«). Ebenso fehlen vielerorts noch die betrieblichen Rahmenbedingungen, um Eltern die Vereinbarkeit von Beruf und Familie zu erleichtern. So ist in vielen Unternehmen die Offenheit gegenüber Teilzeitarbeit von Eltern nicht gegeben und auch die Schaffung flexibler Arbeitsbedingungen wie Home-Office-Optionen und Gleitzeit- beziehungsweise Vertrauensarbeitszeitmodelle ist ausbaufähig.

Eine entscheidende Rolle spielt außerdem eine familienfreundliche Unternehmenskultur, die es Eltern ermöglicht, ihre Familienpflichten mit ihrer Arbeit zu vereinbaren und betriebliche Vereinbarkeitsangebote anzunehmen, ohne berufliche Nachteile fürchten zu müssen. In dem Rahmen spielen die Führungskräfte in Unternehmen mit ihren Worten und ihrem Handeln eine entscheidende

Schlüsselrolle, da sie nicht nur die Unternehmenskultur prägen und entsprechende Rahmenbedingungen definieren, sondern auch selbst eine wichtige Vorbildfunktion innehaben. Der *Unternehmensmonitor Familienfreundlichkeit* vom IW im Auftrag des Bundesfamilienministeriums zeigt, dass Männer mit fünfmal höherer Wahrscheinlichkeit Elternzeit nehmen, wenn ihr Vorgesetzter das ebenfalls getan hat.[129] Ebenso können betriebliche Kampagnen zur Sensibilisierung und Bewusstseinsbildung für die Bedeutung aktiver Vaterschaft sichtbare Vorbilder sowie Väternetzwerke dabei unterstützen, die Bedeutung von aktiver Vaterschaft für die Kindererziehung sowie Gleichberechtigung in Unternehmen und der Gesellschaft zu verankern.

Ferner haben familienpolitische Leistungen wie der Rechtsanspruch auf einen Betreuungsplatz sowie die Einführung des Elterngeldes den Trend zu einer gleichberechtigten Familienarbeit und veränderten Rollenvorstellungen von Vätern nachweislich erfolgreich unterstützt und gefördert.[130] Dies macht deutlich, dass geeignete familienpolitische Reformen wirksame reelle Veränderungen in der Praxis erzielen können. Empfehlenswert sind als weitere Maßnahmen ein Ausbau der Partnermonate, höhere Einkommensersatzleistungen bei paritätischer Verteilung der Elterngeldmonate, der Abbau von steuerlichen Fehlanreizen durch die Abschaffung des Ehegattensplittings, die Förderung betrieblicher Maßnahmen zur Vereinbarkeit von Familie und Beruf sowie Investitionen zum Ausbau und zur besseren Ausstattung der institutionellen Kinderbetreuung. Die geplante zweiwöchige bezahlte Freistellung für Väter ist hierbei ein guter Impuls in die richtige Richtung, um Väter mehr in die Familienarbeit einzubinden. Diese Maßnahme allein wird allerdings keineswegs zu einer grundlegenden Veränderung des Status quo in Deutschland führen.

Die Nerds

»Kannst du vielleicht demnächst mal bei mir vorbeischauen und mir mit meinem Drucker helfen?«

So wie wohl alle Menschen, die in der IT arbeiten, werde auch ich regelmäßig bei Druckerproblemen von meinem Umfeld konsultiert. Ja, ich habe »irgendwas mit Computern« studiert und kann mit hoher Wahrscheinlichkeit tatsächlich auch helfen, wenn ein Drucker nicht läuft. Ich schaffe es sogar noch als zusätzlichen Service, einen WLAN-Router einzurichten. Ich wage allerdings mal zu behaupten, dass ich das auch ohne meinen technischen Hintergrund ganz passabel hinkriegen würde. Die Annahme, dass ITler und ITlerinnen sich mit sämtlicher Form von Hardware und Software auskennen, hält sich wacker – und gehört hierbei noch zu den amüsanten Klischees. Anders als die weiteren weitaus weniger schmeichelhaften Vorurteile, die Menschen aus dem IT-Umfeld als sozial inkompetente Nerds stilisieren. Wenn man dem Nerd-Stereotyp Glauben schenkt, verbringen ITler und ITlerinnen ihre komplette Freizeit allein hinter abgedunkelten Jalousien vor dem Computer. Die Welt da draußen kennen sie nur aus Erfahrungsberichten ihres Pizzaboten, sie nehmen intravenös Kaffee zu sich und starren Tag und Nacht auf ihren Programmcode, der über ihren Bildschirm flimmert (und natürlich genauso spannend aussieht wie in den Spielfilmen).

Doch nicht nur das Image der IT-Branche ist vorurteilsbehaftet. Nahezu alle Berufsgruppen haben mit Klischees und Stereotypen zu kämpfen. Wenn wir an Friseure, Anwältinnen, Ärzte, Journalistinnen oder Bänker denken, haben die meisten von uns sofort Assoziationen im Hinterkopf, die wir mit diesen Professionen in Verbindung bringen. Dies liegt womöglich daran, dass es einen nachgewiesenen Zusammenhang zwischen der Persönlichkeit, den Fähigkeiten sowie Interessen von Menschen und ihrer Berufswahl gibt. Dies ist auf den ersten Blick auch wenig verwunderlich, da wir in der Regel Berufe auswählen, die unseren Stärken und Kompetenzen entsprechen. Wer kein Interesse an Zahlen hat, wird sich wohl keinen Job im Controlling aussuchen. Gleichzeitig ist es unwahrscheinlich, dass jemand, der nicht gerne im Rampenlicht steht, eine Karriere als Nachrichtensprecher anstrebt. Auch Daten aus dem *Sozio-ökonomischen Panel*, der größten und am längsten laufenden multidisziplinären Langzeitstudie in Deutschland, die das Deutsche Institut für Wirtschaftsforschung (DIW) gemeinsam mit der *F.A.Z.* ausgewertet hat, machen deutlich, dass Menschen in der Regel die Charaktereigenschaften besitzen, die für ihren Beruf als notwendig oder hilfreich angesehen werden.[131]

In der Psychologie wird der Charakter eines Menschen oft mit fünf Facetten – den sogenannten Big Five – beschrieben: [132]

1 **Extraversion:** Wie außenorientiert, gesellig und optimistisch ist ein Mensch?
2 **Offenheit:** Wie offen ist jemand für Erfahrungen, verbunden mit Neugierde und Experimentierfreudigkeit?
3 **Verträglichkeit:** Ist ein Mensch eher altruistisch oder egoistisch? Kooperiert er mit anderen oder arbeitet er antagonistisch gegen sie?

4 **Gewissenhaftigkeit:** Wie gewissenhaft, diszipliniert, zuverlässig und leistungsbereit ist ein Mensch?
5 **Neurotizismus:** Wie emotional labil, ängstlich und traurig ist jemand?

Im *Sozio-ökonomischen Panel* werden mehr als 20 000 Deutschen im Jahr Fragen gestellt, um ihr Naturell zu erfassen. Die Antworten werden anschließend mit ihren Berufen in Beziehung gesetzt. Basierend auf den Ergebnissen konnten bezüglich der Merkmale Neurotizismus und Gewissenhaftigkeit keine großen Unterschiede zwischen den Berufen festgestellt werden. Die anderen Persönlichkeitsfacetten sind allerdings über die verschiedenen Professionen hinweg sehr verschiedenartig verteilt. So zeigt sich, dass Vertrieblerinnen und Vertriebler – so wie ihnen auch klischeehaft nachgesagt wird – in der Regel eine extravertierte Persönlichkeit mitbringen. Dahingegen arbeiten introvertierte Menschen bevorzugt im IT-Bereich in der Softwareentwicklung oder auch in technischen und handwerklichen Berufen. Die Ergebnisse kommen nicht zu dem Schluss, dass extravertierte Berufe prinzipiell häufiger von Frauen und introvertierte Berufe öfter von Männern ausgeübt werden. So sind laut den Ergebnissen etwa auch Hausärztinnen eher introvertiert.[133]

Menschen, die eine größere Offenheit mitbringen, arbeiten vor allem in Berufen, für die ausgeprägte intellektuelle Fähigkeiten notwendig sind. Diese Menschen sind beispielsweise Lehrkräfte oder forschen an Universitäten. Ebenfalls wurde festgestellt, dass Softwareenwicklerinnen und -entwickler zwar häufig introvertiert sind, sich aber bei der Dimension Offenheit im oberen Feld bewegen. Dies macht aus meiner Sicht durchaus auch Sinn, da Softwareentwicklung eine kreative Lösungsfindung statt das Zurückgreifen auf vorgefertigte Antworten erfordert. Das Forschungsteam des DIW[134] fand außerdem heraus, dass auch Absolventinnen und Absolventen bevorzugt Einstiegsjobs auswählen, die ihren Eigenschaften in Bezug auf Extraversion, Offenheit und Verträglichkeit entsprechen. Ferner wurde festgestellt, dass Menschen die Persönlichkeitsmerkmale, die für ihr Jobprofil ausschlaggebend sind, über die Jahre immer mehr übernehmen. So werden Menschen extravertierter, offener und verträglicher, wenn ihr Beruf dies voraussetzt. Damit suchen sich Menschen nicht nur gezielt Professionen aus, die am besten mit ihrer primären Persönlichkeitsstruktur einhergehen, sondern passen ihren Charakter über die Jahre auch immer mehr an die Anforderungen ihres Berufs an. Es kommt zu der sogenannten Déformation professionnelle.[135]

Doch auch wenn der Beruf einer Person nachweislich Rückschlüsse auf ihre Fähigkeiten und Persönlichkeitsmerkmale zulässt, sind die überspitzten Klischeebilder, die Berufsgruppen zugeschrieben werden, das Ergebnis einer oberflächlichen Verallgemeinerung und damit zwangsläufig häufig unzutreffend. Obwohl Menschen in IT-Jobs aus statistischer Sicht häufiger introvertiert veranlagt sind, hält etwa das pauschale Nerd-Stereotyp einer näheren Betrachtung nicht stand. So ranken sich rund um Introversion nach wie vor viele falsche Annahmen, da wir gesellschaftlich eher von extravertierten Normen geprägt sind. Introvertierte Menschen richten ihre Aufmerksamkeit und Energie stärker auf ihr Innenleben und neigen in Gruppen eher zum passiven Beobachten. In der Folge werden sie oft als zurückhaltend oder auch schüchtern beschrieben. Es ist allerdings aus psychologischer Sicht bekannt, dass Introvertiertheit nicht mit Schüchternheit und schon gar nicht mit sozialer Inkompetenz gleichgesetzt werden kann.[136] Laut der Psychologin Jule Specht sind introvertierte Menschen »Personen, die sich gerne zurückziehen, während schüchterne Personen vielleicht doch ganz gerne geselliger wären, sich aber nicht trauen.« Introversion ist außerdem nicht gleich Introversion, sondern kann viele verschiedene Ausprägungen haben.[137] Ferner ist Introversion laut Specht kein Fähigkeitsmakel, sondern eine Präferenz, wie Menschen Situationen bevorzugt gestalten.[138]

Zudem sollte beachtet werden, dass die IT-Branche weitaus facettenreicher ist als oft angenommen, denn ITler und ITlerinnen bilden keine homogene Gruppe. Es gibt nicht »den einen« IT-Job, sondern eine breite Palette von Berufsbildern. Diese reichen von Netzwerkadministration über IT-Sicherheit und Softwareentwicklung bis hin zu Projektmanagement oder Beratungsjobs, um nur einige von vielen Jobprofilen zu nennen. Man braucht also – anders als oft angenommen – nicht zwingend ein technisches Studium oder eine technische Ausbildung, um eine erfolgreiche Karriere in dem Bereich einzuschlagen. Ich selbst arbeitete schon in verschiedenen Gebieten der IT, die allesamt einen unterschiedlichen technischen Anspruch mit sich brachten. So sind in einigen Jobprofilen in der Branche auch Programmierkenntnisse nicht zwingend erforderlich. Die Berufsfelder in der IT bringen somit unterschiedliche Anforderungen mit sich und ziehen Menschen mit verschiedensten Fähigkeiten und Persönlichkeitsmerkmalen an.

Technische Berufsbilder sind außerdem mit vielen Geschlechterklischees behaftet und werden häufig reflexartig mit Männern in Verbindung gebracht. Befeuert wird dieses Bild von Serien wie *The Big Bang Theory*, in dem die Hauptcharaktere Dr. Sheldon Cooper und Dr. Leonard Hofstetter – beide Physiker am California Institute of Technology – als intelligente, aber sozial inkompetente Nerds porträtiert werden, die Comics sammeln und nächtelang Videospiele zocken. Die Darstellung der weiblichen Hauptfigur Penny in der Serie bedient ein weiteres, häufig anzutreffendes Klischee: Penny wird hauptsächlich durch ihr attraktives Äußeres und ihr mangelndes technisches Verständnis definiert. Damit wird ein Stereotyp bedient, nach dem Frauen im Tech-Bereich nichts zu suchen haben – vor allem dann nicht, wenn sie attraktiv sind.

Auch der Soziologe Dr. Yves Jeanrenaud machte im Rahmen einer Studie der Universität Ulm deutlich, dass technische Berufsbilder bis heute männlich konnotiert sind und auch klischeehafte Rollenbilder über »Computer-Freaks« – siehe *The Big Bang Theory* – so gut wie ausschließlich für Männer gebraucht werden. Frauen können sich laut den Studienergebnissen mit diesen Klischeebildern meist nicht identifizieren und scheuen sich in der Konsequenz vor einem Einstieg in den MINT-Bereich.

Jeanrenaud führt aus, dass sich viele Frauen davor fürchten, ihre »Weiblichkeit einzubüßen«, wenn sie Berufe in männlich besetzten Terrains auswählen. In der Konsequenz entscheiden sie sich beispielsweise häufig gegen ein Informatik-Studium, auch wenn sie durchaus Interesse dafür mitbringen würden.[139] Die Forschungsergebnisse machen außerdem deutlich, dass sogenannte »Gatekeeper« – also Menschen, die einen großen Einfluss auf Entscheidungsprozesse von Kindern haben wie Eltern und Lehrkräfte – eine bedeutende Rolle für den späteren Berufsweg von Kindern spielen. Geschlechtsspezifische Sozialisierungserfahrungen in der Kindheit sind übrigens nicht nur ein Grund dafür, wieso Frauen sich so selten für technische Berufe entscheiden, sondern auch dafür, dass Männer eher vor sozialen Berufen zurückschrecken.[140]

Die 2022 von der Internationalen Hochschule (IU) in Erfurt veröffentlichte Studie *MINT-Bildung. Was junge Frauen darüber denken* zeigt, dass die Gesellschaft dringend mehr weibliche Vorbilder aus MINT-Berufsfeldern braucht. Denn 70 Prozent der befragten jungen Frauen geben an, ein persönliches Interesse an Mathematik, Informatik, Naturwissenschaften oder Technik zu haben, doch nur wenige der Befragten haben Freundinnen oder weibliche Verwandte, die in technischen Berufen arbeiten und sie zu einem Einstieg in den Bereich ermutigen oder beraten könnten. Ebenso machte die überwiegende Mehrheit der Befragten deutlich, dass ihnen in der Schule keine ausreichenden Fähigkeiten vermittelt wurden, um ein technisches Studium oder eine technische Ausbildung bewältigen zu können. Viele gaben darüber hinaus an, dass Lehrkräfte MINT-Inhalte »langweilig« vermitteln würden.[141]

Im Jahr 2021 betrug der Frauenanteil unter den Studienanfängern im MINT-Bereich lediglich 34,5 Prozent, in der Informatik lag er sogar bei nur 21,8 Prozent.[142] Der Frauenanteil in MINT-Berufen ist nochmals niedriger und liegt beispielsweise im IT-Bereich bei nur 17,5 Prozent.[143] Dabei ist es vor allem angesichts der 96 000 offenen Stellen, auf die der Branchenverband der deutschen Informations- und Telekommunikationsbranche (Bitkom) hinweist, für die

IT-Branche unabdingbar, Frauen bei der Besetzung dieser zukunftsfähigen Arbeitsplätze zu berücksichtigen.[144]

Ich sprach mit Dr. Julia Freudenberg, der Geschäftsführerin der Hacker School gGmbH, über Vorurteile in der Tech-Welt. Julia leitet seit 2017 die mehrfach ausgezeichnete Hacker School mit der Vision, die Jugend, insbesondere auch Mädchen und sozioökonomisch benachteiligte junge Menschen, für das Programmieren zu begeistern. Julia und ich kennen uns von diversen Netzwerkveranstaltungen, wo sie immer und immer wieder versucht, Vorurteile durch Begeisterung zu demaskieren. Sie lachte, als ich sie auf das Thema Vorurteile ansprach.

»Weißt du, Anna, das Tolle bei Vorurteilen ist, dass es wie im Leben immer solche und solche gibt. Es gibt Vorurteile, die liebevoll karikieren, und es gibt Vorurteile, die verschrecken. Klar ist der Anteil der Vorurteile in der Tech-Welt riesig und er wird weiter wachsen, so zumindest meine Einschätzung. Das Schöne ist, in den meisten Vorurteilen steckt ein Körnchen Wahrheit. Diese kleine Schrulligkeit – oder Besonderheit – wird aber oft falsch konnotiert, es erfolgen Zuschreibungen, oft aus Unwissenheit, manchmal Neid – und dann entwickeln sich die mitunter liebevollen Karikaturen in verzerrte Bilder.

Ich habe bei meiner ersten Hacker School Session den wunderbaren Tho kennen gelernt. Ich hatte damals nicht den Eindruck, dass Tho eine wirkliche Notwendigkeit sah, sich mit anderen Erwachsenen länger als zwei oder drei Sätze zu unterhalten, und ich fragte mich, wie da wohl ein Kurs aussehen mochte. Und ja, ich war etwas skeptisch. Als ich nach der Begrüßung zwischen den Kursen hin und her schlenderte, sah ich eine begeisterte Hacker-Gang, die völlig vertieft am Line-Follow-Robot bastelte und meine neugierigen Blicke nicht mal bemerkte – und Tho mittendrin. Vielleicht war und ist er nicht der größte Redner dieser Welt – aber die Kids waren begeistert und haben Tho so angenommen, wie er war, und haben irre viel dabei gelernt.«

Julia brachte mich mit dem, was sie sagte, zum Lächeln. Nun habe ich selbst einige Jahre an der Informatikfakultät verbracht und arbeite schon lange in Tech-Unternehmen. Aus eigener Erfahrung kann ich – so wie auch Julia – also sagen, dass das IT-Klischee in manchen Fällen durchaus einen wahren Kern hat. Ich erinnere mich noch gut daran, wie ich mit ehemaligen Entwicklerkollegen gemeinsam in einem Großraumbüro arbeitete und von ihnen prinzipiell nur angechattet wurde – und das, obwohl ich direkt neben ihnen saß. Viele meiner Kommilitonen und IT-Kollegen wurden auch immer ganz blass um die Nase, wenn ich versuchte, mit ihnen Smalltalk zu führen. Doch genauso lernte ich viele männliche und weibliche Techies kennen, die all diese Klischees nicht mal im Ansatz erfüllten. Ich sehe die Vielfalt in den Persönlichkeitsmerkmalen der Menschen im Tech-Bereich inzwischen als Bereicherung und Chance für mich selbst, um meinen Horizont zu erweitern und Themen auch mal aus anderen Perspektiven zu betrachten.

Wenn ich mit Mädchen und jungen Frauen spreche, die noch mit sich hadern, ob sie die richtige Eignung für die Tech-Branche mitbringen, erzähle ich ihnen übrigens gerne von Grace Hopper. Als 1969 der Preis für den »Man of the year« in Computerwissenschaften zum ersten Mal vergeben wurde, ging er an eine Frau – an Grace. Grace Hopper war es, die den ersten Compiler entwickelt hatte und den Begriff des »Bug« für Softwarefehler prägte. So klebte sie eines Tages eine tote Motte in ihr Logbuch und schrieb daneben »First actual case of bug being found« – »Erster Fall eines entdeckten Bugs«. Sie gilt als Pionierin der Programmiersprachen.[145] Zu der Zeit waren die Menschen von Grace wahrscheinlich sogar weniger beeindruckt als heute, denn in der Frühzeit der Computerentwicklung war Programmieren noch ein typischer Frauenberuf. Das nur mal so nebenbei zu dem Vorurteil, dass Programmierung nichts für Frauen sei.

Die Tech-Branche ist heutzutage gefragter denn je. Zugleich verschärft sich der Mangel an qualifizierten Fachkräften in dem Bereich hierzulande zunehmend. Umso wichtiger ist es, dass wir Mädchen und Jungen schon während der Schulzeit für Technologien begeistern und ihnen Digitalkompetenzen vermitteln. Der Informatikunterricht an deutschen Schulen ist jedoch bis heute lückenhaft und oft nicht praxisnah gestaltet. Während die meisten europäischen Länder Informatik als Pflichtfach anbieten, realisieren viele Bundesländer ausschließlich ein Wahl- oder Wahlpflichtangebot. Seit 2005 sind unverändert nur 2 Prozent aller Grund- und Leistungskurse in der Oberstufe Informatikkurse. Ferner gibt es in der Informatik einen enormen Lehrkräftemangel.[146] Es ist daher notwendig, gezielt in die Aus- und Fortbildung von Lehrkräften in dem Bereich zu investieren, um den Anschluss bei der Digitalisierung zu schaffen. Schulen spielen ferner eine wesentliche Rolle, um Geschlechterklischees abzubauen und das Interesse sowie Selbstbewusstsein von Mädchen für MINT-Fächer zu stärken. Seitens der Lehrkräfte sollte deshalb vermehrt darauf geachtet werden, Geschlechterrollen aufzubrechen und auch Mädchen für MINT-Themen zu begeistern.

Es gibt glücklicherweise bereits diverse außerschulische Angebote und Frühförderprogramme für Kinder und Jugendliche, um digitale Kompetenzen schon früh zu fördern und auszubauen. Leider sind diese Angebote allerdings vielen Kindern gar nicht bekannt und zugänglich – vor allem jenen aus sozioökonomisch nicht privilegierten Haushalten. Umso wichtiger ist es, dass Schulen regelmäßige MINT-Informationsveranstaltungen anbieten, über Angebote aufklären und Netzwerke zu Unternehmen und Forschungseinrichtungen aufbauen, um Schülerinnen und Schülern schon frühzeitig Einblicke und den Zugang in die Tech-Branche zu geben. Es wird deutlich, dass wir noch einen weiten Weg vor uns haben, um den Grundstein von notwendigen Digitalkompetenzen hierzulande erfolgreich zu legen und bei Kindern schon von klein auf Begeisterung für Tech zu entfachen. Wir bringen die Augen von Jungen und Mädchen zum Funkeln und wecken spielerisch ihren Entdeckergeist, wenn wir ihnen zeigen, wie man LEDs zum Leuchten bringt oder Roboter fahren lässt. Und das funktioniert auch geschlechtsübergreifend – versprochen.

Die Unstudierten

Die meisten von uns würden sich wohl vehement dagegen wehren, von einer Person am Herzen operiert zu werden, die noch nie in einer Medizinvorlesung gesessen hat. Der Vorschlag, dass sich Ärztinnen und Ärzte ihr Studium auch gänzlich sparen könnten, um stattdessen auf praktische Erfahrung und Talent zu setzen, würde gemeinhin auf großen Widerstand stoßen. Zu Recht, denn für gewisse Bereiche ist ein Studium nicht nur empfehlenswert, sondern unerlässlich. Genauso gibt es allerdings auch viele Berufe, die man auch ohne einen akademischen Abschluss wunderbar ausüben kann. Stöbere ich durch Stellenanzeigen auf LinkedIn, stoße ich allerdings auf wenige, die kein abgeschlossenes Studium voraussetzen. Laut einer Stellenmarkt-Auswertung der Personalmarktforschung Index Research verlangt mehr als die Hälfte der Jobinserate für Young Professionals einen Studienabschluss.[147] Mich irritiert das immer wieder aufs Neue. Denn viele Menschen sind schlichtweg praktisch veranlagt und auch ohne einen akademischen Abschluss großartig in ihrem Job. Als Argument für einen akademischen Abschluss als Grundvoraussetzung wird oft angeführt, dass Menschen ohne ein abgeschlossenes Studium die intellektuellen Fähigkeiten und das Wissen für anspruchsvolle Positionen fehlen. Um dieses Argument auszuhebeln, genügt es allein, einen exemplarischen Blick auf die Tech-Branche zu werfen: Von Steve Jobs, Mark Zuckerberg oder Bill Gates, die allesamt ihr Studium abbrachen, wird wohl keiner aufgrund seiner Unfähigkeit in die Geschichte eingehen.

Ich erinnere mich noch gut an einen ehemaligen Koch, der als Quereinsteiger gemeinsam mit mir in der IT-Beratung angefangen hatte. Er entwickelte sich zu einem der besten technischen Consultants, die ich je kennen gelernt habe. Unternehmen, die starr an einem akademischen Abschluss festhalten und auch Quereinsteigern und Quereinsteigerinnen keine Chance geben, verzichten auf genau jene Talente wie ihn. Die Studienabbruchstudie 2022 des Deutschen Zentrums für Hochschul- und Wissenschaftsforschung (DZHW) kam zu dem Ergebnis, dass etwa 28 Prozent der Studierenden ihr Bachelorstudium und circa 21 Prozent ihr Masterstudium abbrachen. In der Mathematik und in den Naturwissenschaften lag die Abbruchquote sogar bei 50 Prozent. Ich kenne selbst viele, die ihr technisches Studium nicht abgeschlossen haben, da es ihnen zu theoretisch oder zu realitätsfern war. Die meisten von ihnen sind begnadet in der Praxis. In einem Arbeitsmarkt, auf dem die akademischen Qualifikationsanforderungen immer höher geschraubt werden, fallen sie jedoch häufig aus dem Raster.

Was schwer nachvollziehbare Qualifikationsanforderungen anbelangt, ist mir ein ziemlich absurdes Bewerbungsgespräch im Gedächtnis geblieben: Ich hatte mich nach meinem Masterabschluss auf einen Einstiegsjob in einer Strategieberatung beworben und wurde zumindest zum Vorstellungsgespräch eingeladen, was mich im Nachgang durchaus verwundert. In dem Gespräch wurde ich schließlich auf meine unterdurchschnittliche Biologienote vom ersten Halbjahr der 12. Klasse angesprochen – mein Abiturzeugnis hatte ich bei der Bewerbung mitschicken müssen. Ich war höchst irritiert, vor allem da ich mein Masterstudium mit sehr guten Noten abgeschlossen hatte und sich mir auch der Zusammenhang zwischen meiner Biologienote und der ausgeschriebenen Position nicht erschloss. Was mich jedoch letztendlich aus dem Prozess rauskegeln sollte, war meine fehlende Auslandserfahrung während des Studiums. »Ihnen fehlt damit leider die interkulturelle Kompetenz, die für unser internationales Umfeld notwendig ist«, erklärte mir die Personalerin auf meine Rückfrage im Nachgang telefonisch. Nun lasse ich mir gerne viele Schwächen attestieren, aber interkulturelle Inkompetenz gehört beim besten Willen nicht dazu. Ich bedankte mich für das Gespräch, legte auf und gratulierte mir kopfschüttelnd innerlich selbst zu dieser Absage.

Nach derartigen Erfahrungen wollte ich wissen, wie es Bewerberinnen und Bewerbern ergeht, die gar nicht studiert haben. Ich sprach daher mit meiner Kollegin Magdalena Rogl über ihre Erfahrungen als Quereinsteigerin ohne akademischen Abschluss in der Tech-Welt. Für ihren außergewöhnlichen Karriereweg von der Kinderpflegerin in die Digitalbranche wurde Magdalena unter anderem mit dem Digital Female Leader Award und vom Onlinemagazin *Edition F* als eine der »25 Frauen, die unsere Wirtschaft revolutionieren« ausgezeichnet. Im Jahr 2016 wechselte sie aus der Medienbranche in die Unternehmenskommunikation von Microsoft Deutschland. Aufgrund ihres kontinuierlichen Engagements für Gleichberechtigung, Inklusion und Vielfalt wurde sie 2021 Diversity & Inclusion Lead im Unternehmen. Sie ist außerdem Autorin des Buchs *MitGefühl: Warum Emotionen im Job unverzichtbar sind.*

Lena berichtete mir, dass die Vorurteile, die sie vor, während und nach ihrem Quereinstieg am meisten gebremst haben, die in ihrem eigenen Kopf waren. Lena erzählte:

»Die innere kritische Stimme, die viele von uns ein Leben lang begleitet, wird oft besonders laut, wenn wir unsicher sind oder wenn sich unsere Lebensumstände verändern. Seit ich zurückdenken kann, wusste ich, was ich werden will: Kinderpflegerin. Und ich wusste vor allem, dass ich das sehr gut kann. Mein Lebenstraum war es, in diesem Beruf zu arbeiten und früh meine eigene Familie zu gründen. Als ich mit Mitte 20 alleinerziehend wurde, habe ich nicht nur meine Ehe verloren, sondern auch einen großen Teil meiner Identität. Es war klar, dass ich als alleinerziehende Kinderpflegerin mit zwei kleinen Kindern in einer der teuersten Städte Deutschlands nicht weit kommen würde. Meine innere kritische Stimme sah viele Vorurteile bestätigt, die mir bis dahin schon begegnet waren. Viele Menschen in meinem Umfeld waren beispielsweise empört, dass ich das Gymnasium drei Jahre vor dem Abitur verlassen hatte, um meine Ausbildung zu beginnen, und dass ich, anders als fast alle meine Freundinnen, keine akademische Laufbahn eingeschlagen hatte, sondern mich bewusst für einen relativ schlecht bezahlten Beruf entschieden hatte.

Als klar war, dass ich mich aufgrund der neuen Lebenssituation beruflich umorientieren musste, wiederholte meine innere kritische Stimme plötzlich viele Sätze, die früher andere Menschen zu mir gesagt hatten: Hättest du Abitur, dann wäre dir das nicht passiert, wenn du studiert hättest, hättest du jetzt mehr Möglichkeiten. Aber das ist natürlich nicht der Fall, und das habe ich mir selbst mittlerweile mehrfach bewiesen. Trotzdem ist es für mich noch immer ein bisschen erschreckend zu reflektieren, wie sehr ich – ausgelöst durch meine eigene Unsicherheit – gesellschaftliche Vorurteile in meinem Kopf reproduziert habe. Und nicht nur Vorurteile, sondern auch Schubladen halten uns selbst oft davon ab, neue Wege zu gehen. Als ich bei einer Familienfeier die Teller abräumte, während die Akademiker und Akademikerinnen der Familie sich am Tisch unterhielten, sah mich meine Oma in der Küche und sagte zu mir: ›In unserer Familie gibt es die Fleißigen und die Klugen, gell?‹ Auch wenn ich damals eigentlich schon wusste, dass das Quatsch ist, habe ich mich trotzdem selbst lange in diese Schublade gesteckt und mir selbst gesagt, dass ich eben nicht klug genug sei.

All diese Dinge und noch viele mehr standen mir also schon im Weg, bevor ich meinen Quereinstieg überhaupt gemacht hatte. Als ich dann 2011 mit Mitte 20 meinen Ausbildungsberuf als Kinderpflegerin hinter mir ließ, um als Community Managerin in einer Online-Redaktion zu arbeiten, brachte ich also selbst schon viele Vorurteile mit und war deshalb natürlich umso empfänglicher für neue Vorurteile und Schubladen. Ich war schnell sehr gut in diesem neuen Job, habe in jeder freien Minute neue Dinge gelernt, mich weitergebildet und vernetzt – aber hatte trotzdem immer das Gefühl, eine Hochstaplerin zu sein. Das sogenannte Impostor-Syndrom begleitete mich von Anfang an, und jedes Meeting, in dem ein Fachbegriff genannt wurde, der mir nicht bekannt war, ließ die Angst wachsen, als Hochstaplerin enttarnt zu werden. Und natürlich gab es immer wieder Menschen, die diese Angst ausgenutzt haben. Zum Beispiel der Vorgesetzte, der meinen Vertrag immer nur um drei Monate verlängerte, weil er wusste, dass meine Angst mich davon abhalten würde, mich dagegen zu wehren.

Als Social Media ganz neu auftauchte und es klar war, dass das ein neuer Arbeitsbereich werden würde, war ich rückblickend die Kollegin im Team, die am meisten darüber wusste. Und trotzdem hat man mir die neue Verantwortung nicht zugetraut – weil ich nicht studiert hatte. Aber eine Eigenschaft, die mir damals noch nicht wirklich bewusst war, hat mir oft neue Türen geöffnet und auch in dieser Situation geholfen: Empathie. Ich habe mich mit Menschen vernetzt, um von ihnen zu lernen, und so damals auch eine Kollegin kennen gelernt, die mehr in mir gesehen hat. Sie war davon überzeugt, dass ich eine große Bereicherung für die Unternehmenskommunikation wäre, und hat mir innerhalb von kürzester Zeit ein Vorstellungsgespräch verschafft. Weil ich mit meinen Skills überzeugen konnte, bekam ich die Verantwortung für die Online-Kommunikation und blühte in dieser Rolle absolut auf. Doch eine andere Kollegin war misstrauisch und hatte erhebliche Zweifel wegen meines fehlenden Studiums. Sie versuchte, mir Angst zu machen, mich zu bevormunden und mich immer wieder mit Fachbegriffen zu konfrontieren, um mich zu verunsichern. Auch meine private Situation nutzte sie aus und redete mir zum Beispiel ein, dass ich als alleinerziehende Mutter ohne Studium nicht nach mehr Gehalt fragen könne. Aber das hat nur so lange funktioniert, bis ich sie klar damit konfrontierte und für mich selbst einstand.

Ich habe damals gelernt, wie wichtig es ist, Grenzen zu setzen. Ein paar Jahre später gab es Umstrukturierungen, und weil unklar war, wie sich unsere Abteilung entwickeln würde, habe ich mich auch extern beworben. Mit den Erlebnissen aus dieser Bewerbungsphase könnte ich vermutlich ein ganzes Buch füllen. Auf einen Großteil meiner Bewerbungen habe ich gar keine Rückmeldung bekommen, oft wurde mir auch einfach schroff gesagt, dass ich ja keinen Hochschulabschluss habe und deshalb nicht infrage käme. In wenigen Fällen wurde ich zu Gesprächen eingeladen, und von denen sind mir zwei besonders in Erinnerung geblieben: Für die Community-Redaktion in einem Münchner Verlag konnte ich alle Anforderungen erfüllen und auch im Gespräch überzeugen – bis mich der Interviewer am Ende fragte, wer eigentlich schuld an meiner Scheidung gewesen wäre und sich die Frage dann selbst beantwortete: ›Na ja, im Zweifel immer die Frau!‹ Leider war ich in dem Moment so geschockt, dass ich darauf nicht reagieren konnte. Bei einem anderen Gespräch ging es um die Online-Redaktion und Verantwortung einer Website einer städtischen Initiative. Die Geschäftsführerin lud mich zum Gespräch, ließ mich fast zwei Stunden ausführlich die Website analysieren, schrieb dabei eifrig mit – um mir ganz am Ende mitzuteilen, dass sie mich nicht einstellen könne, weil mir ja das Studium fehle, das die Voraussetzung für die Stelle wäre.

Die negativen Erfahrungen aus dieser klassischen Bewerbungsphase haben mich sehr verzweifeln lassen, und ich fühlte die Vorurteile bestätigt, dass ich als Quereinsteigerin ohne Studium keine

Chance hätte. Ich teilte meinen Frust damals mit einer Freundin – die dann meinte, dass es in ihrem Team eine Person wie mich brauchen könnte. Sie arbeitete damals bei Microsoft und verschaffte mir kurzerhand ein Gespräch mit ihrem Chef. Für mich war es absolut beeindruckend zu sehen, dass es in diesen Gesprächen nie darum ging, welchen Abschluss ich habe, sondern vielmehr, welche Erfahrungen und welches Potenzial ich mitbringe. Und heute weiß ich, dass es genau das ist, was innovative Unternehmen auszeichnet: Sie achten nicht nur darauf, was Menschen schon wissen, sondern vor allem darauf, was sie fähig sind zu lernen.

Nach fast fünf Jahren in der Unternehmenskommunikation bei Microsoft habe ich 2021 in die Personalabteilung gewechselt und dort die Verantwortung für Diversity & Inclusion übernommen. Und in dieser Funktion beschäftige ich mich auch intensiv mit dem Thema Bildungsdiversität. Unternehmen profitieren stark davon, wenn sie Mitarbeiter und Mitarbeiterinnen mit unterschiedlichen Bildungshintergründen einstellen, weil sie dadurch verschiedene Perspektiven gewinnen und Innovation vorantreiben können. Immer schneller entstehen neue Berufsfelder und Arbeitsbereiche, und Unternehmen werden sich nicht leisten können, darauf zu warten, dass es Studiengänge für alle diese neuen Bereiche gibt. Das World Economic Forum berichtet, dass 65 Prozent der heutigen Schülerinnen und Schüler in Berufen arbeiten werden, die es heute noch nicht gibt – woher sollen diese Kinder und Jugendlichen also wissen, was sie werden wollen? Ich wünsche mir, dass wir in Zukunft nicht mehr fragen: ›Was willst du werden?‹, sondern: ›Wie willst du werden?‹ Und ich wünsche mir, dass wir uns nicht mehr darauf fokussieren, welchen Abschluss ein Mensch hat, sondern welches Potenzial.«

Magdalenas Appell kann ich mich nur anschließen. Ich bewundere außerdem ihren Mut, ihren eigenen Weg zu gehen und sich gegen die Widerstände im eigenen Umfeld durchzusetzen, um den Beruf auszuwählen, den sie wollte. Die Annahme liegt nah, dass unter den rund 79 Prozent[148] der Akademikerkinder, die jedes Jahr ein Studium beginnen, viele sind, die das nur tun, weil es von ihren Familien so erwartet wird. Der akademische »Abstieg« ziemt sich in bürgerlichen Milieus schließlich nicht. Wenn der Papa Jurist war, ist es doch seltsam, wenn die Tochter plötzlich eine Berufsausbildung machen möchte, oder? In den vergangenen 20 Jahren ist die Zahl der eingeschriebenen Studentinnen und Studenten hierzulande um fast ein Drittel auf 2,94 Millionen gestiegen.[149] Auch der durchschnittliche Anteil der 25- bis 34-Jährigen mit einem Abschluss im Tertiärbereich ist in den OECD-Ländern von 27 Prozent im Jahr 2000 auf 48 Prozent im Jahr 2021 angestiegen und ist mittlerweile bei den 25- bis 34-Jährigen der häufigste Bildungsstand.[150]

Gesellschaftlich macht sich damit eine gefährliche Schere auf: Denn bereits heute gibt es in Deutschland immer mehr junge Erwachsene, die das Bildungssystem komplett ohne Abschluss verlassen. Das entspricht rund 15 Prozent der jungen Erwachsenen zwischen 20 und 34 Jahren – mit steigender Tendenz.[151] Zugleich suchen Betriebe händeringend nach Azubis – viele Ausbildungsplätze bleiben unbesetzt. Auch der Bereich Soziale Arbeit, Pflegeberufe und die Gesundheitsversorgung verzeichnen bereits seit Jahren eine große Lücke an Fachkräften.[152] Teil der Lösung im Kampf gegen den Fachkräftemangel sollten neben der Qualifizierung von Menschen ohne Arbeit und Berufsausbildung ebenso Lohn- und Gehaltserhöhungen in betroffenen Branchen und vor allem auch die gesellschaftliche Aufwertung von Berufsausbildungen sein. Das starre Pochen auf akademische Abschlüsse ist für Unternehmen in Zeiten des Fachkräftemangels kontraproduktiv. Vielmehr sollten Bewerbungsverfahren verwendet werden, die qualifizierte Bewerberinnen und Bewerber anhand ihrer Fähigkeiten und relevanter Berufserfahrung identifizieren und keine geeigneten Talente aufgrund von fehlenden Studienabschlüssen aus dem Raster fallen lassen.

Die Arbeiterkinder

Während meiner Studienzeit gab ich ehrenamtlich Nachhilfekurse im Münchner Norden für Kinder aus einkommensschwachen Familien. An einem Tag mühte ich mich zum wiederholten Mal an einer besonders »anspruchsvollen« Gruppe von Drittklässlern ab, die sich redlich Mühe gab, meinen Unterricht zu sabotieren. Der größte Störenfried war ein etwa neunjähriger türkischstämmiger Junge namens Cem. Immer wenn ich es geschafft hatte, die Kinder zu beruhigen, ließ sich Cem einen neuen – zugegebenermaßen meist ziemlich kreativen – Streich einfallen. Und das Chaos nahm wieder seinen Lauf. Irgendwann riss mir schließlich der Geduldsfaden, und ich forderte Cem ziemlich unwirsch auf, mich in den Nebenraum zu begleiten. Widerwillig und nun auch etwas kleinlaut folgte er mir. »Wieso verhältst du dich so?«, fragte ich ihn, sobald wir in dem Raum angekommen waren. Cem blickte merklich genervt an mir vorbei und antwortete nicht. Ich runzelte die Stirn und sagte schließlich: »Wenn du so weitermachst, sehe ich wirklich schwarz für dieses Schuljahr.« Cem sah mich weiterhin nicht an und schwieg. Irgendwann murmelte er schließlich kaum hörbar: »Das macht doch sowieso keinen Unterschied.« Jetzt war ich merklich irritiert: »Wie meinst du das denn?« Nach langem Schweigen sagte Cem schließlich etwas, das mich wahnsinnig wütend und zugleich sehr traurig machen sollte:

»Meine Eltern sagen immer zu mir, dass ich sowieso zu dumm zum Lernen bin. Außerdem sagen sie, dass Ausländerkinder eh nie aufs Gymnasium oder auf die Realschule kommen. Es ist doch völlig egal, ob ich lerne oder nicht.«

Ich war kurz sprachlos. »Wieso sagen deine Eltern denn so was?«, fragte ich ihn schließlich leise. Cem schwieg. Ich musste mich kurz sammeln und sagte dann zu ihm:

»Weißt du was, Cem? Wir zeigen es deinen Eltern. Ich weiß, dass du ein echt schlauer Junge bist. Und sie haben Unrecht.«

Ich redete noch einige Minuten mit ihm, bevor wir zurück zu den anderen Kindern gingen. Ich berichtete ihm von meinen eigenen Erfahrungen und erklärte ihm, wieso ich überzeugt davon war, dass großes Potenzial in ihm schlummerte. Ziemlich genau ein Jahr nach diesem Gespräch hielt Cem schließlich sein Übertrittszeugnis in der Hand, das ihm die Gymnasialempfehlung bescheinigte. Ich fand es schon damals bewegend und erschreckend zugleich, welche Auswirkungen meine Worte auf diesen Jungen hatten. Ich habe keine pädagogische Vorbildung und hatte mir bis auf unsere Unterhaltungen in den gemeinsamen Nachhilfestunden auch nicht viel zusätzliche Zeit für ihn genommen. Doch das, was ich ihm gesagt hatte, reichte offensichtlich aus. Diese wenigen Sätze erreichten ihn aus irgendeinem Grund und genügten, um in ihm den Glauben an sich selbst zu wecken.

Cems Fall ist leider klassisch. Arbeiterkindern und Menschen aus einkommensschwachen Familien fehlen häufig Rollenvorbilder. Neben unserem Elternhaus werden wir auch von unserem sozialen Umfeld, also von Verwandten, Freunden und Freundinnen der Eltern sowie deren Kindern geprägt, die meist aus einem vergleichbaren Milieu wie unsere Eltern stammen. Die Konsequenz ist, dass Kindern aus bildungsfernen Familien Rollenvorbilder für akademische Werdegänge fehlen. Für sie ist – wie in Cems Fall – schon der Übertritt aufs Gymnasium so abstrakt, dass er unerreichbar erscheint.

Wahrscheinlich fiel mir der Zugang zu Cem auch deshalb so leicht, weil ich mit Kindern aus vergleichbaren Verhältnissen groß geworden war. Ich selbst wuchs im Münchner Westend auf. Eine Gegend, die in München heutzutage als hippes Szeneviertel bekannt ist. Während meiner Kindheit war sie allerdings eher als Glasscherbenviertel und sozialer Brennpunkt verschrien. Schräg gegenüber unserer Etagenwohnung im vierten Stock eines gelben Plattenbaus, in dem ich aufgewachsen bin, war eine Drogensubstitutions-Ambulanz. Einige der älteren Brüder meiner Schulfreundinnen dealten. In der Konsequenz sprachen wir schon auf dem Schulhof in der Grundschule so selbstverständlich über Drogen, als würden wir uns über Smarties unterhalten. Damals wusste ich noch nicht, dass ich meine langjährigste Kindheitsfreundin aus der Gegend mit Anfang 20 wegen einer Überdosis verlieren würde. Wahrscheinlich hätte ich dann dem Thema etwas weniger Lässigkeit entgegengebracht.

In der vierten Klasse war ich schließlich eine der wenigen, die den Übertritt aufs Gymnasium schaffte. Dieser Umstand war aus meiner Sicht weniger meiner vermeintlichen Intelligenz zu verdanken, sondern eher auf den trivialen Umstand zurückzuführen, dass meine Eltern – anders als die Eltern der meisten anderen Kinder – in der Lage waren, sich mit den Lehrkräften überhaupt zu verständigen, und mir in der Grundschule auch noch beim Schulstoff helfen konnten. Ich wusste damals noch nicht, dass mich dieses Übertrittszeugnis, von einem Tag auf den anderen, in eine völlig neue Welt hineinkatapultieren würde. Weg vom Westend – denn da gab es gar kein Gymnasium – hinein in eine Welt, in der die Kinder in dem Alter höchstwahrscheinlich noch nie von einer Substitutions-Ambulanz gehört hatten. Kinder, von denen die meisten viele

Privilegien besaßen, die mir erst viele Jahre später wirklich bewusst werden würden.

Ich war eine mittelmäßige Schülerin. Mir half glücklicherweise meine schnelle Auffassungsgabe, trotz ziemlich geringen Arbeitseinsatzes mit soliden Noten in der Schulzeit durchzukommen. Als ich schließlich mein Abiturzeugnis in der Hand hielt, konnte ich es gar nicht abwarten, sofort zu studieren. Meine Eltern hatten mir jahrelang erfolgreich eingebläut, dass ein Studium der einzige Weg Richtung finanzieller Stabilität und Unabhängigkeit sein würde. Finanzielle Unabhängigkeit und Stabilität klangen zwar utopisch, aber auch verdammt erstrebenswert, und die Vorstellung feuerte mich an. Ich gab also Vollgas und schrieb mich für den Studiengang ein, der laut meiner Recherche die besten Berufsaussichten und finanziellen Perspektiven versprach: Wirtschaftsinformatik. Die wenigen Wochen zwischen Abitur und Studium arbeitete ich in schlecht bezahlten Aushilfsjobs. Mit dem Bachelorstudium konnte ich gar nicht schnell genug fertig werden und nahm mein Bachelorzeugnis als Zwischenziel nur schulterzuckend zur Kenntnis.

Während die meisten meiner Kommilitonen den Abschluss wochenlang feierten und erstmal eine längere Pause einlegten, hängte ich nahtlos mein Masterstudium dran. Die Zeit zwischen Bachelor- und Masterstudium überbrückte ich mit schlecht bezahlten Praktika und Pizzaausliefern am Wochenende. Auch mein Masterstudium zog ich, so schnell ich konnte, durch. Während meines Studiums hatte ich nach unzähligen Bewerbungen und Absagen das Glück, als Werkstudentin in einem renommierten IT-Konzern Fuß zu fassen. Dies erleichterte mir wiederum den Berufseinstieg maßgeblich. Zwischen der Abgabe meiner Masterarbeit und meinem ersten Vollzeitjob lagen schließlich genau fünf Tage.

Während meines Studiums bekam ich oft ähnliche Ratschläge zu hören:

»Mach doch erstmal ein Gap Year nach deinem Abi! Wieso hast du es denn so eilig?«

»Lass es doch langsam angehen! Das Studium ist die schönste Zeit deines Lebens!«

»Du musst auf jeden Fall für mindestens ein Semester nach Australien!«

»Reise unbedingt zwischen deinem Bachelor und deinem Master um die Welt!«

Ich machte allerdings weder ein Gap Year noch ein Auslandssemester noch ein Sabbatical oder gar eine Weltreise. Bei vielen Unternehmen fiel ich in Bewerbungsprozessen aufgrund dieser fehlenden Checkbox schon mal aus dem Raster. Für mich war mein Studium auch nicht die entspannteste Zeit meines Lebens. Ich verbrachte die Zeit nicht mit Feiern auf Studentenpartys – im Gegenteil. Mir konnte es nicht schnell genug gehen, endlich fertig zu werden. Entweder ich lernte oder ich arbeitete. Meine Eltern zogen sich bis auf das letzte Hemd aus, um mir alles zu ermöglichen. Doch eine Weltreise nach dem Studium oder ein schickes Auslandssemester in Australien waren für mich nicht drin. Es wird häufig unterschätzt, dass die Möglichkeit, sich nach dem Abitur eine lange Auszeit zu nehmen, dreimal den Studiengang zu wechseln oder nach dem Studium eine ausgedehnte Weltreise zu machen, Privilegien sind. Privilegien, die für Arbeiterkinder oder Kinder aus einkommensschwachen Familien nur unter äußerst erschwerten Bedingungen umsetzbar sind. Nicht nur weil sie die finanziellen Mittel nicht haben, sondern auch weil ihnen oft das Wissen über Stipendien oder Förderprogramme fehlt.

Viele Menschen verstehen oftmals die Eile nicht, die Arbeiterkinder häufig an den Tag legen. Diese Disziplin, die manchmal gar verbissen wirken kann. Doch die meisten sind getrieben von dem Wunsch nach finanzieller Sicherheit. Und von der Sorge, dass sie das, was sie sich so mühevoll aufgebaut haben, über Nacht wieder verlieren könnten. Arbeiterkinder und Menschen aus einkommensschwachen Familien sind regelrecht getrieben von der Angst, aus der Welt wieder herauszufliegen, in der sie sich häufig niemals so »richtig« zugehörig fühlen. Und Erfahrungen, die ihnen dieses Gefühl stets wieder vor Augen führen, gibt es hierbei zur Genüge. Ich erinnere mich etwa noch sehr gut an ein Schlüsselerlebnis in meiner damaligen Beratungszeit: Ich saß mit einigen Kollegen beim Abendessen, und irgendwann fiel das Thema auf die Berufe der Eltern – beziehungsweise der Väter. Die Berufe der Mütter schienen in der Runde eine eher untergeordnete Rolle zu spielen. Es folgte ein gegenseitiges Wetteifern, getreu dem Motto »Deutschland sucht den Super-Vater«: Schulleiter, Chefarzt, Richter, Top-Manager. Irgendwann sahen nun alle mich fragend an. »Mein Vater ist Taxifahrer«, sagte ich daraufhin und lächelte. Es folgte ein betretenes Schweigen, und meine Kollegen tauschten peinlich berührte Blicke aus. Bevor ich ergänzen konnte, dass ich verdammt stolz auf meine Eltern war, wurde nun in Windeseile das Thema gewechselt. Diese Erfahrung war nicht die erste und nicht die letzte ihrer Art. Diese Erlebnisse zeigen mir jedes Mal aufs Neue, dass Arbeiterkinder in der Welt, in der ich mich inzwischen bewege, nun mal die Ausnahme sind.

Ich wollte weitere Perspektiven zu dem Thema einholen und sprach daher mit Martin Seiler, den ich schon lange für sein Engagement im Bereich Diversität schätze, über soziale Gerechtigkeit und die Bedeutung der sozialen Herkunft. Martin ist seit dem 1. Januar 2018 Vorstand Personal und Recht der Deutschen Bahn AG. Vor seinem Wechsel zur DB war er in verschiedenen HR-Funktionen bei der Deutschen Telekom tätig und zuletzt ab Juni 2015 als Geschäftsführer Personal und Arbeitsdirektor für 70 000 Mitarbeiter der Telekom Deutschland sowie als Sprecher der Geschäftsführung der Telekom Ausbildung konzernweit für alle Auszubildenden und dualen Studenten verantwortlich. Zunächst war es mir wichtig zu verstehen, was für Martin Diversität bedeutet:

Martin: Für mich bedeutet Diversität eine offene Gesellschaft, in der jeder Mensch nicht nur akzeptiert, sondern auch aktiv integriert wird.

Um das zu schaffen, müssen wir Bewusstsein für bestehende Benachteiligungen entwickeln, Haltung zeigen und aktiv gegen die bestehende Chancenungleichheit in unserer Gesellschaft vorgehen.

Annahita: Und wie stellt man das aus deiner Sicht am besten an, Martin?

Martin: Der erste Schritt ist, sich bewusst zu werden, dass Privilegien existieren – und die eigenen zu erkennen. Bin ich in einem sicheren und modernisierten Land aufgewachsen? Komme ich aus einem gefestigten familiären Umfeld? Hatte meine Familie genug Geld, oder benötigte sie staatliche Unterstützung? Haben meine Eltern einen hohen Bildungsgrad? Die Liste lässt sich noch weiterführen – aber du merkst, worauf ich hinauswill. Die meisten Privilegien werden uns bereits in die Wiege gelegt – und doch können sie entscheidend für den ganzen Lebensweg sein. Natürlich heißt das im Umkehrschluss nicht, dass privilegierte Menschen für ihren Erfolg nicht hart arbeiten müssen. Doch Aspekte, wie der finanzielle familiäre Background, entscheiden vieles, zum Beispiel, ob ich mir ein unbezahltes Praktikum oder Nachhilfe leisten kann.

Annahita: Empfindest du dich denn selbst als privilegiert?

Martin: Ich bin mir bewusst, dass ich in einem stabilen Umfeld aufgewachsen bin – meine soziale Herkunft ermöglichte mir ein sicheres Leben und eine gute (Aus-)Bildung. Ich hatte das Glück, in meinem Leben von Leuten gefördert, aber auch gefordert zu werden, die Potenzial in mir gesehen und an mich geglaubt haben. Nun befinde ich mich in einer Position, in der ich selbst anderen Perspektiven ermöglichen, Türen öffnen und die mir zuteilgewordenen Chancen zurückgeben kann.

Annahita: Was ist denn aus deiner Sicht ausschlaggebend, um Chancengerechtigkeit zu erreichen?

Martin: Aus meiner Sicht ist ein zentraler Faktor für Chancengleichheit der gleiche Zugang zu Bildung. Bereits in den 70er Jahren hat der

Soziologe Pierre Bourdieu den Begriff des Bildungskapitals etabliert. Bildung, und insbesondere die erworbenen Abschlüsse, sind in unserer Gesellschaft zentrale Schlüssel für einen erfolgreichen Lebensweg. Kombiniert mit einer privilegierten sozialen Herkunft sind die Chancen auf einen hohen Lebensstandard und erfolgreichen Berufsweg äußert hoch. Doch die Wirklichkeit zeigt: In allen Bildungsbereichen lassen sich in Deutschland Ungleichheiten nach sozialer Herkunft beobachten. Der 2022 veröffentlichte nationale Bildungsbericht des Bundesfamilienministeriums verdeutlicht, dass Bildungserfolg und soziale Herkunft stark zusammenhängen und zu Ungleichheiten führen. Die eigene soziale Herkunft kann schon in der Grundschule entscheiden, in welchem Umfang ich Zugang zum Bildungssystem erhalte und mit welchem Bildungskapital ich in mein Leben starte. Hier müssen wir dringend etwas ändern. Das können wir nur, indem jede und jeder einen eigenen Teil zur Lösung beiträgt.

Annahita: Und welchen Beitrag leistest du persönlich dafür?

Martin: Auch ich möchte Verantwortung übernehmen und meine Privilegien nutzen, um etwas zu bewegen. Mein Anspruch ist es, zu gestalten und Rahmenbedingungen zu definieren, damit sich Menschen, Kultur und Organisationen bestmöglich und chancengerecht entwickeln können. Das Engagement für Bildung zieht sich wie ein roter Faden durch mein Berufsleben: Ich war Mitglied im Social Dialogue der Europäischen Kommission, der Enquete-Kommission des Deutschen Bundestages »Berufliche Bildung in der digitalen Arbeitswelt« und seit Mai 2022 leite ich ehrenamtlich den Vorsitz des Ausschusses Bildung von BDA (Bundesvereinigung der Deutschen Arbeitgeberverbände) und BDI (Bundesverband Deutscher Industrie e. V.). Dieser gemeinsame Ausschuss diskutiert und beschließt die bildungspolitischen Positionen der deutschen Arbeitgeber und Industrie. Unser Ziel: chancengerechten Zugang zu Bildung in Deutschland zu gewährleisten und zukunftsorientiert zu gestalten – sowohl für die frühkindliche und schulische Bildung, die berufliche Aus- und Weiterbildung als auch die akademische Bildung.

Annahita: Welche Verantwortung siehst du bei Arbeitgebern, und welche Initiativen hast du bei dir im Unternehmen bisher selbst schon angestoßen?

Martin: Unternehmen sind in der Verantwortung, Maßnahmen zu entwickeln, die die Diversity-Dimension »Soziale Herkunft« entsprechend adressieren. Bei der Deutschen Bahn haben wir bereits zahlreiche Instrumente auf den Weg gebracht, um die direkten und indirekten Erschwernisse für Menschen aus sozial benachteiligten Herkünften zu verringern und aktiv Diversität und Chancengleichheit im Konzern zu fördern. Das Wichtigste: Wir haben im ersten Schritt unser eigenes Verständnis von Vielfalt um die Dimension »Soziale Herkunft« erweitert, um so eine Verankerung in der Konzernstrategie und Verzahnung mit Prozessen innerhalb der DB zu ermöglichen. Wenn wir in Zukunft wahre Chancengleichheit erreichen wollen, müssen wir heute die Weichen stellen, vor allem für die jüngeren Generationen. Genau hier setzen unsere DB-Projekte »Chance Plus« und »Scoring Girls Ausbildung« an. Mit unserem Berufsvorbereitungsprogramm »Chance Plus« unterstützen wir seit 2004 in Zusammenarbeit mit der Bundesagentur für Arbeit Ausbildungssuchende aus finanzschwachen und/oder bildungsferneren Haushalten beim Start in eine Berufsausbildung oder beim direkten Jobeinstieg.

Wenn wir eine Zeit erreicht haben, in der soziale Herkunft bei Bildung und Chancengerechtigkeit keine Rolle mehr spielt und jeder und jede an seinen und ihren Stärken gemessen faire Entwicklungschancen hat, dann werden wir auch dem Anspruch des Gleichheitsprinzips des deutschen Grundgesetzes gerecht.

Ich konnte Martin nur aus tiefstem Herzen zustimmen. Mit seinem Fokus auf Bildungsgerechtigkeit im Kontext von sozialer Herkunft traf er außerdem einen wunden Punkt. Ich schrieb im vorigen Unterkapitel darüber, dass hierzulande der berufliche Erfolg nach wie vor oft an Studienabschlüsse geknüpft ist. Die Konsequenz ist, dass Menschen, denen akademische Abschlüsse fehlen, oftmals viele Türen verschlossen bleiben. Für Arbeiterkinder ist dieses Phänomen besonders fatal, denn für sie sind – wie meine Eltern schon damals richtig festgestellt hatten – Studienabschlüsse häufig die einzige Möglichkeit für den sozialen Aufstieg. An dieser Hürde scheitern allerdings vor allem Arbeiterkinder häufig. Eine Untersuchung der Ludwig-Maximilians-Universität München (LMU) bestätigte, dass in Deutschland Bildungschancen der Kinder stark von ihrer sozialen Herkunft abhängen. Besonders spannend: Kinder aus privilegierten Elternhäusern, die selbst nur einen niedrigen Bildungsabschluss erreichen, haben gute Chancen, in ihrem weiteren Karriereverlauf dennoch beruflich erfolgreich zu werden. Sie sind laut der Untersuchung motiviert, diesen vermeintlichen Malus auszugleichen und den Prestigeverlust ihres niedrigen Abschlusses wieder aufzuholen. Bei Kindern aus sozial nicht privilegierten Verhältnissen und bildungsfernen Elternhäusern kann im Falle von niedrigen Bildungsabschlüssen diese Entwicklung hingegen nicht beobachtet werden.[153]

In Deutschland gelingt es nur wenigen, einen höheren Bildungsabschluss oder ein höheres Einkommen als die eigenen Eltern zu erreichen. Eine Studie der Organisation für wirtschaftliche Zusammenarbeit und Entwicklung (OECD) zeigt auf, dass in Deutschland sechs Generationen notwendig sind, um von der untersten Einkommensschicht in die Mitte der Gesellschaft zu gelangen – also rund 180 Jahre. Die mangelnde soziale Mobilität in der Bundesrepublik bewegt sich damit auf einem ähnlichen Niveau wie in Argentinien.[154] Auch für mich sollte mein Masterzeugnis meine Eintrittskarte in die privilegierte Welt sein, in der ich mich heute bewege. Mit diesem Abschluss gehöre ich zu einer statistischen Minderheit, denn die Chance auf Hochschulbildung variiert maßgeblich mit der sozialen Herkunft. Der *Hochschul-Bildungs-Report 2022*[155] macht deutlich, dass beim Durchlaufen des Bildungssystems bei jeder Entscheidung eine erneute Selektion stattfindet, die von der Bildungsnähe des Elternhauses abhängt:

- Von 100 Schülerinnen und Schülern aus Arbeiterfamilien beginnen lediglich 27 Personen ein Studium.
- Haben bereits die Eltern studiert, sind es von 100 Schülerinnen und Schülern 79 Personen, die sich für ein Studium entscheiden.
- Bei 100 Studierenden aus Arbeiterfamilien schließen 20 erfolgreich das Bachelorstudium ab, bei Akademikerfamilien sind es 64 Absolventinnen und Absolventen.
- Den Master schaffen von 20 Arbeiterkindern nur noch 11, von 64 Akademikerkindern sind es 43.

Doch auch mit einem Hochschulabschluss haben Kinder aus weniger begünstigten Familien beim Berufseinstieg mit Nachteilen zu kämpfen. Vor allem beim ersten Job. Denn da zählen ja erst einmal weniger die beruflichen Leistungen, sondern häufig vielmehr Auslandsaufenthalte oder Praktika sowie das Netzwerk der Eltern.[156] Schaffen es Arbeiterkinder trotzdem, erfolgreich im Arbeitsmarkt Fuß zu fassen, stehen sie oftmals vor einer Reihe weiterer – oftmals unsichtbarer – Hürden und Herausforderungen. Arbeiterkindern fehlt nicht nur auf dem Weg zum oder im Studium die finanzielle Unterstützung oder die Möglichkeit, Ratschläge von ihren Eltern einzuholen. Sie können sich ferner genauso wenig auf das karrierefördernde Netzwerk ihres Elternhauses verlassen. Ihnen fehlt auch das finanzielle Polster, um riskante berufliche Entscheidungen sorgloser zu treffen. Genauso wenig können sie mit dem internalisierten Verhaltenskodex sowie Habitus der Oberschicht bei Netzwerkveranstaltungen oder Geschäftsessen glänzen. Spontane Gespräche übers Skifahren, Theatervorstellungen, klassische Musik oder übers Golfen, die für Menschen aus privilegierten Hintergründen Selbstverständlichkeiten sind, werden für Arbeiterkinder und Menschen aus einkommensschwachen Familien oft zum Stolperstein.

Ihr erinnert euch bestimmt noch an das Phänomen der Affinitätsverzerrung, das ich zu Beginn des Buchs beschrieben hatte. Die Folge dieses Prinzips »Gleich und gleich gesellt sich gern« ist, dass Menschen auf Top-Managementebene, die in der Regel aus privilegierten Elternhäusern stammen, vorwiegend auch diejenigen Menschen fördern, die ihnen ähneln. Und das sind in der Konsequenz nur sehr selten soziale Aufsteigerinnen und Aufsteiger beziehungsweise Arbeiterkinder und Menschen aus einkommensschwachen Familien – auch wenn sich diese ihre beruflichen Positionen mühevoll erarbeitet haben. Der Traum, vom Kind eines Tellerwäschers zum Millionär zu werden, hat sich hierzulande damit schnell ausgeträumt. Auch der Großteil meiner damaligen Mitschülerinnen und Mitschüler aus meiner alten Gegend arbeiten heute in schlecht bezahlten Jobs. Erfolg wird uns de facto hierzulande noch häufig in die Wiege gelegt.

Das Vorurteil, dass arme Menschen selbst für ihre Armut verantwortlich sind, hält sich dennoch hartnäckig. Verstärkt werden die Vorurteile von der medialen Darstellung einkommensschwacher Familien, in denen die Situation der Betroffenen vereinfacht auf ihre vermeintliche Faulheit und fehlende Disziplin heruntergebrochen und in populären Reality-TV-Formaten überspitzt und stereotypisch ausgeschlachtet wird. Boulevardzeitungen verstärken diese Vorurteile, indem einkommensschwache oder auf Sozialleistungen angewiesene Menschen als Sozialschmarotzer und Faulenzer dargestellt werden, die Sozialämter sowie Steuerzahlerinnen und Steuerzahler hinterlistig prellen. Statt Armut und soziale Ausgrenzung als strukturelle Herausforderungen zu adressieren und Lösungen zu erarbeiten, wird damit die Lebenssituation von Menschen aus sozial nicht privilegierten Hintergründen pauschal als selbstverschuldet porträtiert. Dabei ist die Illusion einer Meritokratie, also der Leistungsmythos, in dem Menschen ihre berufliche Position ausschließlich über ihren eigenen Verdienst und ihr Talent erarbeiten, von der Realität häufig sehr weit entfernt.

Ich sprach mit Natalya Nepomnyashcha, einer der wichtigsten Aktivistinnen für soziale Vielfalt im DACH-Raum, über ihre Erfahrungen als soziale Aufsteigerin. Natalya ist in Kyiv geboren und in einem sozialen Brennpunkt in Bayern aufgewachsen. Ihre Eltern sind bis heute arbeitslos. Ohne jemals Abitur erworben zu haben, machte sie 2012 einen Masterabschluss in Großbritannien und arbeitet heute bei einer großen Unternehmensberatung. 2016 gründete sie Netzwerk Chancen, um für sozialen Aufstieg in Deutschland zu kämpfen. Netzwerk Chancen unterstützt mittlerweile über 1800 junge Erwachsene aus finanzschwachen und nicht akademischen Familien beim sozialen Aufstieg. Natalya berichtete mir, dass ihr in ihren ersten Berufsjahren sehr oft soziale Scham begegnete. Sie hatte das Gefühl, in guter Gesellschaft fehl am Platz zu sein, alles falsch zu machen, falsch angezogen zu sein oder das Falsche zu sagen. Wenn über Golf, Segeln oder teuren Wein gesprochen wurde, schwieg sie und blickte betreten auf den Boden.

Ich selbst wurde letztens dafür gelobt, dass ich mich so offen mit meiner sozialen Herkunft »oute«. Allein dieses Feedback ist schon bezeichnend dafür, wie gesellschaftlich stigmatisiert nicht privilegierte Hintergründe bis heute sind. Durch diesen Klassismus – also die Stigmatisierung sozial niedriger Lebensumstände – entsteht ein Teufelskreis: Soziale Aufsteigerinnen und Aufsteiger sprechen in der Folge aus genau jener sozialen Scham, die Natalya beschreibt, häufig nicht über ihre Erfahrungen, verheimlichen ihren sozialen Hintergrund und sehen von ihrem wesentlichen Beitrag zum gesellschaftlichen Diskurs ab. Ferner sorgt soziale Scham auch dafür, dass ihnen etwa in Gehaltsverhandlungen oder bei Bewerbungen Selbstbewusstsein fehlt oder sie Schwierigkeiten damit haben, ein karriereförderndes Netzwerk aufzubauen. Zugleich verlassen Menschen, sobald sie es sich leisten können, ärmere Stadtviertel. Zurück bleiben damit nur diejenigen, die den Aufstieg nicht geschafft haben. Es entsteht eine Spirale aus Arbeitslosigkeit, Demoralisierung und Bildungsferne, aus der Menschen nur sehr schwer wieder herauskommen.

Umso wichtiger ist eine frühzeitige Unterstützung von Kindern aus sozioökonomisch nicht privilegierten Hintergründen, um Benachteiligungen entgegenzuwirken. Empfehlenswert sind hierbei der Ausbau von Ganztags- und Gesamtschulen, höhere öffentliche Investitionen in Bildung im frühkindlichen Bereich und mehr

Durchlässigkeit zwischen Berufsausbildung und Hochschulen.[157] Unternehmen können Arbeiterkinder fördern, indem sie gezielte Recruiting- und Mentoring-Programme und Stipendien für Menschen aus nicht privilegierten Familien sowie Schulungen zur Sensibilisierung ihrer Belegschaft für die Diversitätsdimension der sozialen Herkunft anbieten. Auf diese Weise tragen Unternehmen nicht nur zu einer höheren sozialen Gerechtigkeit bei, sondern gewinnen im Gegenzug auch Talente für sich, die neue Fähigkeiten und Perspektiven in das Unternehmen einbringen und damit zu einem vielfältigeren, inklusiveren und innovativeren Arbeitsumfeld beitragen können.

Die Integrations-Unwilligen

Ihr erinnert euch sicherlich noch an Cem aus dem vorherigen Unterkapitel. Häufig – wie auch in Cems Fall – korreliert ein Migrationshintergrund mit ungünstigen sozioökonomischen Bedingungen. Familien mit Migrationsgeschichte sind in den nicht privilegierten sozialen Schichten deutlich überrepräsentiert. Dennoch ist es entscheidend, dass wir die Dimensionen der ethnischen und sozialen Herkunft nicht miteinander vermischen. Denn soziale Benachteiligung trifft bei weitem nicht auf alle Menschen mit Migrationshintergrund zu. So hat ein Diplomatenkind mit indischen Wurzeln aus wohlhabendem Hause weitaus privilegiertere Grundvoraussetzungen als ein deutsches Kind eines alleinerziehenden Vaters, das unter der Armutsgrenze in einem sozialen Brennpunkt aufwächst. Vernachlässigen dürfen wir in dem Kontext auch nicht die verschiedenen Beweggründe von Migration. Erfolgt Migration von hoch qualifizierten Fachkräften innerhalb der Europäischen Union, in der

EU-Staatsangehörige weitgehende Freizügigkeit genießen, haben wir es mit einer ganz anderen Ausgangssituation zu tun als im Falle einer Fluchtmigration, bei der Menschen ihr Heimatland aufgrund einer lebensbedrohlichen Situation verlassen.

Auch der Umgang mit Menschen mit Migrationshintergrund ist sehr davon abhängig, in welchem Umfeld sie sich bewegen, aus welchem Herkunftsland sie stammen oder welche gesellschaftliche Stellung sie einnehmen. In der Folge sind die Lebensrealitäten von Menschen mit Migrationshintergrund sehr verschieden, und auch die Wahrscheinlichkeit, dass sie aufgrund ihrer ethnischen Herkunft von Rassismus, Ausgrenzung und Diskriminierung betroffen sein könnten, variiert stark. Ich erinnere mich beispielsweise noch gut an einen englischen Kollegen, mit dem ich vor gut zehn Jahren in einem Start-up zusammenarbeitete. Der Kollege lebte schon seit über 15 Jahren in Deutschland, sprach aber kein Wort Deutsch und zeigte auch keinerlei Bestreben, dies zu ändern – trotz deutscher Ehefrau und zwei gemeinsamen Kindern. Besonders interessant fand ich, dass dies weder in seinem beruflichen noch in seinem privaten Umfeld auf irgendeine Form von Kritik zu stoßen schien. Die meisten konnten sich mit ihm auf Englisch verständigen und nahmen es daher äußerst tolerant zur Kenntnis, dass er keinerlei Motivation mitbrachte, Deutsch zu lernen.

Lasst uns doch mal einen kurzen Moment das Gedankenexperiment wagen, dass dieser Kollege türkischstämmig gewesen wäre und ebenfalls seit über 15 Jahren in Deutschland leben würde, ohne einen einzigen Satz Deutsch zu sprechen. Auch wenn dieser Kollege sich einwandfrei auf Englisch mit allen verständigen könnte, würde die Skepsis ihm gegenüber und die Verständnislosigkeit in Bezug auf diese Einstellung in diesem Fall wahrscheinlich deutlich höher ausfallen. Diese unterschiedlichen Bewertungsmaßstäbe zeigen sich ebenso im Falle der Mehrsprachigkeit von Kindern. Während etwa Englisch oder Französisch als Muttersprache als Bereicherung und Chance gewertet werden, gilt es hingegen als Integrationshemmnis, wenn Kinder in ihrem Elternhaus Erstsprachen wie Türkisch,

Arabisch oder Persisch erlernen. Der gesellschaftliche sozioökonomische Status von Sprachen scheint hierbei stark zu variieren. Ferner sieht man nicht allen Menschen mit nicht deutschen ethnischen Wurzeln ihren Migrationshintergrund aufgrund ihrer äußeren Erscheinung zwingend an. In der Folge machen Menschen mit Migrationshintergrund öfter rassistische Erfahrungen, je »nicht deutscher« und damit »fremder« sie aussehen.

Ich selbst habe einen sichtbaren Migrationshintergrund. Man erkennt meine iranischen Wurzeln nicht nur an meinem Vor- und Nachnamen, sondern auch an meiner äußeren Erscheinung. Obwohl ich in München geboren und aufgewachsen bin, werde ich, seit ich denken kann, in meinem Alltag nahezu täglich mit meiner ethnischen Herkunft konfrontiert. Ich erinnere mich noch gut an ein Erlebnis, als ich als junges Mädchen im Grundschulalter gemeinsam mit meiner Mutter in der U-Bahn saß und wir von einer älteren Dame wüst beschimpft wurden, dass wir gefälligst dahin zurückgehen sollten, wo wir hergekommen waren. Ich weiß noch, wie verwirrt ich nach diesem Vorfall war, denn ich verstand nicht, wohin wir hätten zurückgehen sollen und was wir falsch gemacht hatten, das die Frau so wütend machte. Genauso gut erinnere ich mich im Übrigen auch an die Fahrgäste um uns herum, die den Vorfall beobachteten und betreten wegsahen. Die U-Bahn war voll, doch keine einzige Person schritt ein.

Doch nicht immer ist Rassismus so offensichtlich wie in diesem Fall. Vor allem Alltagsrassismus hat viele Gesichter. Er kann sich in rassistischen Beleidigungen und Herabwürdigungen wie im Falle der älteren Dame in der U-Bahn, aber auch auf ganz subtile Weise äußern. Allein die Frage »Woher kommst du *eigentlich*?«, die mir schon unzählige Male gestellt wurde, oder das vermeintliche Kompliment »Wow, du sprichst aber gut Deutsch!« kann für Menschen mit Migrationshintergrund ausgrenzend sein. Diese Sätze entspringen in der Regel aufrichtigem Interesse des Gegenübers, doch sie vermitteln vielen Betroffenen, dass sie nicht als richtiger Teil der deutschen Gesellschaft angesehen werden, auch wenn sie Deutschland als ihre Heimat betrachten. Alltagsrassismus zeigt sich auch, wenn Menschen aufgrund ihres ausländisch klingenden Namens bei der Wohnungssuche keine Besichtigungstermine erhalten[158] oder bei Bewerbungen benachteiligt werden. Nach einer Studie des Wissenschaftszentrums Berlin für Sozialforschung (WZB) bekommen beispielsweise Menschen mit einem äthiopischen Migrationshintergrund 17 Prozent weniger positive Rückmeldungen auf ihre Bewerbung als Personen ohne Migrationshintergrund – wohlgemerkt bei gleicher Qualifikation.[159]

Untersuchungen des Forschungsinstituts zur Zukunft der Arbeit (IZA) stellten außerdem fest, dass Frauen mit Kopftuch im Durchschnitt viermal so viele Bewerbungen schreiben müssen wie Frauen ohne Kopftuch, bevor sie eine Einladung zum Vorstellungsgespräch erhalten.[160] In dem Kontext lässt sich festhalten, dass sichtbar ausgelebte Religion von Menschen mit Migrationshintergrund oftmals auf Vorurteile stößt und das steigende Risiko von Diskriminierungserfahrungen zur Folge hat. Als erfolgreich integriert gelten in der gesellschaftlichen Wahrnehmung damit vor allem jene Menschen mit Migrationshintergrund, die nicht mit ihren kulturellen Brauchtümern oder auch mit dem sichtbaren Praktizieren ihrer Religion von der westlichen Norm abweichen und nicht als »anders« auffallen.

Ich sprach mit Ekrem Namazci über dieses Phänomen. Ekrem ist Gründer und CEO von GDEXA, einem EdTech-Start-up hinter der Business-App LIYA, die jungen Menschen zu Job-Inspiration und Chancengleichheit verhilft. Zuvor war Ekrem, der bis zu seinem MBA im Jahr 2017 ohne Abitur und Studium seine beruflichen Laufbahnen in Deutschland, Irland, der Türkei und in Singapur durchlief, in verschiedenen Führungsrollen bei Microsoft, SNP, Insights Software und SAP tätig. Ekrem erzählte mir, dass er bei einem ehemaligen Arbeitgeber während des muslimischen Fastenmonats Ramadan eine Abwesenheitsnotiz mit allgemeinen Informationen über Ramadan eingestellt hatte. Die Nachricht enthielt auch den Hinweis, dass seine Arbeitszeiten während dieser

Zeit variieren könnten. Ekrem gab in der Abwesenheitsnotiz zudem auf unterhaltsame Art und Weise Tipps, wie sich Nicht-Fastende ihm gegenüber verhalten können. Während seine damaligen Kollegen und Kolleginnen sehr positiv reagierten, bat Ekrems Management ihn allerdings darum, die Abwesenheitsnotiz wieder herauszunehmen. Die Sorge war, dass er damit den Eindruck vermitteln könnte, abwesend zu sein. Außerdem wurde ihm gesagt, dass es viele Menschen gäbe, die auch fasten, es aber nicht nötig hätten, dies anderen zu erzählen. Ich musste schlucken, als Ekrem mir von diesem Erlebnis berichtete. Für mich war es nicht nachvollziehbar, dass dieser – aus meiner Sicht sehr smarte – Weg des Dialogs und Förderns von Toleranz auf diese unsensible Weise einfach unterbunden wurde.

Ich fragte Ekrem, ob er noch weitere Erfahrungen dieser Art gemacht hatte. Er erzählte mir daraufhin von einem After-Work-Event, wo er mit Arbeitskollegen in ein irisches Pub gegangen war, um seinen Einstand zu feiern. Das Pub war laut und überfüllt. Ein Kollege bestellte in Ekrems Namen Bier für alle, woraufhin Ekrem sagte, dass er keinen Alkohol trinken würde. Daraufhin kam die Antwort: »Wir sind hier in Dublin, hier wird nur Guinness getrunken.« Es folgte großes Gelächter von allen Seiten. Ekrem wiederholte, dass er keinen Alkohol trinke und auch noch nie getrunken habe. Der Kollege antwortete daraufhin: »Na, irgendwann ist es immer das erste Mal«, woraufhin das Gelächter immer lauter wurde. Nun wurde Ekrem sehr deutlich und sagte mit bestimmter Stimme, dass er Moslem sei und deshalb keinen Alkohol trinke. Das sorgte nun immerhin dafür, dass das Gelächter aufhörte und ihm eine Cola bestellt wurde. Ekrem meinte, dass dies allerdings auch der Startschuss dafür war, dass ihn nach diesem Ereignis alle als »strengen, fast extremen Gläubigen« ansahen und von vielen Dingen ausgrenzten. Als Ekrem mir das erzählte, fiel mir auf, wie oft ich selbst schon gefragt worden war, ob es religiöse Hintergründe hätte, wenn ich ein Glas Wein ablehnte oder mich für ein vegetarisches Menü entschied. Ich erinnere mich dahingegen nicht daran, dass meinen

Freundinnen und Freunden mit deutschen Wurzeln eine derartige Frage jemals gestellt worden wäre. Ekrems Erfahrungen untermauerten außerdem nochmals das Phänomen, dass sichtbar praktizierte Religion von Menschen mit Migrationshintergrund häufig als Zeichen von fehlender Integration wahrgenommen wird.

Ich sprach außerdem mit Ali Azimi über seine Erfahrungen. Ali ist Partner bei der Kommunikationsberatung FGS Global und spezialisiert auf die Kommunikation von Start-up- und Tech-Unternehmen sowie die Positionierung von Gründern. Er ist in Teheran geboren und im Rhein-Main-Gebiet aufgewachsen. Ali ließ mich daran teilhaben, wie er schon früh in seinem Leben die Rolle als »vorbildlicher« Ausländer wahrnahm. Als sehr guter Schüler wurde er öfter zu seinen Klassenkameraden nach Hause eingeladen. Vor Ort merkte er dann, dass nicht immer die Kinder hinter der Einladung steckten, sondern manchmal die Eltern, die die Situation dann direkt für ihre Belange zu nutzen wussten: »Schau doch mal, wenn sogar der Ali so gute Noten hat, dann kannst du das doch auch.« Oder: »Der Ali trägt sogar Zeitung aus und gibt Nachhilfe und hat so gute Noten. Du musst nichts davon machen und schaffst es trotzdem nicht.« Ali gestand, dass das für ihn eine unangenehme Situation war, weil er seine Mitschüler nicht durch seine bloße Anwesenheit bei ihnen zu Hause unter Druck setzen wollte.

Während Ali mir das erzählte, grübelte ich darüber, ob seine guten Noten auch im Falle einer deutschen Herkunft derart erwähnenswert gewesen wären. Ich fragte Ali nach seinen weiteren Erfahrungen. Er erzählte mir, dass er in seiner Jugend, als er mit Heranwachsenden bei einem Bier zusammensaß, häufiger den Satz hörte, den wohl jeder Mensch mit Migrationshintergrund in irgendeiner Variation kennt: »Nichts gegen dich, Ali. Du bist ein Guter. Aber die anderen Ausländer …« Ali gab zu, dass er das anfangs noch als Kompliment zu nehmen versuchte. Bis er irgendwann merkte, dass er weiterhin für ganz schön viele Menschen, die ihn nicht kannten, der andere, nicht so gute Ausländer blieb. Ali berichtete außerdem, beobachtet zu haben, dass gerade Menschen mit

Migrationshintergrund besonders aufgeschlossen sein müssten, um beruflichen Erfolg zu haben. Sie müssten direkt auf die Menschen zugehen und möglichen Vorurteilen proaktiv etwas entgegensetzen und damit möglichst schnell zeigen, dass sie quasi zu den »Guten« gehörten.

Ich wollte von Ali wissen, mit welchen Verhaltensweisen Menschen mit Migrationshintergrund versuchen, Vorurteile aus dem Weg zu räumen, oder dafür zu sorgen, dass sie gar nicht erst entstehen. Ali antwortete: »Ein breites Lächeln, ein schneller Witz, Mundart – in meinem Fall hat Hessisch immer wieder geholfen, vor allem aber: Beherzt auf die Leute zugehen, bevor sie überhaupt erst dazu kommen, sich an ihre Vorurteile zu erinnern. Ein zurückhaltender Migrant hat es einfach schwerer, Karriere zu machen, außer er ist ein genialer Wissenschaftler. Migranten können es sich nicht leisten, genauso zurückhaltend oder sogar verschlossen zu sein wie andere. Ich dachte lange, dass Migranten insgesamt lauter, offener und gewinnender seien, bis ich dann irgendwann merkte, dass es bei vielen gelerntes Verhalten und Strategie im Umgang mit Vorurteilen war. Natürlich gab es auch zurückhaltende Migranten, nur waren sie sukzessive aus meinem professionellen Blickfeld verschwunden, weil ihre Karrieren nicht weitergingen«, so Ali.

»In Smalltalks werden die Koordinaten schnell abgesteckt, ob man nun einer der guten Migranten ist oder nicht. Wenn man sich beispielsweise mit dem Vornamen Ali vorstellt und auf Rückfrage auch noch erklärt, im Iran geboren zu sein, kommen mitunter besorgte Rückfragen: ›Aber du trinkst doch Alkohol, oder?‹ Oder: ›Aber du bist nicht religiös, oder?‹ Die Erleichterung in den Gesichtern der Gesprächspartner ist groß, wenn man zufriedenstellend mit ›Ja, klar trinke ich Alkohol‹ antwortet.«

Ich fragte Ali, ob er auch schon mal im beruflichen Umfeld die Unterscheidung zwischen »gutem« und »nicht so gutem« Ausländer zu spüren bekommen habe. Ali meinte, dass Journalisten und Journalistinnen, wenn er gerade in seiner Rolle als PR-Berater stark für die Interessen seiner Kunden eintrat, schon mal Sätze sagten wie:

»Herr Azimi, wir sind hier nicht auf dem Basar.« Erst mit der Zeit gestand er sich ein, dass diese wiederkehrende Assoziierung etwas mit seinem Namen und seinem Aussehen zu tun haben könnte.

Ich konnte Ali schlecht widersprechen. Die Vorstellung, dass einem Max Müller »Basarmentalität« vorgeworfen werden würde, klang unwahrscheinlich. Wie Alis Beispiel zeigt, werden scheinbar jene Menschen mit Migrationshintergrund als »Vorzeige«-Migranten oder »gute Ausländer« angesehen, deren ethnische Herkunft zwar anhand ihres Vornamens oder möglicherweise auch ihres Erscheinungsbilds ersichtlich ist, die aber sonst keineswegs von der westlichen gesellschaftlichen Norm abweichen.

Als besonders spannend empfinde ich auch die häufig ablehnenden bis hin zu gar aggressiven Reaktionen, wenn Rassismus offen zur Sprache gebracht wird. Ich selbst bekomme etwa stets einen regelrechten Shitstorm, wenn ich auf sozialen Medien auf rassistische Vorfälle aufmerksam mache. »So was gibt es hier nicht!«, wird dann oft behauptet. Oder gar: »Dann gehen Sie doch dahin zurück, wo Sie hergekommen sind, wenn Sie es hier so schlimm finden.« Interessanterweise kommt der größte Aufschrei hierbei erfahrungsgemäß von Menschen, die in ihrem Leben aufgrund ihrer Hautfarbe oder ihrer Herkunft noch nie Erfahrungen mit Rassismus gemacht haben oder machen werden.

Alice Hasters bringt die Folgen dieses Verhaltens in ihrem Buch *Was weiße Menschen nicht über Rassismus hören wollen, aber wissen sollten* auf den Punkt. Sie schreibt: »Auch Ignoranz ist eine Form der Mikroaggression. Wer vermeidet, sich mit dem Thema auseinanderzusetzen, kann sich immer mit unschuldiger Unwissenheit herausreden. Nur, weil man sich nie bewusst Gedanken über Herkunft, Hautfarbe und Identität gemacht hat, läuft man nicht vorurteilsfrei durch die Gegend. Man bemerkt bloß nicht, dass man diese Vorurteile hat.«[161]

Diese Mikroaggressionen sind essenzieller Bestandteil des Alltagsrassismus, den ich vorhin angerissen habe. Alice Hasters schreibt weiter: »Diese kleinen Momente, sie wirken wie Mückenstiche. Kaum sichtbar, im Einzelnen auszuhalten, doch in schierer Summe wird der Schmerz unerträglich.«[162]

Diese kleinen Mückenstiche können etwa sein, wenn – wie in Alis Fall – das eigene Verhalten immer wieder als »Basarmentalität« bezeichnet wird. Aber auch, wenn Menschen aufgrund ihres Erscheinungsbilds wiederholt pauschal auf Englisch angesprochen werden und ein verwundertes Lob erhalten, wie gut sie doch Deutsch sprächen. Vorbehalte gegenüber Menschen mit sichtbarem Migrationshintergrund zeigen sich auch in Situationen, wenn Personen bei ihrem Anblick aus Vorsicht die Straßenseite wechseln, sich in der Bahn nicht neben sie setzen wollen oder ihre Handtaschen aus Angst fest an sich krallen aus Sorge, von ihnen bestohlen zu werden.

Genährt wird dieses Verhalten von der Angst vor dem Fremden. Vorurteile gegenüber Menschen mit Migrationshintergrund gibt es viele. Faul, nicht integrationswillig und kriminell sollen sie etwa sein. Auf Kosten des Sozialstaats sollen sie leben, zugleich aber Arbeitsplätze und Wohnräume wegnehmen. Ebenso sollen sie rückständig sein und zur gefährlichen Überfremdung beitragen. So einfach und plakativ diese Vorurteile auch sein mögen, so ist die Wirkung, die mit ihnen einhergeht, verheerend. Werden diese Vorurteile nicht hinterfragt und entwickeln sich schleichend zur akzeptierten Mehrheitsmeinung, entsteht ein Klima, in dem pauschale Diskriminierung und Ausgrenzung von Menschen aufgrund ihrer ethnischen Herkunft zur Normalität wird. Dies machen sich wiederum rechtspopulistische Parteien zunutze, die Menschen mit Migrationshintergrund als Sündenböcke konstruieren und Stimmungsmache betreiben, um einfache Erklärungen für komplexe gesellschaftliche und strukturelle Herausforderungen zu liefern.

Vorurteile aufgrund der ethnischen Herkunft machen auch vor der Arbeitswelt keinen Halt. Eine Studie des Wissenschaftszentrums Berlin für Sozialforschung (WZB) stellte nicht nur fest, dass Arbeitgeber in Deutschland bei gleicher Qualifikation Menschen ohne Migrationshintergrund bevorzugen, sondern auch, dass es besonders dunkelhäutige und muslimische Personen schwerer als andere im Bewerbungsprozess haben. Die Studie stellte allerdings auch eine positive Wahrnehmung bestimmter Herkunftsländer fest. So wurden etwa Bewerbungen von Menschen mit spanischen, japanischen oder Schweizer Wurzeln bevorzugt behandelt. Das Forscherteam erklärte dies damit, dass diese Länder Werte mitbringen, die den deutschen Werten stark ähneln. [163]

Unternehmen, die auf diese Weise agieren, sind allerdings nicht nur diskriminierend, sondern verkennen in Zeiten des sich stetig zuspitzenden Fach- und Führungskräftemangels und einer schrumpfenden Erwerbsbevölkerung die Wichtigkeit von Migration. Wollen Arbeitgeber zukunftsfähig bleiben, sollten sie also vielmehr proaktive Maßnahmen ergreifen, um Diskriminierung von Menschen im Arbeitsumfeld aufgrund ihres ethnischen Hintergrunds oder kultureller Unterschiede zu verhindern und ethnische Diversität proaktiv zu fördern. Grundlegend hierfür ist eine inklusive Unternehmenskultur, die von offener Kommunikation, gegenseitigem Respekt und Verständnis für kulturelle Unterschiede geprägt ist. In dem Rahmen können Schulungen zum Ausbau interkultureller Kompetenz oder auch die Etablierung anonymer Beschwerdeverfahren für Betroffene von Diskriminierungserfahrungen unterstützen. Unternehmen, die in Zeiten des demografischen Wandels aufgrund der ethnischen Herkunft oder kulturellen Unterschiede auf qualifizierte Mitarbeiter und Mitarbeiterinnen verzichten oder sie aufgrund einer nicht inklusiven Kultur vergraulen, betreiben nichts anderes als Selbstsabotage.

5 Die beliebtesten Geschlechterklischees

Die Schablonen des menschlichen Denkens bilden sich schon früh. In unsere rosafarbenen oder babyblauen Strampler werden wir meist schon unmittelbar nach unserer Geburt gesteckt. Schon Kleinkindern wird vermittelt: Mädchen sind lieb und süß, Jungs hingegen sind wild und weinen nicht. Später spielen die Jungs mit Legosteinen und Autos, sind mutige Abenteurer und Piraten. Mädchen hingegen beschäftigen sich mit Puppen, sind bezaubernde Prinzessinnen und Feen. Nur Mädchen dürfen weinen, denn Indianer kennen keinen Schmerz. Mädchen hingegen sind brav und auf keinen Fall vorlaut. Sieht man sich in Spielzeuggeschäften oder in Klamottengeschäften um, wirkt es so, als wird für zwei unterschiedliche Spezies eingekauft. Später entwickeln sich die lieben, süßen Mädchen und die wilden, unerschrockenen Jungs dann hoffentlich zu schönen Frauen und starken Kerlen.

Schöne Frauen, die fürsorglich sind und für Harmonie sorgen. Ihre eigenen Bedürfnisse zurückstecken und niemals Nein sagen, um bloß allen zu gefallen. Die stetig zuerst nachgeben, um nirgends anzuecken. Die viel und gerne reden, bevorzugt über Schuhe und Kleidung. Sich nicht für Autos interessieren und Autos ja ohnehin nicht richtig fahren und vor allem auch nicht einparken können. Die ebenso unbeholfen sind, wenn es um jegliche Form von Technik geht. Die als ultimatives Lebensziel ihren Traumprinzen suchen. Sobald sie ihn endlich gefunden haben, ihre Märchenhochzeit feiern, die sie schon von klein auf bis in alle Details geplant haben. Die ganz genau wissen, dass sie nur mit ihrem Traumprinzen und den alsbald das Licht der Welt erblickenden gemeinsamen Kindern vollständig und glücklich sein werden. Die keinen Wert auf Karriere legen, weil ihnen bewusst ist, dass im Leben andere Dinge zählen. Ihrem Mann jedoch selbstverständlich nicht auf der Tasche liegen, da sie auch wissen, dass » Heimchen am Herd« nicht en vogue sind. Die keine Helikoptermütter, Glucken oder gar Rabenmütter sind, sondern Vorzeigemütter, die ihre Kinder nicht nur auf »natürlichem Wege« auf die Welt gebracht haben, sondern ebenjene auch natürlich – bio, zucker- und glutenfrei – ernähren. Die herausragende Gastgeberinnen sind und ihren Haushalt – selbstverständlich ohne Unterstützung – ebenso wie ihre Vorzeigeehe stets im Griff haben.

Deren Inneneinrichtung aussieht wie aus dem Westwing-Katalog und genauso makellos ist wie ihre selbstgebackenen zuckerfreien Dinkelkekse, die sie ihren gut erzogenen Kindern als Belohnung für die wie immer sehr gute Mathenote mitgeben. Die keinen Pilates-Kurs und auch keine Saftkur verpassen, um möglichst lange jung, schlank und schön und damit gesellschaftlich wertvoll zu bleiben. Die aber natürlich auch nicht zu schlank sind, um nicht ungesund zu wirken. Selbstverständlich auch nicht zu schön, um nicht als oberflächlich zu gelten. Die sich die größte Mühe geben, aber alles mühelos aussehen lassen. Die sich schick kleiden, aber auch nicht zu schick. Nicht langweilig, aber auch nicht zu sexy gekleidet sind. Ebenso nicht prüde, aber auch keine Flittchen sind. Die Haut zeigen, aber nur in dem richtigen Maß. Die sich nicht gehen lassen, kein Haar an der falschen Stelle haben. Keine Falte besitzen, aber der Natur selbstverständlich auch nicht nachgeholfen haben. Die viel lachen, aber auch nicht zu viel. Und auch nicht zu laut. Die immer sanft und empathisch sind und niemals ungehalten werden oder aus der Haut fahren, wenn sie wütend sind. Die ihrer Wut nur mit Tränen Ausdruck verleihen, da sie wissen, dass sie Tränen – anders als Wut – zeigen dürfen. Denen bewusst ist, dass Tränen zu ihrem von Hormonen gesteuerten, emotionalen, irrationalen, zickigen Wesen dazugehören.

Und die starken Kerle? Die sind nicht nur stark und muskulös, sondern auch groß gewachsen. Sie sprechen mit tiefer, lauter Stimme. Sind mutig, dominant und durchsetzungsstark. Nicht zu vergessen charismatisch und autoritär. Sie interessieren sich schon von Kindesbeinen an für Sport, besonders für Fußball, genauso wie für Technik. Natürlich sind sie auch selbst sportlich und können auch alles selbst reparieren und besser aufbauen als jeder Handwerker. Allerdings sind sie nicht in der Lage, zwei Dinge gleichzeitig zu tun, außer vielleicht zur gleichen Zeit Bier zu trinken und Fußball zu schauen. Für ihre eigenen Kinder interessieren sie sich nur am Wochenende. Für Haushaltsarbeiten an keinem Tag der Woche. Viel Zeit bleibt ihnen schließlich auch nicht, denn sie machen erfolgreich Karriere. Arbeiten Tag und Nacht. Streben nach Macht. Fahren die Ellenbogen aus. Boxen sich nach oben. Zugleich sind sie nicht in der Lage, selbst zu kochen, ihre Koffer selbst zu packen oder ihre eigenen Hemden zu bügeln – müssen sie schließlich auch nicht, dafür haben sie ja ihre Ehefrauen, die ihnen den Rücken freihalten, zu Hause. Sie empfinden nichts, außer vielleicht Wut oder Aggressionen. Diese Wut und Aggressionen können sie nicht kontrollieren oder regulieren, weshalb sie gar nicht anders können, als impulsiv zu handeln.

Auch die Gefühle anderer können sie nicht verstehen oder nachvollziehen. Geschweige denn ihre eigenen. Genauso wenig sind sie in der Lage, über ihre Empfindungen zu sprechen, wobei Kommunikation generell nicht ihre Stärke ist. Sie weinen niemals, außer wenn ihre Lieblingsmannschaft verloren hat. Empathie ist für sie ein Fremdwort. Einfühlen können sie sich nur in ihre Lieblingsspieler der eben genannten Lieblingsmannschaft. Konflikte klären sie lieber mit Fäusten statt mit Worten. Sie haben stets das Bedürfnis, ihre Meinung zu äußern, selbst wenn sie nicht darum gebeten werden. Zuhören können sie hingegen nicht. Oder wollen sie nicht. Wahrscheinlich beides. Sie denken ständig an Sex und können nicht treu sein. Frauen sind für sie Objekte zur Erfüllung ihrer Lust. Sie wollen immer das schnellste Auto fahren und die teuerste Uhr tragen. Status und Prestige sind alles, was für sie zählt. Besonders wenn sie in ihre Midlife-Crisis kommen und ihre – nun nicht mehr vorzeigbare – Ehefrau mit einer Freundin im Alter ihrer Tochter ersetzen. Sie brauchen Freiheit und Unabhängigkeit und fürchten nichts mehr als Verpflichtungen. Sie haben eine große Risikofreude und ein noch größeres Ego. Sie haben außerdem keine Angst, vor nichts und niemandem. Außer vielleicht davor, dass jemand denken könnte, dass sie schwach und unmännlich und damit gar keine wirklich so starken Kerle sind.

So absurd diese Geschlechterklischees sich lesen – wir alle sind geprägt von ihnen. Jene Rollenerwartungen, was »typisch männlich« und was »typisch weiblich« ist, beeinflussen nicht nur unser Denken, sondern unsere ganze Gesellschaft. Manche davon sind uns bewusst, andere weniger. Einigen Menschen fällt es leichter, sich ihnen zu widersetzen, viele hingegen beugen sich ihnen widerstandslos. Möchte man den Ursachen dieser Stereotypen auf den Grund gehen, könnte man viele Bücher damit füllen. Menschen eignen sie sich nicht nur in ihren Elternhäusern an, sondern auch in ihrem erweiterten sozialen Umfeld. Stereotypen können von Lehrkräften ebenso vermittelt werden wie von Schulmaterialien. Nicht nur Comedians füllen ganze Hallen mit Frau-Mann-Klischees, auch Kinderbücher und soziale Netzwerke strotzen nur so von ihnen ebenso wie Reality-TV-Formate, Serien oder Spielfilme. Ob im US-Blockbuster oder auch in deutschen Filmen: Männer handeln und reden. Frauen sind da und sehen gut aus. Verschiedene Studien belegen einen weiblichen Redeanteil in Filmen von lediglich circa 30 Prozent.[1] Auch Werbung transportiert häufig stereotype Geschlechterrollen und basiert oft gezielt auf Gender-Marketing, dem die Annahme zugrunde liegt, dass Frauen und Männer unterschiedlich konsumieren und einkaufen, weil sich ihre Lebenswelten und -erfahrungen grundsätzlich unterscheiden. In der Autowerbung sehen wir also Männer, während (Haus-)Frauen im Mittelpunkt der Werbestory stehen, wenn es ums Kochen, Backen und um Kinder geht.[2]

All diese geschlechtsstereotypischen Eindrücke und Erfahrungen prägen von klein auf bis zum Tod kontinuierlich unser aller Verständnis von Normalität und ebnen damit zugleich den Weg für die Diskriminierung all jener, die dieser vermeintlichen Norm nicht entsprechen. Ebenso machen die daraus resultierenden Rollenerwartungen Menschen unglücklich, die sich verzweifelt verbiegen, um sie zu erfüllen, obwohl sie nicht zu den eigenen Wünschen und Vorstellungen ihres Lebens passen. Geschlechtsbezogene Stereotypen haben damit sowohl einen entscheidenden Einfluss auf unser Privatleben als auch auf unser Arbeitsleben. So schreiben geschlechtsbezogene Rollenerwartungen Frauen automatisch soziale Fähigkeiten und Männern technische Talente zu. In der Konsequenz entscheiden sich Frauen eher für soziale Berufe und schrecken vor technischen Jobs zurück, wohingegen Männer sich von klassisch weiblich besetzten Bereichen weniger angesprochen fühlen und bevorzugt technische Berufe wählen. Unsere stereotypische Prägung sorgt ebenso dafür, dass wir ein und dieselben Verhaltensweisen und Fähigkeiten bei Männern und Frauen unterschiedlich wahrnehmen und bewerten. So gilt eine durchsetzungsstarke Frau als bissig, ein durchsetzungsstarker Mann als charismatisch und führungsstark. Ein Mann, der aufgrund der Familienarbeit in Teilzeit arbeitet, irritiert, ebenso wie eine Frau, die trotz Kindern in Vollzeit arbeitet. Wir trauen im gleiche Zuge Führungspositionen Männern eher zu als Frauen, wohingegen wir von Frauen automatisch erwarten, besonders empathisch und einfühlsam zu sein und sich auch im Arbeitsleben entsprechend zu verhalten.

Diese fest verankerten Geschlechterklischees und die daraus resultierende unterschiedliche Bewertung der als typisch männlich oder weiblich geltenden Eigenschaften haben sich über Jahrhunderte schrittweise festgesetzt und lassen sich nicht über Nacht auflösen. Um Menschen ihre individuelle Entwicklung und ihre privaten sowie beruflichen Entscheidungen frei von gesellschaftlichem Druck und Rollenerwartungen zu ermöglichen, müssen wir daher an mehreren Stellschrauben drehen. Verschiedene Institutionen sowie Akteure und Akteurinnen spielen eine entscheidende Rolle, um geschlechtsbezogene Stereotypen und Klischees in Wirtschaft und Gesellschaft zu bekämpfen und damit die Gleichstellung der Geschlechter zu begünstigen:

Eltern und Erziehungspersonen sind in dem Rahmen prägend, denn sie nehmen mit dem, was sie selbst vorleben, eine wichtige Vorbildfunktion ein. Sie können Kinder aktiv dazu animieren, ihre Interessen und Talente unabhängig vom Geschlecht zu verfolgen, geschlechtsneutrale Spielzeuge, Bücher und Aktivitäten zur Verfügung stellen und gemeinsam Stereotypen kritisch reflektieren und hinterfragen. Ebenso sind Bildungseinrichtungen bei dem Abbau geschlechtsbezogener Klischees ausschlaggebend. Dies beginnt schon in Kindertageseinrichtungen und setzt sich an Schulen und Universitäten fort. In dem Rahmen ist vor allem auch die kritische Auseinandersetzung mit Lehrmaterialien, die Geschlechterklischees fördern, sinnvoll. Eine wichtige Bedeutung haben auch Erzieherinnen und Erzieher sowie Lehrkräfte. Diese können als entscheidende Gatekeeper geschlechtsstereotype Rollenbilder aktiv infrage stellen und Kinder dazu ermutigen, ihre Studien- und Berufswahl nicht von ihrem Geschlecht, sondern von ihren Stärken, Interessen und Fähigkeiten abhängig zu machen.

Auch die Bedeutung einer konsequenten Gleichstellungspolitik für den Abbau von Geschlechterklischees ist nicht zu unterschätzen. In dem Rahmen müssen weitere Weichen gestellt werden, um eine gleichberechtigte Teilhabe von Frauen bei Erwerbstätigkeit und Karriere zu erreichen, den Anteil von Frauen in Führungspositionen in der Wirtschaft, in der Politik und in der Wissenschaft zu erhöhen, Verdienstunterschiede zwischen Frauen und Männern zu beseitigen und eine höhere Repräsentanz von Frauen in MINT-Berufen sowie von Männern in klassisch weiblich dominierten Bereichen sicherzustellen. Notwendig hierfür sind neben familienpolitischen Reformen und dem Abbau von steuerlichen Fehlanreizen etwa der Ausbau der öffentlichen Kinderbetreuung und die Förderung von Initiativen und Angeboten zur klischeefreien Berufs- und Studienorientierung. Ebenso spielen Unternehmen eine Schlüsselrolle, um Geschlechterklischees erfolgreich zu bekämpfen und Gleichberechtigung sowie Vielfalt aktiv zu fördern. Ausschlaggebend hierfür ist die Schaffung einer inklusiven Unternehmenskultur, die entschieden gegen Diskriminierung und Vorurteile vorgeht und familienfreundliche Arbeitsbedingungen sowie Chancengleichheit in der Belegschaft gewährleistet.

6 Folgen von Vorurteilen in der Arbeitswelt

Vorurteile gehen in der Arbeitswelt mit einer breiten Palette von schädlichen Auswirkungen einher. Sie sorgen dafür, dass Menschen Jobs gar nicht erst bekommen, ungerechtfertigte Leistungsbewertungen erhalten oder nicht entsprechend ihrer Fähigkeiten, ihres Potenzials sowie ihrer Leistungen gefördert und befördert werden. Ebenso haben Vorurteile zur Folge, dass Mitarbeiterinnen und Mitarbeiter verantwortungsvolle Aufgaben oder Projekte nicht erhalten, bei Gehaltsanpassungen übergangen oder bei Weiterbildungen benachteiligt werden. Vorurteile sorgen ferner häufig dafür, dass Menschen nicht nur Skepsis, sondern auch Häme, Sexismus oder Mobbing ausgesetzt sind. Betroffene können auf diese Weise nicht ihr ganzes Potenzial ausschöpfen, resignieren und kündigen innerlich oder entscheiden sich sogar ganz dazu, ihrem Arbeitgeber den Rücken zu kehren. Von den seelischen Narben, die derartige Diskriminierungserfahrungen bei Betroffenen hinterlassen können, mal ganz zu schweigen.

Doch Vorurteile sind nicht nur für Betroffene verheerend, sondern auch aus betriebswirtschaftlicher Sicht für Unternehmen schädlich. Ein Arbeitsumfeld, in dem vorurteilsbehaftetes Denken und Handeln dominiert, vergiftet das Betriebsklima. Eine von Schubladendenken geprägte Kultur ebnet ebenso das Fundament für Silodenken, Ellenbogenmentalität und intransparente Kommunikation. In der Folge nehmen Unzufriedenheit und Konflikte am Arbeitsplatz zu, während das Zusammenhörigkeitsgefühl sowie die Motivation und Produktivität der Belegschaft zunehmend sinken.

Dies führt wiederum zu einem Anstieg der Fluktuation, wodurch nicht nur hohe Kosten aufgrund des daraus resultierenden Rekrutierungs- und Einarbeitungsaufwands entstehen, sondern auch Know-how und wertvolle Talente verloren gehen. Das wiederum beeinträchtigt die Effizienz von Teams erheblich und befeuert die auf diese Weise entstehende kostspielige Abwärtsspirale.

Basieren Einstellungsprozesse im Unternehmen auf dem »bewährten Bauchgefühl« von Entscheiderinnen und Entscheidern, ohne objektiv messbare Bewertungskriterien und standardisierte Verfahren zu nutzen, sind Beurteilungsfehler bei Personalentscheidungen und damit auch die Diskriminierung von Bewerberinnen und Bewerbern häufig die Konsequenz. Gemäß des Affinity Bias stellen Menschen bevorzugt Menschen ein, die ihnen ähneln. Dieses Ähnlichkeitsprinzip hat nicht nur zur Folge, dass qualifizierte Bewerberinnen und Bewerber nicht berücksichtigt, sondern auch dass immer homogenere Teams herangezüchtet werden. Die daraus resultierende Monokultur wird zunehmend verstärkt, wenn Bestandsmitarbeiter und Bestandsmitarbeiterinnen, die nicht ins Schema passen, Diskriminierung, Ausgrenzung und Benachteiligung erleben und in der Konsequenz das Unternehmen verlassen. Homogene Teams wiederum neigen häufiger zum Gruppendenken (Conformity Bias), wodurch abweichende Meinungen oder konträre Ansätze oft nicht offen adressiert werden, um der Mehrheitsmeinung zu entsprechen und nicht negativ aufzufallen. Dies fühlt sich auf den ersten Blick womöglich bequem für alle Beteiligten an, denn ein Konsens bei gemeinsamen Entscheidungen ist in der Regel weitaus schneller gefunden als bei heterogenen Teams. Jedoch birgt eine Mehrheit von Gleichgesinnten die Gefahr, dass diskriminierende und toxische Verhaltensweisen und Praktiken in Unternehmen weniger kritisch hinterfragt werden und sich dadurch fest etablieren können.

Fehlt Diversität in der Belegschaft, steigt auch das Risiko, Innovationspotenzial und Profitabilität einzubüßen. Eine McKinsey-Studie aus dem Jahr 2020 belegt, dass Unternehmen mit hoher Gender-Diversität um 25 Prozent profitabler sind. Sobald zusätzlich eine hohe ethnische Diversität gegeben ist, steigt der Wert sogar auf 36 Prozent.[1] Auch eine Studie der Boston Consulting Group und der TU München zeigt einen deutlichen Zusammenhang zwischen der Vielfalt in einem Unternehmen und dessen Innovationsfähigkeit.[2] Außerdem sollte nicht unterschätzt werden, dass mit einer diversen Belegschaft auch eine größere Perspektivenvielfalt einhergeht, wodurch im gleichen Zuge auch neue Zielgruppen und Märkte erschlossen werden können. Ferner verlieren Unternehmen, die Andersdenkende und von der im Unternehmen vorherrschenden Norm abweichende Menschen benachteiligen oder gar nicht erst einstellen, vor allem ebenjene Talente, die ihre Produkte, Dienstleistungen und gerade auch ihre Kultur auf eine positive Weise transformieren könnten.

Nun informieren sich Menschen in der Regel gründlich über einen potenziellen Arbeitgeber, bevor sie sich für eine Bewerbung oder Zusage bei ihm entscheiden. Sie befragen hierzu nicht nur ehemalige und aktuelle Mitarbeiter und Mitarbeiterinnen des Unternehmens aus ihrem Freundes- und Bekanntenkreis, sondern schauen ebenso nach Bewertungen auf Arbeitgeber-Bewertungsportalen, Foren oder sozialen Netzwerken. Die Macht von »Word-of-Mouth« – auch bekannt als die gute alte Mundpropaganda – sollte von Unternehmen folglich nicht unterschätzt werden. Während Unternehmen früher die Möglichkeit hatten, über sorgsam formulierte Pressemitteilungen oder Hochglanzbroschüren selbst großen Einfluss auf ihre Außendarstellung zu nehmen, wird dies aufgrund der breiten Verfügbarkeit von zahlreichen Informationskanälen im Internet immer schwieriger.

Es ist auf diese Weise leicht möglich, online zu verifizieren, ob an den blumigen Arbeitgeberversprechen aus der Stellenbeschreibung etwas dran ist. Auf diese Weise werden auch Diskriminierungserfahrungen von Betroffenen schnell publik und schrecken qualifizierte Talente vor einem Arbeitsverhältnis mit dem Unternehmen ab. Heutzutage ist es ferner immer mehr Menschen wichtig, sich mit den Werten ihres potenziellen Arbeitgebers identifizieren zu können. Geben Unternehmen nun nach außen hin beispielsweise vor, divers und inklusiv oder besonders nachhaltig zu sein, können potenzielle Bewerberinnen und Bewerber mit wenigen Mausklicks überprüfen, ob diese Lippenbekenntnisse auch in der Praxis gelebt werden.

Doch nicht nur potenzielle Mitarbeiter und Mitarbeiterinnen können überprüfen, ob ein Unternehmen die Dinge tatsächlich auch lebt, die es nach außen hin predigt. Auch für immer mehr Kundinnen und Kunden ist eine authentische Unternehmensmarke kaufentscheidend. So vergewissern sich Verbraucherinnen und Verbraucher zunehmend, ob sich ein Unternehmen seiner sozialen, ökonomischen und ökologischen Verantwortung bewusst ist und wie es mit seinen Mitarbeiterinnen und Mitarbeitern umgeht. Basieren die Personalentscheidungen eines Unternehmens auf vorurteilsbehaftetem Denken und Handeln und diskriminieren Menschen, lässt der teure Reputationsschaden damit nicht lange auf sich warten. Gehen Unternehmen nicht aktiv gegen Vorurteile vor und ergreifen keine Maßnahmen für Diversität und Inklusion, verlieren sie folglich nicht nur (potenzielle) Arbeitskräfte, sondern auch (potenzielle) Kunden und Kundinnen.

Die deutsche Wirtschaft leidet aktuell bereits unter großem Personalmangel. Eine Erhebung des ifo Instituts für Wirtschaftsforschung zeigt, dass heute schon die Geschäfte jedes zweiten Unternehmens durch fehlende Fachkräfte beeinträchtigt sind. Dieser Fachkräftemangel wird sich in den nächsten Jahren weiter verschärfen, denn die Babyboomer-Generation geht in Rente. Bis 2036 werden damit knapp 30 Prozent der aktuellen Erwerbstätigen wegfallen.[3] Diese klaffende Lücke der zahlenmäßig stärksten Babyboomer-Jahrgänge können die jüngeren Altersgruppen nicht füllen. In Deutschland scheiden pro Jahr bis zu 400 000 mehr Menschen altersbedingt aus dem Erwerbsleben aus, als neue aus der Schule dazukommen.[4]

Die Konsequenz ist eine zunehmende Überalterung der Gesellschaft bei zugleich steigender Lebenserwartung der deutschen Bevölkerung. Die Zahl der Menschen im Rentenalter wird bis Mitte der 2030er Jahre von derzeit 16,4 Millionen auf mindestens 20 Millionen steigen, wobei die Zahl der ab 80-Jährigen zwischen 5,8 und 6,7 Millionen betragen wird. Neben dem Personalmangel wird damit auch der Pflegebedarf in Deutschland massiv zunehmen. Selbst bei einer hohen Nettozuwanderung wird es bis Mitte der 2030er Jahre zu einer Abnahme der Menschen im Erwerbsalter kommen.[5] Neben Migration und der Qualifizierung von Menschen ohne Arbeit und Berufsausbildung ist eine stärkere Arbeitsmarktpartizipation von Frauen wesentlich, um dieser Entwicklung entgegenzutreten. Umso paradoxer ist es, dass Unternehmen in Zeiten des sich stetig zuspitzenden Fachkräftemangels und des demografischen Wandels, in dem der Wettbewerb um qualifizierte Arbeitskräfte immer intensiver wird, dennoch auf qualifizierte Talente verzichten. Vorurteilsbehaftetes Handeln und Denken sowie mangelhafte gelebte Gleichberechtigung und Diversität in der Arbeitswelt setzen die Zukunfts- und Wettbewerbsfähigkeit des Landes aufs Spiel. Wir können uns Schubladendenken damit schlichtweg nicht mehr leisten.

7 Wege aus der Schubladenfalle

Ich habe eine gute und eine schlechte Nachricht – und beide sollten spätestens an diesem Punkt nicht mehr neu sein. Die schlechte ist: Wir alle haben Vorurteile. Die gute: Wir sind ihnen nicht wehrlos ausgesetzt. Probiert gerne mal nachfolgende Strategien, Methoden und Maßnahmen aus, um Schubladendenken in eurem Arbeitskontext zu vermeiden:

Akzeptanz

Will man Vorurteile aktiv bekämpfen, ist eines unerlässlich: Wir müssen akzeptieren, dass wir sie überhaupt haben. Wir alle sind nicht vor unbewusster Voreingenommenheit und Schubladendenken gefeit. Nur wenn wir uns dessen bewusst sind, sind wir in der Lage, unsere eigenen Schubladen stetig offen zu halten, zu reflektieren und regelmäßig auszumisten.

Selbstreflexion

Nutzt Situationen, in denen euch bewusst wird, dass ihr Menschen mit Vorurteilen begegnet seid, um euch selbst zu reflektieren und eure eigenen Denkmuster zu hinterfragen. Ich merke immer daran, dass ich Menschen unbewusst in eine Schublade gesteckt habe, wenn ich plötzlich im positiven oder auch im negativen Sinne

»überrascht« von ihnen bin, weil sie meiner Erwartungshaltung und damit offensichtlich der Zuschreibung meiner Denkschublade nicht mehr entsprechen. Stellt euch vielleicht folgende Fragen:

- Wieso löst dieser Mensch in mir dieses Gefühl aus?
- Welche meiner Werte und Prinzipien hängen mit meiner Deutung zusammen?
- Wo oder auch von wem habe ich dieses Vorurteil womöglich erworben?

Verwendet auch gerne den Impliziten Assozationstest (IAT)[1] der Harvard University, um ein besseres Verständnis über eure unbewussten Vorlieben und Überzeugungen zu erhalten.

Konfrontation

Konfrontiert euch mit euren Vorurteilen. Das heißt konkret: Wenn ihr euch beispielsweise dabei erwischt, dass Menschen mit einer anderen ethnischen Herkunft oder Hautfarbe negative Gefühle oder Assoziationen in euch wecken, solltet ihr umso mehr den persönlichen Austausch mit ihnen suchen und euch ein differenziertes eigenes Bild machen.

Anonyme Feedbackkanäle

Etabliert anonyme Feedbackkanäle wie etwa anonymisierte Befragungen in der Belegschaft oder anonyme Beschwerdekanäle, um Einblicke in Problemfelder zu erhalten, die Inklusionsarbeit benötigen. Nutzt diese Ergebnisse in einem nächsten Schritt auch aktiv, um adressierte Herausforderungen mit gezielten Maßnahmen anzugehen.

Inklusive Stellenausschreibungen

Achtet auf eine inklusive und geschlechtsneutrale Formulierung von Stellenbeschreibungen und vermeidet diskriminierende und restriktive Passagen wie »Deutsch als Muttersprache« oder »Junges Team«. Der Fokus sollte auf die Qualifikationen, Fähigkeiten und Erfahrungen gelegt werden, die für die Position relevant sind, anstatt auf persönliche Merkmale wie Alter, Geschlecht oder Herkunft. Ferner sollte die Möglichkeit der direkten Ansprache von Minderheiten genutzt werden, beispielsweise indem Menschen mit einer Behinderung oder einem Migrationshintergrund aktiv dazu ermutigt werden, sich zu bewerben.

Anonymisierte Bewerbungsunterlagen

Damit sich Führungskräfte und Personalverantwortliche auf wichtige Qualifikationen von Bewerberinnen und Bewerbern konzentrieren können, ohne von unbewussten Vorurteilen beeinflusst zu werden, ist zudem eine Ausblendung von Informationen wie dem Namen, Familienstand, Geburtsdatum und dem Bewerbungsfoto möglich. Auf diese Weise bekommen potenziell Menschen Einladungen zum Vorstellungsgespräch, die ansonsten bereits bei der Durchsicht der Bewerbungsunterlagen aus dem Raster gefallen wären. Hier zeigt sich aber aus meiner Sicht auch die Schwäche dieses Verfahrens: Ohne begleitende Maßnahmen verlagert sich die mögliche Diskriminierung hierbei lediglich auf den nächsten Bewerbungsschritt, bei dem ein persönliches Aufeinandertreffen mit dem Bewerber oder der Bewerberin stattfindet.

Standardisierte Bewerbungsverfahren und Bewertungskriterien

Werden Bewerbungsgespräche »frei« geführt, werden Fragen meist spontan gestellt und können daher bereits vorurteilsbehaftet sein. Aus diesem Grund sind strukturierte Interviewprozesse sinnvoll, in denen alle Bewerberinnen und Bewerber dieselben Fragen erhalten. Auf diese Weise wird die Objektivität der Fragestellung gefördert und aufgrund gleicher Auswahlkriterien eine bessere Vergleichbarkeit der Antworten und damit eine höhere Fairness sichergestellt. Um Confirmation Bias zu vermeiden, können in einem Bewerbungsprozess ferner die Einschätzungen der vorherigen Interviewer und Interviewerinnen ausgeblendet werden, solange eine Person den Kandidaten oder die Kandidatin selbst noch nicht bewertet hat.

Diversity-Quoten

Die natürliche Konsequenz von Vielfalt ist noch mehr Vielfalt. Aus dem Grund kann die Schaffung verbindlicher Diversitätsquoten – auch über die Geschlechtsdimension hinaus – eine Option sein. Entscheidend ist hierbei, ehrgeizige, aber realistische Ziele zu setzen, Fortschritte regelmäßig zu messen und Führungskräfte aktiv zur Verantwortung zu ziehen.

Sensibilisierung der Belegschaft

Wissen schafft Bewusstsein. Aus diesem Grund sind Trainings, Workshops und Schulungen für die Belegschaft sinnvoll, um das Bewusstsein für Vorurteile und Schubladendenken zu schärfen und über die daraus resultierenden Konsequenzen aufzuklären. Vor allem Mitarbeiterinnen und Mitarbeiter, die Personalentscheidungen innerhalb des Unternehmens treffen, sollten besonders auf diesem Gebiet geschult werden.

Überprüfung der Unternehmensrichtlinien

Unternehmen sollten Richtlinien etablieren, die gewährleisten, dass unbewusste Vorurteile nicht zu Benachteiligung, Ausgrenzung oder Diskriminierung von Menschen führen. Diese Richtlinien sollten regelmäßig überprüft werden und beispielsweise auf Basis des Feedbacks der Belegschaft (etwa über anonyme Befragungen) laufend überarbeitet und ergänzt werden.

Etablierung von Unternehmensnetzwerken für Minderheiten

Unternehmensnetzwerke für Minderheiten können ein wichtiges Forum für den Erfahrungsaustausch der jeweiligen Mitarbeiter und Mitarbeiterinnen darstellen. Ebenso können derartige Netzwerke für die Organisation von Veranstaltungen und Aktivitäten innerhalb des Unternehmens verwendet werden, um den offenen Austausch und damit die Toleranz und Offenheit innerhalb der Belegschaft zu fördern.

Leadership und Vorbildwirkung

Führungskräfte spielen eine bedeutende Rolle, um eine inklusive Arbeitskultur vorzuleben und zu fördern, um damit gegen Schubladendenken aktiv vorzugehen. Führungskräfte sollten sich daher ihrer Verantwortung bewusst sein und faire sowie transparente Kriterien bei Einstellungen, Beförderungen sowie Leistungsbewertungen heranziehen.

Sind Menschen nun selbst von Vorurteilen betroffen, ist es wichtig, dass sie gegen Diskriminierung vorgehen und sich Unterstützung holen. Dies können sowohl Instanzen innerhalb des Unternehmens wie beispielsweise der Betriebsrat, aber auch offizielle Stellen wie Antidiskriminierungsstellen sein. Hierbei ist es empfehlenswert, das Datum, Zeit und Ort sowie potenzielle Zeuginnen und Zeugen zu dokumentieren. Betroffene sollten keinesfalls schweigen und Vorfälle ignorieren, da Verantwortliche auf diese Weise nicht zur Rechenschaft gezogen werden und sich der Teufelskreis damit weiter fortsetzt.

Was ich nicht empfehle, ist, sich zu verbiegen, um bloß nicht in der falschen Schublade zu landen. So bin ich beispielsweise jedes Mal irritiert, wenn Frauen in Karriereratgebern geraten wird, sich möglichst dezent zu schminken und zu kleiden, um keine »Vorurteile« zu erzeugen. Die Lösung gegen Vorurteile ist nicht, dass wir uns ab jetzt alle verstellen, um bloß kein »falsches Bild« zu erzeugen. Ich habe die Erfahrung gemacht, dass sich Vorurteile in den meisten Fällen durch demonstrierte Kompetenz und Leistungen aus dem Weg räumen lassen. Bei anderen Menschen scheinen die Schubladen hingegen stark zu klemmen – auch wenn wir uns auf den Kopf stellen. In diesen Fällen kann ich euch nur eine kleine Gedankenanregung mitgeben, die ich vor einiger Zeit gelesen habe: »Wenn eine Blume nicht blüht, schauen wir darauf, was an ihrer Umgebung nicht stimmt, und beschuldigen nicht die Blume.« Ist was dran, oder?

8 Und nun?

Die Thematisierung fest verankerter Vorurteile im Kontext von gesellschaftlichen Privilegien und die daraus potenziell resultierende Diskriminierung von Bevölkerungsgruppen triggert viele Menschen und führt nicht selten zu einem entrüsteten Aufschrei. »Ich kenne genug Frauen, die auch mit Kindern problemlos Karriere machen und sich nicht permanent beschweren«, bekomme ich etwa immer wieder zu hören, wenn ich auf die strukturellen Herausforderungen in der Vereinbarkeit von Familie und Beruf für Mütter aufmerksam mache. Oder auch: »Immer dieses Gerede von Privilegien. Wer sich nur genug anstrengt, der bringt es auch zu etwas«, sobald ich über die Bedeutung von sozialer Herkunft spreche. Nicht minder beliebt ist der Spruch »Also mein Nachbar ist Ausländer, und der fühlt sich auch nicht diskriminiert«, wenn das Thema Rassismus auf den Tisch kommt.

Interessanterweise stammt dieser vehemente Protest in der Regel von Menschen, die man gemeinhin als privilegiert bezeichnen würde und die im Laufe ihres Lebens keine dieser Diskriminierungserfahrungen, die sie aus voller Überzeugung wegdiskutieren wollen, am eigenen Leibe erlebt haben oder erleben werden. Denn während wir alle schon mal in Schubladen gesteckt oder in gewissen Situationen benachteiligt wurden, weicht der Grad der Diskriminierung, die wir erfahren (oder eben nicht erfahren), stark voneinander ab. Sie hängt eng damit zusammen, wie sehr wir von der vermeintlichen »Norm« der Mehrheitsgesellschaft abweichen – oder eben auch davon, wie sehr wir ihr entsprechen. Je größer diese Diskrepanz ist, desto höher ist die Wahrscheinlichkeit, dass uns Vorurteile und Diskriminierung begegnen. Weichen Menschen sogar gleich in mehreren Bereichen von der besagten Norm ab, ist Mehrfachdiskriminierung häufig die Konsequenz.

Hier zeigt sich das Phänomen der Intersektionalität: Verschiedene Diskriminierungsformen wirken nicht isoliert voneinander und können daher nicht einfach »addiert« werden, sondern sie bedingen sich gegenseitig, sind unter Umständen eng miteinander verflochten und können neue ausgeprägtere Formen der Diskriminierung annehmen. Die Analyse von Vorurteilen sowie von Diskriminierung muss daher mehrdimensional erfolgen und im Kontext von gesellschaftspolitischen Machtverhältnissen stattfinden.

Das ist nicht trivial und erfordert die Berücksichtigung vieler Facetten und Wechselwirkungen, doch eine intensive Auseinandersetzung damit ist unverzichtbar. Und das nicht nur gesamtgesellschaftlich, sondern ebenso für Unternehmen, die zukunftsfähig bleiben wollen.

Ich bat Hildegard Wortmann, Vorständin der Audi AG für Vertrieb und Marketing und Mitglied der Erweiterten Konzernleitung des Volkswagen-Konzerns für Vertrieb, die ich persönlich sehr schätze, um ihre Perspektive als abschließendes Fazit. Sie sagte:

»Sind wir mal ehrlich: Wir alle lassen uns im Alltag hin und wieder von Unconscious Bias, also von unbewussten Denkmustern und Stereotypen, beeinflussen. Es ist schwer, sich komplett davon freizumachen. Umso wichtiger ist es aber, darauf aufmerksam zu machen – wie mit diesem Buch. Auf individueller Ebene erfordert das Aufmerksamkeit, eine regelmäßige Reflexion und eine kritische Wahrnehmung des eigenen Denkens und Handelns. Das gilt natürlich erst recht auf gesamtgesellschaftlicher Ebene. Denn jede und jeder von uns nimmt selbst wahr und wird selbst wahrgenommen. Wir müssen uns zu einer bewussten Gesellschaft entwickeln, die mit alten Stereotypen und Vorurteilen abschließt. Ob alter weißer Mann oder Quotenfrau: In meinen Augen müssen wir endlich aufhören, diese Stereotypen zu bedienen. Von diesen Klischees halte ich nichts. Mit ihnen verändern wir nichts.

Bei Unconscious Bias geht es, neben etwa dem kulturellen Hintergrund oder dem Alter von Personen, auch um die Gleichberechtigung von Männern und Frauen. Hier sind die Ergebnisse nach wie vor ernüchternd. Erhebungen der AllBright Stiftung[1] zeigen regelmäßig, wie schlecht es nach wie vor um den Frauenanteil in den Führungsgremien der Börsenunternehmen in Deutschland bestellt ist. Nur 5 Prozent der CEOs, 6,2 Prozent der Aufsichtsratsvorsitzenden und 13,4 Prozent der Vorstände dieser Unternehmen sind Frauen. Das kann und darf nicht so bleiben. Denn eins ist ganz klar: An der Qualifikation liegt es nicht, dass die Anteile so gering sind. An deutschen Hochschulen sind Frauen längst in der Mehrheit[2], und schon seit 2012 gibt es im Fach Betriebswirtschaftslehre mehr weibliche Absolventen als männliche[3].

Relevant ist in diesem Zusammenhang auch die Gleichbehandlung von Frauen in der medialen Berichterstattung. Auch hier gibt es noch Verbesserungspotenzial. Eine inklusive Gesellschaft muss auch medial unser Ziel sein. Die Medien können hierzu einen großen gesellschaftlichen Beitrag leisten und tragen dafür auch Verantwortung. Damit sollten sie nicht so leichtfertig umgehen, nur um eine schnelle Schlagzeile zu haben. Für mich ist klar: Wir müssen weiter mehr Diversität fordern und fördern – das ist unabdingbar für den wirtschaftlichen Erfolg und die Innovationskraft jedes Unternehmens, aber auch für unsere Gesellschaft. Regularien können Rahmenbedingungen setzen, die es anfänglich braucht, um einen Stein ins Rollen zu bringen. Aber jede und jeder Einzelne kann und sollte hier auch einen Beitrag leisten – zum Beispiel, wenn es um die Förderung von Talenten geht, wenn man ihnen Sichtbarkeit und Verantwortung gibt. Ein Ansatz für eine solche Förderung ist es, bei Auswahlprozessen aktiv Leitplanken vorzugeben, um diverse Teams zusammenstellen zu können. Eine Möglichkeit, die ich dafür nutze: Bei der Besetzung von neuen Teams halte ich mir einen Platz mit einer Wild Card frei. Die Wild Card geht dann an eine Person, die eine ganz andere Perspektive, einen anderen Hintergrund einbringt. Das kann andere Teammitglieder verwundern, aber es zahlt sich aus. Denn es führt zu mehr Ideen, mehr Austausch und letztlich besseren Ergebnissen. Langfristig brauchen wir ein modernes Werteverständnis, das nicht auf das Geschlecht, das Alter oder die Herkunft einer Person schaut – sondern darauf, wofür diese Person steht, welche Haltung sie zeigt, was sie vermittelt. Denn nur in einer offenen, vorbehaltsfreien Kultur der Zusammenarbeit und des Vertrauens werden Menschen und Teams stärker, mutiger, erfolgreicher – und das ist doch in unser aller Sinne.«

Hildegard Wortmanns Appell kann ich mich nur aus tiefstem Herzen anschließen. Lasst uns gemeinsam für diese vorbehaltsfreie Kultur der Zusammenarbeit und des Vertrauens einstehen. Denn wir alle können einen Unterschied machen, indem wir uns solidarisch verhalten, wenn wir Diskriminierung beobachten, und nicht schweigen, wenn Menschen benachteiligt werden. Lasst uns unsere eigenen Privilegien stets hinterfragen und verantwortungsvoll einsetzen – und vor allem unsere Denkschubladen stets offenlassen!

Danksagung

Bedanken möchte ich mich zunächst bei all jenen, die dieses Buch mit ihren wertvollen Perspektiven bereichert haben. Tausend Dank für eure wunderbaren Impulse und vor allem auch für eure kostbare Zeit.

In alphabetischer Reihenfolge:

Ali Azimi, Alicia Lindner, Anastasia Barner, Christiane Stein, Domitila Barros, Dr. Julia Freudenberg, Dr. Michael Trautmann, Dr. Sigrid Evelyn Nikutta, Ekrem Namazci, Frank Leyhausen, Hildegard Wortmann, Isabel Gabor, Julius de Gruyter, Katharina Wolff, Laura Lewandowski, Magdalena Rogl, Martin Seiler, Nadine und Jay Mostoller, Natalya Nepomnyashcha, Roman Gaida, Rüdiger Maas, Simone Carstens, Sophie Bieber, Swantje Allmers und Yaël Meier.

Ein großer Dank gebührt auch Sven Vallonthara, Michaela Renner, Andre Braun und Ann-Kathrin Torheiden. Danke, dass ihr mir immer den Rücken freihaltet und ich mich blind auf eure Unterstützung verlassen kann. Danke auch für eure Menschlichkeit und eure Herzenswärme. Es ist ein Privileg, mit euch zusammenzuarbeiten. Danke auch an Wolfgang Hoeffer für dein unbändiges Vertrauen – du wirst sehr fehlen. Auch danken möchte ich Gilbert Jacque und Maria Gomez. Ihr seid die besten Mentoren und Sparringspartner, die man sich wünschen kann.

Bedanken möchte ich mich auch bei Sara Nuri, Selam Gebrekidan, Kai Siebert, Mohanna Azarmandi, Irène Kilubi, Christina Richter, Saina Bayatpour, Anahita Thoms, Mina Saidze, Janna Linke, Frauke Holzmeier, Aylin Karabulut, Cagla Cavus, Laura Bornmann,

Judith Gerlach, Sabrina Meier, Andrea Herzberg, Anna Katharina Rose und Tina Hermann für euer immer offenes Ohr und Herz.

Nicht genug danken kann ich meiner wunderbaren Lektorin Danja Hetjens. Du hast mich in dem kompletten Buchprozess unglaublich unterstützt und dieses Werk erst zu dem gemacht, was es heute ist. Ein großes Dankeschön an der Stelle auch an Hauke Schwiezer, ohne den sich Danjas und meine Wege wohl niemals gekreuzt hätten.

Danke auch an den unglaublichen Stefan Haller für die grandiosen Illustrationen und an die weltbeste Fotografin Sapna Richter für das Coverfoto.

Danken möchte ich außerdem meinen großartigen Eltern. Ihr habt mich zu der starken Frau erzogen, die ich heute bin. Ich bin unglaublich stolz auf euch. Danke für eure unendliche Liebe.

Nicht fehlen darf hier der Mann an meiner Seite, der mein größter Fan und zugleich mein härtester Kritiker ist. Ich danke dir für deine endlose Unterstützung – du bist großartig.

Anmerkungen

2 Die Schubladen in unseren Köpfen

1 https://www.zeit.de/wissen/2009-9/vorurteile-namen-grundschullehrer

2 https://www.spektrum.de/news/bloss-keine-vorurteile/1708616

3 Kaas, Leo, und Christian Manger, »Ethnic Discrimination in Germany's Labour Market: A Field Experiment«, *German Economic Review*, 1.2.2012

4 https://www.zeit.de/gesellschaft/2010-02/studie-bewerber-auslaendische-namen

5 https://www.spiegel.de/wirtschaft/soziales/diskriminierung-auslaender-werden-bei-der-wohnungssuche-benachteiligt-a-1153297.html

3 Über Gorillas und Säbelzahntiger

1 https://www.anti-bias.eu/biaseffekte/invisible-gorilla-experiment/

2 https://kirwaninstitute.osu.edu/article/understanding-implicit-bias

3 https://www.charta-der-vielfalt.de/fuer-arbeitgebende/vielfaltsdimensionen/

4 »9. DAX-Vorstandsreport« https://www.odgersberndtson.com/media/10797/dax-report-2021_odgers-berndtson.pdf

5 D.T. Miller, M. Ross (1975), Self-serving biases in the attribution of causality: Fact or fiction?, *Psychological Bulletin*, 82, S. 213–225

6 Kury, Max, *Abgabe von Rechenschaft zum Wiederaufbau von Vertrauen: Eine empirische Untersuchung der Berichterstattung von Banken*, BoD–Books on Demand, 2014, S. 66

7 https://wirtschaftslexikon.gabler.de/definition/konformitaet-38715

8 https://www.welt.de/vermischtes/article169365541/Japanerin-stirbt-nach-159-Ueberstunden-in-einem-Monat.html

9 Stangl, W. (2022, 20. November), *confirmation bias – Online Lexikon für Psychologie und Pädagogik*, https://lexikon.stangl.eu/10640/confirmation-bias-bestaetigungsfehler-bestaetigungstendenz

10 Jutta Kühl, Geschlechtsbezogener Verzerrungseffekt (Gender Bias), in: genderkompetenz.info, Humboldt-Universität zu Berlin, http://www.genderkompetenz.info/w/files/gkompzpdf/gender_bias.pdf

11 Weinberger, Andrea H. et al., Inclusion of Women and Gender-Specific Analyses in Randomized Clinical Trials of Treatments for Depression, *Journal of Women's Health*, 2010

12 Winkel, Bo G. et al., *Gender differences in sudden cardiac death in the young-a nationwide study, (BMC Cardiovascular Disorders*, 2017

13 https://docplayer.org/182506043-Die-ausnahme-die-rabenmutter-die-kaempferin-unbewusste-bias-in-der-medialen-darstellung-von-top-managerinnen.html
14 Thorndike, E. L. (1920), A constant error in psychological rating, *Journal of Applied Psychology*, 4, 25–29

4 Die häufigsten Vorurteile der Arbeitswelt

1 Crenshaw, Kimberlé (1989), Demarginalizing the Intersection of Race and Sex: A Black Feminist Critique of Antidiscrimination Doctrine, Feminist Theory and Antiracist Politics, in: *University of Chicago Legal Forum*, Jg. 1989, Nr. 1, S. 139–167
2 https://www.destatis.de/DE/Presse/Pressemitteilungen/2023/01/PD23_036_621.html
3 https://www.antidiskriminierungsstelle.de/DE/ueber-diskriminierung/lebensbereiche/arbeitsleben/gleichbehandlung-der-geschlechter/gleichbehandlung-der-geschlechter-node.html
4 BKA – Bundeskriminalamt (2021), *Partnerschaftsgewalt Kriminalstatistische Auswertung* – Berichtsjahr 2020, verfügbar unter: https://www.bka.de/SharedDocs/Downloads/DE/Publikationen/JahresberichteUndLagebilder/Partnerschaftsgewalt/Partnerschaftsgewalt_2020.html;jsessionid=95FF23EE4BF07FFAC9D65EF2A389D0C4. live291?nn=63476.
5 In dem Kontext werden die Privilegien von Cis-Männern beschrieben, deren Geschlechtsidentität dem Geschlecht entspricht, das ihnen bei der Geburt zugewiesen wurde.
6 https://www.zwd.info/altersarmut-ist-weiblich.html
7 https://www.manager-magazin.de/harvard/was-sind-babyboomer-a-9ac520d6-e1b0-43f7-9abe-da0466cf1002
8 Wong, Y. J., Ho, M.-H. R., Wang, S.-Y., & Miller, I. S. K. (2017), Meta-analyses of the relationship between conformity to masculine norms and mental health-related outcomes, Journal of Counseling Psychology, 64(1), 80–93, https://doi.org/10.1037/cou0000176
9 https://www.who.int/news/item/09-09-2019-suicide-one-person-dies-every-40-seconds
10 1. Sileo KM, Kershaw TS, Dimensions of Masculine Norms, Depression, and Mental Health Service Utilization: Results From a Prospective Cohort Study Among Emerging Adult Men in the United States, American Journal of Men's Health, 2020;14(1). doi:10.1177/1557988320906980
11 https://www.allbright-stiftung.de/aktuelles/2019/6/17/der-neue-allbright-bericht-ein-ewiger-thomas-kreislauf
12 https://www.allbrightstiftung.de/fakten#:~:text=M%C3%A4nner%20rekrutieren%20M%C3%A4nner%2C%20die%20ihnen%20%C3%A4hnlich%20sind&text=Thomas%20rekrutiert%20Thomas%20und%20der,oder%20Michael%20hei%C3%9Fen%20(58)
13 https://www.allbright-stiftung.de/fakten
14 https://www.allbright-stiftung.de/aktuelles/2022/10/19/der-allbright-herbstbericht-ist-erschienen#:~:text=Der%20Frauenanteil%20in%20den%20Vorst%C3%A4nden,2022%20bei%2014%2C2%20Prozent
15 https://www.diw.de/de/diw_01.c.412682.de/frauenquote.html

16 https://www.diw.de/de/diw_01.c.412682.de/frauenquote.html
17 https://www.bmfsfj.de/bmfsfj/service/gesetze/zweites-fuehrungspositionengesetz-fuepog-2-164226
18 https://www.manager-magazin.de/harvard/dax-unternehmen-warum-es-nicht-mehr-frauen-in-vorstaenden-gibt-a-056d0479-eb5d-41c5-9ca2-3749e4a4023a
19 https://www.sueddeutsche.de/leben/frauen-ueber-frauen-ich-bin-so-froh-dass-ich-ein-maedchen-bin-1.7472
20 https://www.mckinsey.de/news/presse/2020-05-19-diversity-wins
21 https://www.diw.de/de/diw_01.c.863622.de/erneut_mehr_vorstaendinnen_in_grossen_unternehmen__dynamik_laesst_aber_nach.html
22 https://www.youtube.com/watch?v=IjengoWRP0g
23 https://www.who.int/publications/i/item/9789240016866
24 https://www.antidiskriminierungsstelle.de/SharedDocs/downloads/DE/publikationen/Expertisen/altersbilder_kurz.html;jsessionid=D0D02209A878A6E8F17045CD13F215DB.intranet222?nn=304718
25 https://www.glassdoor.de/blog/ein-drittel-der-befragten-berufstaetigen-in-deutschland-erlebt-diskriminierung/
26 https://www.personalwirtschaft.de/news/hr-organisation/umfrage-altersdiskriminierung-im-recruiting-weit-verbreitet-141677/
27 https://www.personalwirtschaft.de/news/hr-organisation/umfrage-altersdiskriminierung-im-recruiting-weit-verbreitet-141677/
28 Attraktivitätsforschung: Wer schön ist, kommt weiter – WELT https://www.welt.de/wissenschaft/article94232/Wer-schoen-ist-kommt-weiter.html
29 https://www.welt.de/gesundheit/psychologie/article13418959/Schoene-Menschen-sind-klar-im-Vorteil.html
30 Mobius, Markus M. and Tanya S. Rosenblat, 2006, Why beauty matters. *American Economic Review* , 96, no. 1: 222-235
31 https://www.wiwo.de/erfolg/karrierefaktor-aussehen-es-gibt-kein-zu-schoen/19296130.html
32 https://www.wiwo.de/erfolg/beruf/erfolg-karriere-dank-richtiger-kleidung/6711932-2.html
33 https://www.wiwo.de/erfolg/karrierefaktor-aussehen-schoene-frauen-haben-es-in-maennerberufen-schwerer/19296130-3.html
34 https://www.deutschlandfunk.de/attraktivitaet-partnerschaft-beruf-vorurteile-100.html
35 https://www.spiegel.de/wirtschaft/service/kehrseite-der-attraktivitaet-zu-schoen-fuer-den-job-a-712022.html
36 https://www.wiwo.de/erfolg/beruf/erfolg-karriere-dank-richtiger-kleidung/6711932-2.html
37 Heilman, M.E. & Saruwatari, L.R. (1979), When beauty is beastly: The effects of appearance and sex on evaluations of job applicants for managerial and nonmanagerial jobs. Organizational Behavior and Human Performance, 23, 360–372
38 https://www.spiegel.de/karriere/diversity-frauen-schadet-schoenheit-im-job-a-d9d21dbb-8441-4fdb-bd06-88488a706ee3
39 https://www.antidiskriminierungsstelle.de/DE/ueber-diskriminierung/diskriminierungsmerkmale/geschlecht-und-geschlechtsidentitaet/geschlecht-und-geschlechtsidentitaet-node

40 https://www.derstandard.at/story/2000106443092/zu-viele-vorurteile-zu-wenig-forschung-wie-dicke-menschen-krankgemacht
41 https://www.dak.de/dak/download/forsa-studie-xxl-report-2116468.pdf
42 https://www.aerztezeitung.de/Medizin/Beleidigt-gemobbt-diskriminiert-228676.html
43 https://www.dak.de/dak/bundesthemen/xxl-report-so-werden-dicke-menschen-ausgegrenzt-2116512.html#/
44 https://www.derstandard.at/story/2000106443092/zu-viele-vorurteile-zu-wenig-forschung-wie-dicke-menschen-krankgemacht
45 https://www.gesundheitsforschung-bmbf.de/de/doppelte-last-ubergewichtige-menschen-werden-durch-mitburger-abgelehnt-2829.php
46 https://www.aerztezeitung.de/Medizin/Beleidigt-gemobbt-diskriminiert-228676.html
47 https://www.dak.de/dak/bundesthemen/xxl-report-so-werden-dicke-menschen-ausgegrenzt-2116512.html#/
48 https://www.derstandard.at/story/2000106443092/zu-viele-vorurteile-zu-wenig-forschung-wie-dicke-menschen-krankgemacht
49 https://www.swr.de/swr2/wissen/body-shaming-wie-dicke-menschen-diskrimi niert-werden-104.html
50 https://www.derstandard.at/story/2000106443092/zu-viele-vorurteile-zu-wenig-forschung-wie-dicke-menschen-krankgemacht
51 https://www.swr.de/swr2/wissen/body-shaming-wie-dicke-menschen-diskrimi niert-werden-104.html
52 https://www.sueddeutsche.de/gesundheit/uebergewicht-schlecht-behandelt-weil-dick-1.3614958
53 https://www.rnd.de/wissen/schau-mich-an-so-kaempft-jasmin-mairhofer-gegen-die-diskriminierung-als-dicke-K6ABOTMZIVGNHA5OULLQDVIANM.html
54 https://www.spiegel.de/karriere/uebergewicht-im-job-dicke-frauen-werden-bei-bewerbungen-diskriminiert-a-840056.html
55 https://www.welt.de/wissenschaft/article108762524/So-drastisch-werden-dicke-Bewerber-diskriminiert.html
56 https://www.welt.de/wissenschaft/article1551287/Dicke-leiden-unter-falschen-Vorurteilen.html
57 https://de.statista.com/statistik/daten/studie/1331200/umfrage/verhaeltnis-un gewollter-und-gewollter-kinderlosigkeit-nach-alter/
58 https://www.faz.net/aktuell/gesellschaft/gesundheit/mehr-als-jede-zehnte-frau-erleidet-eine-fehlgeburt-17314639.html
59 https://www.wila-arbeitsmarkt.de/blog/2021/08/09/karriererisiko-frauen-30plus/#:~:text=Frauen%20im%20geb%C3%A4rf%C3%A4higen%20Alter%20werden,nur%20der%20Gang%20vor%20Gericht.&text=In%20Deutsch land%20gibt%20es%20das%20Allgemeines%20Gleichbehandlungsgesetz%20(AGG
60 https://www.bloomberg.com/news/articles/2022-04-22/a-new-benefit-is-born-to-help-companies-find-and-keep-workers?leadSource=uverify%20wall
61 https://www.zeit.de/arbeit/2021-06/social-freezing-familienplanung-arbeitge ber-unterstuetzung-frauen-zeitpunkt-kinder-kriegen

62 https://www.tagesspiegel.de/gesellschaft/panorama/apple-facebook-und-der-neue-weg-fur-karriere-frauen-5445604.html
63 https://www.wila-arbeitsmarkt.de/blog/2021/08/09/karriererisiko-frauen-30plus/#:~:text=Frauen%20im%20geb%C3%A4rf%C3%A4higen%20Alter%20werden,nur%20der%20Gang%20vor%20Gericht.&text=In%20Deutschland%20gibt%20es%20das%20Allgemeines%20Gleichbehandlungsgesetz%20(AGG
64 https://www.antidiskriminierungsstelle.de/SharedDocs/forschungsprojekte/DE/Studie_DiskrErf_fuersorgender_Erwerbstaetiger.html?nn=305458
65 https://www.zeit.de/arbeit/2019-08/diskriminierung-ungleichheit-arbeitsplatz-sexuelle-belaestigung-gender-pay-gap-elternzeit
66 https://www.sueddeutsche.de/karriere/nachwuchs-in-akademikerhaushalten-warum-die-babypause-oft-zum-karrierekiller-wird-1.1472690
67 https://www.destatis.de/DE/Themen/Gesellschaft-Umwelt/Bevoelkerung/Bevoelkerungsvorausberechnung/_inhalt.html
68 https://www.bpb.de/kurz-knapp/zahlen-und-fakten/datenreport-2021/familie-lebensformen-und-kinder/329610/kinderlosigkeit-weltweit/#:~:text=Im%20internationalen%20Vergleich%20befindet%20sich,%E2%80%93%20zwischen%2020%20und%2021%20%25
69 https://www.destatis.de/DE/Presse/Pressemitteilungen/2022/12/PD22_511_124.html
70 https://www.destatis.de/DE/Presse/Pressemitteilungen/2022/03/PD22_N012_12.html
71 https://www.wzb.eu/de/news/elternzeit-nachteile-fuer-muetter
72 Brehm, Uta (2021), Innerfamiliäre Arbeitsteilung und die Gleichstellung der Geschlechter, in: Destatis, WZB und BiB (Hrsg.), *Datenreport 2021: Ein Sozialbericht für die Bundesrepublik Deutschland*, 197–201, Bonn: bpb
73 Huebener, Mathias; Müller, Kai-Uwe; Spieß, C. Katharina; Wrohlich, Katharina (2016), Zehn Jahre Elterngeld: Eine wichtige familienpolitische Maßnahme, *DIW Wochenbericht 49*: 1159–1166
74 Statistisches Bundesamt (2022), *Statistik zum Elterngeld – Beendete Leistungsbezüge für im Jahr 2019 geborene Kinder*, Wiesbaden
75 Brehm, Uta (2021), Innerfamiliäre Arbeitsteilung und die Gleichstellung der Geschlechter, in: Destatis, WZB und BiB (Hrsg.), *Datenreport 2021: Ein Sozialbericht für die Bundesrepublik Deutschland*, 197–201, Bonn: bpb
76 https://www.diw.de/de/diw_01.c.864852.de/nachrichten/die_lohnluecke_ist_ein_armutszeugnis_fuer_deutschland.html
77 https://www.destatis.de/DE/Presse/Pressemitteilungen/2023/01/PD23_036_621.html
78 http://www.wiwi.uni-frankfurt.de/publications/publication/3262/Quantifying+the+Disincentive+Effects+of+Joint+Taxation+on+Married+Women%2527s+Labor+Supply
79 DIW Wochenbericht 10 / 2022, S. 159–165
Stefan Bach, Peter Haan, Katharina Wrohlich https://www.diw.de/de/diw_01.c.836925.de/publikationen/wochenberichte/2022_10_1/abschaffung_der_lohnsteuerklasse_v_sinnvoll__ersetzt_aber_keine_reform_des_ehegattensplittings.html
80 DIW Wochenbericht 10 / 2022, S. 159–165

Stefan Bach, Peter Haan, Katharina Wrohlich https://www.diw.de/de/diw_01.c.836925.de/publikationen/wochenberichte/2022_10_1/abschaffung_der_lohn steuerklasse_v_sinnvoll__ersetzt_aber_keine_reform_des_ehegattensplittings.html DIW Berlin: Abschaffung der Lohnsteuerklasse V sinnvoll, ersetzt aber keine Reform des Ehegattensplittings

81 https://www.personalwirtschaft.de/news/hr-organisation/unternehmen-in-deutschland-sind-oft-nicht-familienfreundlich-98651/

82 https://www.destatis.de/DE/Themen/Gesellschaft-Umwelt/Soziales/Kindertages betreuung/_inhalt.html

83 https://www.bertelsmann-stiftung.de/de/themen/aktuelle-meldungen/2022/oktober/2023-fehlen-in-deutschland-rund-384000-kita-plaetze

84 https://www.zeit.de/2022/47/kita-notstand-personalmangel-fruehkindliche-bil dung-kinderbetreuung

85 https://www.bmfsfj.de/bmfsfj/themen/familie/chancen-und-teilhabe-fuer-fami lien/alleinerziehende#:~:text=Rund%2034%20Prozent%20aller%20Haus halte,von%20Alleinerziehenden%20(Stand%202022)

86 https://www.diw.de/de/diw_01.c.697152.de/publikationen/wochenberichte/2019_46_1/teilzeiterwerbstaetigkeit__ueberwiegend_weiblich_und_im_durch schnitt_schlechter_bezahlt.html

87 https://www.bmfsfj.de/bmfsfj/themen/gleichstellung/frauen-und-arbeitswelt/lohngerechtigkeit

88 https://www.diw.de/de/diw_01.c.701691.de/part-time_wage_gap.html

89 https://de.statista.com/statistik/daten/studie/76211/umfrage/scheidungsquote-von-1960-bis-2008/

90 https://www.iff-hamburg.de/wp-content/uploads/2020/11/iff-Abschlussbericht_Guter-Umgang-mit-Geld.pdf

91 https://www.antidiskriminierungsstelle.de/DE/ueber-diskriminierung/lebens bereiche/arbeitsleben/gleichbehandlung-der-geschlechter/gleichbehandlung-der-geschlechter-node.html

92 https://www.iwd.de/artikel/gender-pension-gap-in-deutschland-besonders-gross-462565/

93 https://www.zeit.de/gesellschaft/2022-06/altersarmut-frauen-rente-existenzmi nimum

94 https://www.spiegel.de/karriere/teilzeit-studie-weniger-arbeitszeit-mehr-belas tung-a-d9ba26c4-c520-4809-9463-eaf5b8680842

95 Klenner, Christina; Lott, Yvonne, *Arbeitszeitoptionen im Lebensverlauf*, p_wsi_studies_4_2016.pdf (boeckler.de), S. 75

96 https://www.spiegel.de/karriere/teilzeit-studie-weniger-arbeitszeit-mehr-belas tung-a-d9ba26c4-c520-4809-9463-eaf5b8680842

97 https://www.zeit.de/wirtschaft/2018-09/gleichstellung-arbeitsmarkt-rente-dis kriminierung-frauen

98 https://www.sueddeutsche.de/wirtschaft/eltern-in-teilzeitjobs-die-politik-treibt-frauen-in-die-b-job-falle-1.4265879?reduced=true

99 https://www.planet-wissen.de/gesellschaft/lernen/geschichte_der_erziehung/pwiewissensfrage496.html

100 https://www.bild.de/bild-plus/politik/inland/politik-inland/gruenen-chefin-annalena-baerbock-im-interview-wenn-ich-kanzlerin-bin-76402916.bild.html

101 https://www.spiegel.de/politik/deutschland/annalena-baerbock-ueber-ihre-familie-ihr-mann-uebernimmt-bei-einer-kanzlerschaft-familienarbeit-a-d9a4 91fb-f3db-4c39-bb61-f96c26b1ee76

102 https://www.businessinsider.de/wirtschaft/klischees-berichterstattung-topma nagerinnen/

103 https://www.n-tv.de/politik/Baerbock-ist-die-Ausnahme-nicht-die-Regel-article 22525694.html#:~:text=Eine%20europaweite%20Studie%20im%20Auf trag,es%20deutlich%20unter%2010%20Prozent

104 https://www.watson.ch/blogs/wir%20eltern/388086495-endlich-eine-studie-gegen-das-schlechte-gewissen-berufstaetiger-muetter

105 https://www.planet-wissen.de/gesellschaft/lernen/geschichte_der_erziehung/pwiewissensfrage496.html

106 https://magazin.tu-braunschweig.de/pi-post/verstaendnisvoller-spielkamerad-statt-abwesender-ernaehrer/

107 https://magazin.tu-braunschweig.de/pi-post/verstaendnisvoller-spielkamerad-statt-abwesender-ernaehrer/

108 Institut für Demoskopie Allensbach (2019), Veränderungen der gesellschaftlichen Rahmenbedingungen für die Familienpolitik

109 Allensbacher Archiv, IfD-Umfrage 8251 (2021)

110 https://www.zeit.de/gesellschaft/familie/2023-02/vaterschaft-alltag-arbeitstei lung-familie-gleichberechtigung-studie

111 https://magazin.tu-braunschweig.de/pi-post/verstaendnisvoller-spielkamerad-statt-abwesender-ernaehrer/

112 http://www.bmfsfj.de/bmfsfj/themen/gleichstellung/gender-care-gap/indika tor-fuer-die-gleichstellung/gender-care-gap-ein-indikator-fuer-die-gleichstel lung-137294

113 Quelle: Allensbacher Archiv, IfD-Umfrage 8251 (2021), bezogen auf Väter mit ältestem Kind unter 10 Jahren

114 https://www.bib.bund.de/Publikation/2022/pdf/15-Jahre-Elterngeld-Erfolge-aber-noch-Handlungsbedarf.pdf?__blob=publicationFile&v=2

115 https://magazin.tu-braunschweig.de/pi-post/verstaendnisvoller-spielkamerad-statt-abwesender-ernaehrer

116 https://www.bpb.de/shop/zeitschriften/apuz/252651/wie-passt-das-zusammen-familienleitbilder-junger-menschen-und-parteipositionen-zur-familienpolitik/?p=all

117 Lück, Detlev, *Vaterleitbilder: Ernährer und Erzieher? – Familienleitbilder in Deutschland: Kulturelle Vorstellungen zu Partnerschaft, Elternschaft und Familienleben*, edited by Norbert F. Schneider et al., 1st ed., vol. 48, Verlag Barbara Budrich, 2018, pp. 227–46. JSTOR, https://www.jstor.org/stable/j.ctvbkjxjk

118 https://magazin.tu-braunschweig.de/pi-post/verstaendnisvoller-spielkamerad-statt-abwesender-ernaehrer/

119 https://magazin.tu-braunschweig.de/pi-post/verstaendnisvoller-spielkamerad-statt-abwesender-ernaehrer/

120 https://www.zeit.de/gesellschaft/familie/2023-02/vaterschaft-alltag-arbeitstei lung-familie-gleichberechtigung-studie

121 https://www.antidiskriminierungsstelle.de/SharedDocs/aktuelles/DE/2022/20220524_Caregiverstudie.html

122 https://www.diw.de/de/diw_01.c.673478.de/elterngeld_und_elterngeld_p...wie_vor_in_weiter_ferne.html

123 Frodermann, Corinna, Andreas Filser & Ann-Christin Bächmann (2023), *Elternzeiten von verheirateten Paaren: Mütter kehren meist schneller auf den Arbeitsmarkt zurück, wenn ihre Partner Elternzeit nehmen* (IAB-Kurzbericht 1/2023), Nürnberg, 8 S. DOI:10.48720/IAB.KB.2301

124 https://www.prognos.com/de/projekt/vaeterfreundliche-wirtschaft

125 https://www.faz.net/aktuell/karriere-hochschule/buero-co/so-wichtig-ist-familienfreundlichkeit-fuer-vaeter-18543984-p2.html

126 https://www.prognos.com/de/projekt/vaeterfreundliche-wirtschaft

127 https://www.faz.net/aktuell/karriere-hochschule/buero-co/so-wichtig-ist-familienfreundlichkeit-fuer-vaeter-18543984-p2.html

128 https://www.prognos.com/de/projekt/vaeterfreundliche-wirtschaft

129 https://www.bmfsfj.de/bmfsfj/service/publikationen/unternehmensmonitor-familienfreundlichkeit-2019-138444?view=

130 *Väterreport*, Update 2021, S. 46, https://www.bmfsfj.de/resource/blob/186176/81ff4612aee448c7529f775e60a66023/vaeterreport-update-2021-data.pdf

131 https://www.faz.net/aktuell/wirtschaft/berufe-check/berufe-check-lehrer-sind-empathisch-landwirte-konservativ-15029914/frauen-entscheiden-sich-15030336.html

132 https://www.faz.net/aktuell/wirtschaft/berufe-check/berufe-check-lehrer-sind-empathisch-landwirte-konservativ-15029914/frauen-entscheiden-sich-15030336.html

133 https://www.faz.net/aktuell/wirtschaft/berufe-check/berufe-check-lehrer-sind-empathisch-landwirte-konservativ-15029914/frauen-entscheiden-sich-15030336.html

134 https://www.diw.de/documents/publikationen/73/diw_01.c.465763.de/diw_sp0657.pdf

135 https://www.faz.net/aktuell/wirtschaft/berufe-check/berufe-check-lehrer-sind-empathisch-landwirte-konservativ-15029914/frauen-entscheiden-sich-15030336.html

136 Philip Zimbardo, *Lehrbuch der Psychologie*, dritte, neubearbeitete Auflage, Berlin, Heidelberg, 1978, S. 324

137 https://www.researchgate.net/publication/263279416_Four_Meanings_of_Introversion_Social_Thinking_Anxious_and_Inhibited_Introversion

138 https://utopia.de/ratgeber/introversion-4-mythen-entkraeftet/

139 https://www.uni-ulm.de/fileadmin/website_uni_ulm/zuv/beauftragte/gleichstellung/Gleichstellungsarbeit/gastprofessur_mint_und_med/2020_06_06_artikel_uulm_intern_interview_dr_jeanrenaud.pdf

140 https://www.uni-ulm.de/fileadmin/website_uni_ulm/zuv/beauftragte/gleichstellung/Gleichstellungsarbeit/gastprofessur_mint_und_med/2020_06_06_artikel_uulm_intern_interview_dr_jeanrenaud.pdf

141 https://www.spiegel.de/panorama/bildung/studie-warum-junge-frauen-vorbehalte-gegen-mint-berufe-haben-a-40a6c82c-53e2-47b1-a57d-f3ad50c2553b

142 https://www.destatis.de/DE/Presse/Pressemitteilungen/2023/01/PD23_N004_213.html#:~:text=Frauen%20entscheiden%20sich%20nach%20wie,2021%20bereits%2034%2C5%20%25

143 https://www.rnd.de/digital/frauen-in-der-it-branche-wie-laesst-sich-die-quote-verbessern-2N6GMTBWTBA7BOMLE3PDC7B4PE.html

144 https://www.bitkom-research.de/de/pressemitteilung/it-fachkraefteluecke-wird-groesser-96000-offene-jobsei

145 https://www.derstandard.de/story/2000134352181/informatikerin-grace-hopper-die-erzieherin-der-computer

146 https://informatik-monitor.de/landing-page

147 https://www.personalwirtschaft.de/news/recruiting/bachelor-und-master-ab schluss-spielen-in-jobinseraten-kaum-eine-rolle-137515/?utm_source=www.humanresourcesmanager.de_newsletter&utm_medium=email&utm_cam paign=20220523-ps-hrm-45273&utm_content=3382043

148 https://www.stifterverband.org/medien/hochschul-bildungs-report-2020-ab schlussbericht

149 https://www.faz.net/aktuell/wirtschaft/schneller-schlau/schneller-schlau-zahlt-sich-ein-studium-finanziell-aus-18106422.html

150 OECD (2022), Bildung auf einen Blick 2022, wbv Media, Bielefeld/OECD Publishing, Paris, https://doi.org/10.1787/dd19b10a-de.Exec

151 https://www.spiegel.de/panorama/bildung/schule-schlechte-chancen-fuer-jugendliche-mit-niedriger-schulbildung-a-df2031a9-d927-41c6-afb2-1949c7fc25e7

152 https://www.wiwo.de/politik/deutschland/fachkraeftemangel-in-deutschland-wenn-unternehmen-das-personal-ausgeht-ein-ueberblick-zum-fachkraefteman gel/28936056.html

153 Fabian Kratz, Bettina Pettinger, Michael Grätz: At Which Age is Education the Great Equalizer? A Causal Mediation Analysis of the (In-)Direct Effects of Social Origin over the Life Course, in: *European Sociological Revue*, 2022

154 https://www.oecd.org/berlin/presse/oecd-laender-muessen-soziale-mobilitaet-staerker-foerdern-15062018.htm

155 *Hochschul-Bildungs-Report 2020*, Executive Summary (hochschulbildungsreport.de)

156 Fabian Kratz, Bettina Pettinger, Michael Grätz, At Which Age is Education the Great Equalizer? A Causal Mediation Analysis of the (In-)Direct Effects of Social Origin over the Life Course, in: *European Sociological Revue*, 2022

157 https://www.bpb.de/shop/zeitschriften/apuz/221588/ungleichheiten-und-dis kriminierung-auf-dem-arbeitsmarkt/

158 https://www.antidiskriminierungsstelle.de/DE/ueber-diskriminierung/lebens bereiche/alltagsgeschaefte/wohnungsmarkt/wohnungsmarkt-node.html

159 Ruud Koopmans, Susanne Veit, Ruta Yemane, *Ethnische Hierarchien in der Bewerberauswahl: Ein Feldexperiment zu den Ursachen von Arbeitsmarktdiskriminierung*, Mai 2018 vi18-104.pdf (wzb.eu)

160 https://newsroom.iza.org/de/archive/research/discrimination-against-female-migrants-wearing-a-headscarf/

161 Alice Hasters: *Was weiße Menschen nicht über Rassismus hören wollen aber wissen sollten*, München 2021 S. 17–18

162 ebd., S. 17

163 https://www.deutschlandfunk.de/wzb-studie-ethnische-diskriminierung-bei-der-jobsuche-100.html

5 Die beliebtesten Geschlechterklischees

1 https://www.ndr.de/kultur/Geschlechterklischees-Starke-Kerle-und-schoene-Frauen,teilzeitfeminismus102.html

2 https://www.gender-nrw.de/gendermarketing/#:~:text=Auto%2D%20und%20Zigarettenwerbung%20ist%20f%C3%BCr,selbstverst%C3%A4ndlich%20im%20Mittelpunkt%20der%20Werbestory

6 Folgen von Vorurteilen in der Arbeitswelt

1 https://www.mckinsey.de/news/presse/2020-05-19-diversity-wins

2 https://www.bcg.com/publications/2017/people-organization-leadership-talent-innovation-through-diversity-mix-that-matters

3 https://www.bib.bund.de/DE/Presse/Mitteilungen/2022/2022-12-10-Renteneintritt-der-Babyboomer-Fuer-viele-ist-schon-mit-63-Schluss.html

4 https://www.faz.net/aktuell/wirtschaft/personalmangel-wird-groesser-millionen-baby-boomer-bald-in-rente-18220751.html

5 https://www.destatis.de/DE/Themen/Querschnitt/Demografischer-Wandel/_inhalt.html#353406

7 Wege aus der Schubladenfalle

1 https://implicit.harvard.edu/implicit/takeatest.html

8 Und nun?

1 *Kampf um die besten Köpfe*, Oktober 2022, https://www.allbright-stiftung.de/berichte

2 https://www.datenportal.bmbf.de/portal/de/K254.html

3 https://www.allbright-stiftung.de/fakten